普通高等教育"十三五"规划教材

大学计算机基础

（第二版）

主　编　阚峻岭　丁亚涛
副主编　李　梅　胡继礼

中国水利水电出版社
www.waterpub.com.cn
·北　京·

内 容 提 要

本书根据高等学校非计算机专业"计算机基础"课程教学的基本要求编写而成，以讲授计算机基础知识和基本操作为主。

全书分为 7 章，主要内容包括：计算机基础知识、Windows 7 操作系统、文字处理软件 Word 2010、电子表格处理软件 Excel 2010、演示文稿制作软件 PowerPoint 2010、计算机网络与网络安全、常用工具软件。

本书内容翔实，操作步骤清晰，图文并茂，涉及面广泛，具有极强的可操作性和针对性。另外，本书作者还专门设计了计算机基础及 Office 办公软件题库及测试系统软件，在同类书籍中独具特色。

本书可作为大学本科非计算机专业"计算机基础"课程教学用书，也可供参加计算机等级考试（一级）的考生复习参考。

图书在版编目（CIP）数据

大学计算机基础 / 阚峻岭，丁亚涛主编. -- 2版
. -- 北京：中国水利水电出版社，2018.3
普通高等教育"十三五"规划教材
ISBN 978-7-5170-6327-8

Ⅰ. ①大… Ⅱ. ①阚… ②丁… Ⅲ. ①电子计算机－
高等学校－教材 Ⅳ. ①TP3

中国版本图书馆CIP数据核字(2018)第029105号

策划编辑：雷顺加　　责任编辑：宋俊娥

	普通高等教育 "十三五"规划教材	
书　　名	大学计算机基础（第二版） DAXUE JISUANJI JICHU	
作　　者	主　编　阚峻岭　丁亚涛 副主编　李　梅　胡继礼	
出版发行	中国水利水电出版社	
	（北京市海淀区玉渊潭南路 1 号 D 座　100038）	
	网址：www.waterpub.com.cn	
	E-mail：sales@waterpub.com.cn	
	电话：（010）68367658（营销中心）	
经　　售	北京科水图书销售中心（零售）	
	电话：（010）88383994、63202643、68545874	
	全国各地新华书店和相关出版物销售网点	
排　　版	北京智博尚书文化传媒有限公司	
印　　刷	三河市龙大印装有限公司	
规　　格	185mm×260mm　16 开本　16 印张　385 千字	
版　　次	2012 年 1 月第 1 版 2018 年 3 月第 2 版　2018 年 3 月第 1 次印刷	
印　　数	0001—4000 册	
定　　价	42.00 元	

凡购买我社图书，如有缺页、倒页、脱页的，本社营销中心负责调换

前　言

随着信息技术的迅速发展，计算机基础知识和基本操作对学生的知识结构、技能的提高和智力的开发变得越来越重要。本书是根据高等学校非计算机专业"计算机基础"课程教学基本要求编写的。书中以讲授计算机基础知识和基本操作为主，主要介绍 Windows 7、Office 2010、计算机网络与网络安全、常用工具软件等内容，可作为高等学校非计算机专业"计算机基础"课程的教材使用，同时也可作为参加全国计算机等级考试（一级）的培训教材。

本书结合高等学校人才的培养需求，抓住基本概念，突出重点，注重特色，遵循教学规律。本书内容安排上着重强调实践性，以技能性知识为主，面向应用，以加强计算机应用能力的培养为出发点，注重理论与实践的结合，通过大量的实例、习题及上机实践培养学生的操作技能，将理论教程与实验教程合二为一，满足计算机教学的需求。全书结构组织合理，文字流畅，内容贴近实际，易于读者理解和学习。

本书章节安排为：第 1 章介绍计算机基础知识，第 2 章介绍 Windows 7 操作系统，第 3 章介绍文字处理软件 Word 2010，第 4 章介绍电子表格处理软件 Excel 2010，第 5 章介绍演示文稿制作软件 PowerPoint 2010，第 6 章介绍计算机网络基础和网络安全技术，第 7 章介绍常用工具软件。

在内容安排上，本书以 Office 组件为主，案例设计经典实用。考虑到计算机基础知识的复杂性和广泛性，本书在内容编排上推陈出新，重点突出，对于计算机基础和 Office 的内容介绍得比较全面，Office 的三个组件的介绍做到突出重点，同时加入了部分技巧性的操作并尝试改变传统编著文字叙述方式，目的在于提高读者的兴趣。值得读者关注的是，编者专门设计了计算机基础及 Office 办公软件题库及测试系统软件，该系统可用于教学考试或实训能力的测试，读者需要的话可以联系作者索取。

本书的配套资源也非常丰富，包括精心设计的课件、练习题库和测试系统软件、网站等。

本书由阚峻岭、丁亚涛任主编，李梅、胡继礼任副主编，参与本书编写的人员还有马春、程一飞、杞宁、韩静、朱薇、王世好、谷宗运、孙大勇等。由于时间紧迫，加之作者的水平有限，书中难免有不足之处，恳请读者批评指正。本书作者的联系方式是 yataoo@126.com，www.yataoo.com。

编者

2018 年 1 月

目　录

第1章 计算机基础知识

- 了解计算机的发展简史，计算机的特点、应用领域及性能指标；
- 掌握计算机硬件系统的基本结构及工作原理；
- 掌握计算机软件系统的组成及各部分功能；
- 了解微型机的接口及常用的外设；
- 掌握数制及码制的概念及相互转换；
- 了解计算思维的基本概念。

1.1 计算机的发展概述

计算机技术的迅猛发展，促使人类社会走向丰富多彩的信息时代。信息时代的生产方式和生活方式具有数字化、集成化、智能化、移动化、个性化等特点。

1.1.1 计算机的发展

世界上第一台电子数字式计算机 ENIAC 于 1946 年 2 月 15 日诞生在美国宾夕法尼亚大学。它奠定了电子计算机的发展基础，开辟了一个计算机科学技术的新纪元，标志着人类第三次产业革命的开始。

ENIAC 诞生后短短的几十年间，计算机的发展突飞猛进。其主要电子器件相继使用了真空电子管，晶体管，中、小规模集成电路和大规模、超大规模集成电路，引起计算机的几次更新换代。每一次更新换代都使计算机的体积和耗电量大大减小，功能大大增强，应用领域进一步拓宽。特别是体积小、价格低、功能强的微型计算机的出现，使得计算机迅速普及，进入了办公室和家庭，在办公自动化和多媒体应用方面发挥了很大的作用。目前，计算机的应用已扩展到社会的各个领域。

在推动计算机发展的众多因素中，电子元器件的发展起着决定性的作用，计算机系统结构和计算机软件技术的发展也起了重大的作用。从生产计算机的主要技术来看，计算机的发展过程可以划分为 4 个阶段，如表 1.1 所示。

表 1.1 计算机发展历程

发展阶段	时间	电子元器件	存储器	内存容量	运算速度	软件
第一代	1946~1958	电子管	内存采用水银延迟线；外存采用磁鼓、纸带、卡片等	几千字节	每秒几千次到几万次基本运算	机器语言、汇编语言

续表

发展阶段	时间	电子元器件	存储器	内存容量	运算速度	软件
第二代	1958~1964	晶体管	磁芯、磁盘、磁带等	几十万字节	每秒几十万次基本运算	FORTRAN、ALGOL-60、COBOL
第三代	1964~1975	集成电路	半导体存储器	几百千字节	每秒几十万到几百万次基本运算	操作系统逐渐成熟
第四代	1975~	大规模集成电路	集成度很高的半导体存储器	几百兆字节	每秒几百万次甚至上亿次基本运算	数据库系统、分布式操作系统等，应用软件的开发

随着计算机应用的广泛深入，又向计算机技术本身提出了更高的要求。当前，计算机的发展表现为 4 种趋向：巨型化、微型化、网络化和智能化。

1.1.2　计算机的分类

按照 1989 年由 IEEE 科学巨型机委员会提出的运算速度分类法，计算机可分为巨型机、大型通用机、小型机、工作站、微型计算机（微机或微机）和网络计算机。

1. 巨型机

巨型机又称超级计算机，是所有计算机类型中价格最贵、功能最强的一类计算机，其浮点运算速度已达每秒万亿次，用于国防尖端技术、空间技术、大范围长期性天气预报、石油勘探等方面。这类计算机在技术上朝两个方向发展：一是开发高性能器件，特别是缩短时钟周期，提高单机性能；二是采用多处理器结构，构成超并行计算机，通常由 100 台以上的处理器组成超并行巨型计算机系统，它们同时计算一个课题，来达到高速运算的目的。

美国、日本是生产巨型机的主要国家，俄罗斯及英国、法国、德国次之。我国在 1983 年、1992 年、1997 年分别推出了银河Ⅰ、银河Ⅱ和银河Ⅲ，进入了生产巨型机的行列。2013 年 6 月 17 日，在德国莱比锡开幕的 2013 年国际超级计算机大会上，TOP500 组织公布了最新全球超级计算机 500 强排行榜榜单，国防科学技术大学研制的“天河二号”超级计算机，以每秒33.86 千万亿次的浮点运算速度夺得头筹，中国“天河二号”成为全球最快超级计算机。

2. 大型通用机

大型通用机相当于国内常说的大型机和中型机，国外习惯上称为主机。近年来大型机采用了多处理、并行处理等技术，其内存一般为 1GB 以上，运行速度可达 300～750MIPC（每秒执行 3 亿至 7.5 亿条指令）。大型机具有很强的管理和处理数据的能力，一般在大企业、银行、高校和科研院所等单位使用。

3. 小型机

小型机的机器规模小、结构简单、设计试制周期短，便于及时采用先进工艺技术，软件开发成本低，易于操作维护。它们已广泛应用于工业自动控制、大型分析仪器、测量设备、企业管理、大学和科研机构等，也可以作为大型与巨型计算机系统的辅助计算机。近年来，小型机的发展也引人注目，特别是出现了 RISC（Reduced Instruction Set Computer，精简指令系统计算机）体系结构。

RISC 的思想是把那些很少使用的复杂指令用子程序来取代，将整个指令系统限制在数量甚少的基本指令范围内，并且绝大多数指令的执行都只占一个时钟周期，甚至更少，优化编译器从而提高机器的整体性能。

4．微型机

微型机技术在近十年内发展迅猛，更新换代快。微型机已经应用于办公自动化、数据库管理、图像识别、语音识别、专家系统，多媒体技术等领域，并且开始成为城镇家庭的一种常规电器。现在除了台式微型机外，还有膝上型、笔记本、掌上型、手表型等微型机。

5．工作站

工作站是一种高档微型机系统。它具有较高的运算速度，具有大型机或小型机的多任务、多用户能力，且兼有微型机的操作便利和良好的人机界面。其最突出的特点是具有很强的图形交互能力，因此在工程领域特别是计算机辅助设计领域得到迅速应用。典型产品有美国 Sun公司的 Sun 系列工作站。

6．网络计算机

专为计算机网络作为客户机使用的计算机，简称 NC，它是在互联网充分普及和 Java 语言推出的情况下提出的一种全新概念的计算机。根据 IBM、Oracle 和 Sun 公司共同制定的网络计算机参考标准，NC 是一种使用基于 Java 技术的瘦客户机系统，它提供了一个混合系统，在这个混合系统中，根据不同的应用建立方式，某些应用在服务器上执行，某些应用在客户机上执行。

除了上面的分类方法以外，按工作原理来分，计算机可分为：数字式计算机（对 0、1 数字量进行加工处理，这些数据在时间上是不连续的）和模拟式计算机（对模拟量进行加工处理，即对电量，如电流、电压，或非电量，如温度、压力等，在时间上连续的模拟量进行处理，处理后仍以连续的数据，如图形、图表形式输出；按用途来分，计算机分为：通用（如普通 PC 机）和专用（如先进武器中配备的计算机、生产过程控制计算机等）。

1.1.3　计算机的特点

1．自动地运行程序

计算机能在程序控制下自动连续地高速运算。由于采用存储程序控制的方式，因此一旦输入编制好的程序，启动计算机后，就能自动地执行程序直至完成任务。这是计算机最突出的特点。

2．运算速度快

计算机能以极快的速度进行计算。现在普通的微型计算机每秒可执行上亿条指令，而超级计算机，如中国"天河二号"则以每秒 33.86 千万亿次运行速度成为全球最快的计算机（2013

年 6 月国际 TOP500 组织统计）。随着计算机技术的发展，计算机的运算速度还在提高。例如天气预报，由于需要分析大量的气象资料数据，单靠手工完成计算是不可能的，而用巨型计算机只需几分钟就可以完成。

3. 运算精度高

计算机内部数据通常采用浮点数表示方法，数据处理结果具有很高的精确度。以圆周率的计算为例，利用目前的计算机可将值精确到小数点后数亿位。

4. 具有记忆和逻辑判断能力

人是有思维能力的，而思维能力本质上是一种逻辑判断能力。计算机借助于逻辑运算，可以进行逻辑判断，并根据判断结果自动地确定下一步该做什么。计算机的存储系统由内存和外存组成，具有存储和"记忆"大量信息的能力，现代计算机的内存容量已达到百兆甚至千兆数量级，而外存也有惊人的容量。如今的计算机不仅具有运算能力，还具有逻辑判断能力，可以使用其进行诸如资料分类、情报检索等具有逻辑加工性质的工作。

5. 可靠性高

随着微电子技术和计算机技术的发展，现代电子计算机连续无故障运行时间可达到几十万小时以上，具有极高的可靠性。例如，安装在宇宙飞船上的计算机可以连续几年时间可靠地运行。计算机应用在管理中也具有很高的可靠性，而人却很容易因疲劳而出错。另外，计算机对于不同的问题，只是执行的程序不同，因而具有很强的稳定性和通用性。用同一台计算机能解决各种问题，应用于不同的领域。

微型计算机除了具有上述特点外，还具有体积小、重量轻、耗电少、维护方便、可靠性高、易操作、功能强、使用灵活、价格便宜等特点。计算机还能代替人做许多复杂繁重及危险的工作。

1.1.4 计算机在各领域中的应用

进入 21 年代以来，作为科技的先导技术之一，计算机应用得到了飞速发展。超级并行计算、高速网络、多媒体、人工智能及嵌入式技术等相互渗透，改变了人们使用计算机的方式，从而使计算机几乎渗透到人类生产和生活的各个领域，对工业和农业都有极其重要的影响。计算机的应用范围主要体现在以下几个方面。

1. 科学计算

科学计算亦称数值计算，是指用计算机完成科学研究和工程技术中所提出的数学问题。在科学技术和工程设计中存在着大量的各类数字计算，如求解几百乃至上千阶的线性方程组、大型矩阵运算等。这些问题广泛出现在导弹实验、卫星发射、灾情预测等领域，其特点是数据量大、计算工作复杂。在数学、物理、化学、天文等众多学科的科学研究中，经常遇到许多数学问题，这些问题用传统的计算工具是难以完成的，有时人工计算需要几个月、几年，而且不能保证计算准确，使用计算机则只需要几天、几小时甚至几分钟就可以精确地解决。所以，计算机是发展现代尖端科学技术必不可少的重要工具。

2．数据处理

数据处理又称信息处理，它是指信息的收集、分类、整理、加工、存储等一系列活动的总称。所谓信息是指可被人类感受的声音、图像、文字、符号、语言等。数据处理还可以在计算机上加工那些非科技工程方面的计算，管理和操纵任何形式的数据资料。其特点是要处理的原始数据量大，而运算比较简单，有大量的逻辑与判断运算。

据统计，目前在计算机应用中，数据处理所占的比重最大。其应用领域十分广泛，如人口统计、办公自动化、企业管理、邮政业务、机票订购、情报检索、图书管理及医疗诊断等。

3．计算机辅助技术

计算机辅助技术包括计算机辅助设计、计算机辅助制造及计算机辅助教学等诸多方面。

（1）计算机辅助设计（Computer Aided Design，CAD）：是指利用计算机的计算、逻辑判断等功能，帮助人们进行产品和工程设计。它能使设计过程自动化，设计合理化、科学化、标准化，大大缩短设计周期，以增强产品在市场上的竞争力。CAD 技术已广泛应用于建筑工程设计、服装设计、机械制造设计、船舶设计等行业。使用 CAD 技术可以提高设计质量，缩短设计周期，提高设计的自动化水平。

（2）计算机辅助制造（Computer Aided Manufacturing，CAM）：是指利用计算机进行生产设备的管理、控制与操作，最终实现产品的加工、装配、检测及包装等生产过程的技术。将 CAD 进一步集成形成了计算机集成制造系统（CIMS），从而实现设计生产自动化。利用 CAM 可提高产品质量，降低生产成本和劳动强度。

（3）计算机辅助教学（Computer Aided Instruction，CAI）：是指利用信息技术实现教学过程的一种方法，它可以将教学过程的每一个环节都利用网络及计算机来实现。更加重要的是，通过 CAI，学习者能够根据自己的需要进行个性化学习，充分调动学习者的学习主动性，因而它在现代教育技术中起着举足轻重的作用。

除了上述计算机辅助技术外，还有计算机辅助工艺规划（Computer Aided Process Planning，CAPP）、计算机辅助工程（Computer Aided Engineering，CAE）及计算机辅助质量管理（Computer Aided Quality，CAQ）、计算机辅助测试（Computer Aided Test，CAT）、计算机模拟、计算机仿真（Computer Simulation，CS）等。

4．过程控制

过程控制亦称实时控制，是用计算机实时采集数据，按最佳值迅速对控制对象进行自动控制或自动调节。利用计算机进行过程控制，不仅大大提高了控制的自动化水平，而且大大提高了控制的及时性和准确性。

过程控制的特点是及时收集并检测数据，按最佳值调节控制对象。在电力、机械制造、化工、冶金、交通等部门采用过程控制，可以提高劳动生产效率、产品质量、自动化水平和控制精确度，减少生产成本，减轻劳动强度。在军事上，可使用计算机实时控制导弹根据目标的移动情况修正飞行姿态，以便准确击中目标。

5．人工智能

人工智能（Artificial Intelligence，AI）是用计算机模拟人类的智能活动，如判断、理解、学习、图像识别、问题求解等。它涉及计算机科学、信息论、仿生学、神经学和心理学等诸多学科。在人工智能中，最具代表性、应用最成功的两个领域是计算机专家系统和机器人。

计算机专家系统是一个具有大量专门知识的计算机程序系统。它总结了某个领域的专家知识构建了知识库。根据这些知识，系统可以对输入的原始数据进行推理，做出判断和决策，以回答用户的咨询，这是人工智能的一个成功的例子。

机器人是人工智能技术的另一个重要应用。目前，世界上有许多机器人工作在如高温、高辐射、剧毒等各种恶劣的环境下。机器人的应用前景非常广阔，现在有很多国家正在研制机器人。

6．办公自动化

办公自动化（Office Automation，OA），有事务型 OA、管理型 OA 和决策型 OA。事务型 OA 即电子数据处理 EDP，供秘书和业务人员处理日常事务；管理型 OA 即管理信息系统（MIS），以计算机为基础，对企事业机关单位进行管理的信息系统，如计划管理、财务管理、人事管理、教务管理等；决策型 OA 是在上述管理的基础上，增加了决策辅助功能。事实上，Office 办公软件也可归类于计算机辅助系统方面的应用。

7．其他方面

除了上面提到的几类典型的应用外，计算机还可应用在电子商务、远程医疗及信息家电、娱乐休闲等诸多方面，在此不再一一赘述。

1.2　计算机系统的组成

1.2.1　计算机系统概述

现在，计算机已发展成为一个庞大的家族，其中的每个成员，尽管在规模、性能、结构和应用等方面存在着很大的差别，但是它们的基本结构是相同的。计算机系统包括硬件系统和软件系统两大部分。硬件系统由中央处理器、内存储器（内存）、外存储器和输入/输出设备组成。软件系统分为两大类，即计算机系统软件和应用软件。

计算机通过执行程序而运行，计算机工作时，软、硬件协同工作，两者缺一不可。计算机系统的组成框架如图 1.1 所示。

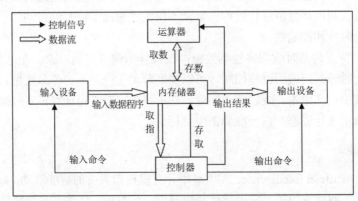

图 1.1　计算机系统的组成框架

1. 硬件系统概述

硬件系统是构成计算机的物理装置，是指在计算机中看得见、摸得着的有形实体。在计算机的发展史上做出杰出贡献的著名应用数学家冯·诺依曼（Von Neumann）与其他专家于 1945 年为改进 ENIAC，提出了一个全新的存储程序的通用电子计算机方案。这个方案规定了新机器由 5 部分组成：运算器、逻辑控制装置、存储器、输入和输出设备，并描述了这 5 部分的职能和相互关系。这个方案与 ENIAC 相比，有两个重大改进：一是采用二进制；二是提出了"存储程序"的设计思想，即用记忆数据的同一装置存储执行运算的命令，使程序的执行可自动地从一条指令进入到下一条指令。这个概念被誉为计算机史上的一个里程碑。计算机的存储程序和程序控制原理被称为冯·诺依曼原理，按照上述原理设计制造的计算机称为**冯·诺依曼机**。

概括起来，冯·诺依曼结构有 3 条重要的设计思想：

（1）计算机应由运算器、控制器、存储器、输入设备和输出设备 5 大部分组成，每个部分有一定的功能。

（2）以二进制的形式表示数据和指令。二进制是计算机的基本语言。

（3）程序预先存入存储器中，使计算机在工作中能自动地从存储器中取出程序指令并加以执行。

硬件是计算机运行的物质基础，计算机的性能，如运算速度、存储容量、计算和可靠性等，很大程度上取决于硬件的配置。

仅有硬件而没有任何软件支持的计算机称为裸机。在裸机上只能运行机器语言程序，使用很不方便，效率也低。所以早期只有少数专业人员才能使用计算机。

2. 计算机的基本工作原理

（1）计算机的指令系统。指令是能被计算机识别并执行的二进制代码，它规定了计算机能完成的某一种操作。

一条指令通常由如下两部分组成：

- 操作码表明该指令要完成的操作，如存数、取数等。操作码的位数决定了一个机器指令的条数。当使用定长度操作码格式时，若操作码位数为 n，则指令条数可有 $2n$ 条。
- 操作数规定了指令中操作对象的内容或者其所在的单元格地址。操作数在大多数情况下是地址码，地址码有 0～3 位。从地址代码得到的仅是数据所在的地址，可以是源操作数的存放地址，也可以是操作结果的存放地址。

下面是两条汇编指令及其相应的机器指令：

MOV A，#35H　；将立即数 35H 存入累加器 A

　　　　　　　；对应的机器指令是：
　　　　　　　　　01110100 00110101
　　　　　　　　　操作码　操作数

ADD A，35H　；将累加器 A 与 35H 地址单元的内容相加，结果存入 A 中

　　　　　　　；对应的机器指令是：
　　　　　　　　　00100101 00110101
　　　　　　　　　操作码　操作数

（2）计算机的工作原理。计算机的工作过程实际上是快速地执行指令的过程。当计算机在工作时，有两种信息在流动：一种是数据流，另一种是控制流。

数据流是指原始数据、中间结果、结果数据、源程序等。控制流是由控制器对指令进行分析、解释后向各部件发出的控制命令，用于指挥各部件协调地工作。

计算机在运行时，CPU（中央处理单元，由运算器和控制器组成，又称为微处理器）从内存读取一条指令到 CPU 内执行，指令执行完，再从内存读取下一条指令到 CPU 执行。CPU 不断地取指令，分析指令，执行指令，再取下一条指令，这就是程序的执行过程。

简单的工作过程如下：

① 控制器向输入设备发出输入命令；

② 输入设备将程序及数据送往内存；

③ 控制器从内存取出一条指令，经译码、分析后向运算器发出运算命令；

④ 运算器从内存取出数据，执行运算命令，将中间结果和最后结果存入内存；

⑤ 依次取出指令，分析并执行指令；

⑥ 控制器向输出设备发出输出命令，并通知从内存取出结果输出。

总之，计算机的工作就是执行程序，即自动连续地执行一系列指令，而程序开发人员的工作就是编制程序，使计算机不断地工作。

3．软件系统概述

软件系统是指使用计算机所运行的全部程序的总称。软件是计算机的灵魂，是发挥计算机功能的关键。有了软件，人们可以不必过多地去了解机器本身的结构与原理，可以方便灵活地使用计算机，从而使计算机有效地为人类工作、服务。

随着计算机应用的不断发展，计算机软件在不断积累和完善的过程中，形成了极为宝贵的软件资源。它在用户和计算机之间架起了桥梁，给用户的操作带来极大的方便。

在计算机的应用过程中，软件开发是个艰苦的脑力劳动过程，软件生产的自动化水平还很低。所以，许多国家投入大量人力从事软件开发工作。正是有了内容丰富、种类繁多的软件，使用户面对的不仅是一部实实在在的计算机，而且还包含许多软件的抽象的逻辑计算机（称之为虚拟机），这样，人们可以采用更加灵活、方便、有效的手段使用计算机。从这个意义上说，软件是用户与计算机的接口。

在计算机系统中，硬件和软件之间并没有一条明确的分界线。一般来说，任何一个由软件完成的操作也可以直接由硬件来实现，而任何一个由硬件执行的指令也能够用软件来完成。硬件和软件有一定的等价性，如图像的解压，以前低档微机是用硬件解压，现在高档微机则用软件来实现。

软件和硬件之间的界线是经常变化的。要从价格、速度、可靠性等多种因素综合考虑，来确定哪些功能用硬件实现合适，哪些功能由软件实现合适。

1.2.2　硬件系统的组成

计算机的硬件由主机和外设组成，主机由 CPU、内存储器、主板（总线系统）构成，外部设备由输入设备（如键盘、鼠标等）、外存储器（如光盘、硬盘、U 盘等）、输出设备（如显示器、打印机等）组成。计算机硬件结构如图 1.2 所示。

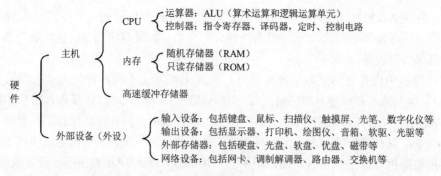

图 1.2 计算机硬件的组成

微机与传统的计算机没有本质的区别，它也是由运算机、控制器、存储器、输入和输出设备等部件组成。不同之处是微机把运算器和控制器集成在一片芯片上，称之为 CPU。下面以微机为例说明计算机各部分的作用。

1. CPU

CPU 是计算机的核心部件，完成计算机的运算和控制功能。运算器又称算术运算和逻辑单元（Arithmetical Logic Unit，ALU），主要功能是完成对数据的算术运算、逻辑运算和逻辑判断等操作。控制器（Control Unit，CU）是整个计算机的指挥中心，根据事先给定的命令，发出各种控制信号，指挥计算机各部分工作。它的工作过程是负责从内存储器中取出指令并对指令进行分析与判断，并根据指令发出控制信号，使计算机的有关设备有条不紊地协调工作，在程序的作用下，保证计算机能自动、连续地工作。CPU 外形如图 1.3 所示。

2. 存储器

存储器（Memory）是计算机存储信息的"仓库"。所谓"信息"是指计算机系统所要处理的数据和程序。程序是一组指令的集合。存储器是有记忆能力的部件，用来存储程序和数据，存储器可分为两大类：内存储器和外存储器。内存储器简称内存，包括随机存储器（RAM）和只读存储器（ROM）。随机存储器允许按任意指定地址的存储单元进行随机地读出或写入数据。由于数据是通过电信号写入存储器的，因此在计算机断电后，RAM 中的信息就会随之丢失。内存条外形如图 1.4 所示，它的特点是存取速度快，可与 CPU 处理速度相匹配，但价格较贵，能存储的信息量较少。外存储器（简称外存）又称辅助存储器，主要用于保存暂时不用但又需长期保留的程序或数据，包括软盘、硬盘、光盘等。存放在外存中的程序必须调入内存才能运行，外存的存取速度相对来说较慢，但外存价格比较便宜，可保存的信息量大。

图 1.3 CPU 外形图　　　　　　图 1.4 内存条外形图

CPU、内存储器和高速缓冲存储器构成计算机主机。外存储器通过专门的输入/输出接口与主机相连。外存与其他的输入/输出设备统称外部设备，如硬盘驱动器、软盘驱动器、打印机、键盘都属外部设备。

现代计算机中内存普遍采取半导体器件，按其工作方式不同，可分为动态随机存取器（DRAM）、静态随机存储器（SRAM）、只读存储器（ROM）。对存储器存入信息的操作称为写入（Write），从存储器取出信息的操作称为读出（Read）。执行读出操作后，原来存放的信息并不改变，只有执行了写入操作，写入的信息才会取代原先存入的内容。所以 RAM 中存放的信息可随机地读出或写入，通常用来存入用户输入的程序和数据等。计算机断电后，RAM 中的内容随之丢失。DRAM 和 SRAM 两者都是随机存储器，断电后信息会丢失，不同的是，DRAM 存储的信息要不断刷新，而 SRAM 存储的信息不需要刷新。ROM 中的信息只可读出而不能写入，通常用来存放一些固定不变的程序。计算机断电后，ROM 中的内容保持不变，当计算机重新接通电源后，ROM 中的内容仍可被读出。

为了便于对存储器内存放的信息进行管理，整个内存被划分成许多存储单元，每个存储单元都有一个编号，此编号称为地址（Address）。通常计算机按字节编址。地址与存储单元为一对一的关系，是存储单元的唯一标志。存储单元的地址、存储单元和存储单元的内容是 3 个不同的概念。地址相当于旅馆的房间编号，存储单元相当于旅馆的房间，存储单元的内容相当于房间中的旅客。在存储器中，CPU 对存储器的读/写操作都是通过地址来进行的。

外存储器目前使用得最多的是磁表面存储器和光存储器两大类。磁表面存储器是将磁性材料沉积在盘片基体上形成记录介质，并在磁头与记录介质的相对运动中存取信息。现代计算机系统中使用的磁表面仪器有磁盘（硬盘、软盘）和磁带两种。硬盘结构如图 1.5 所示。

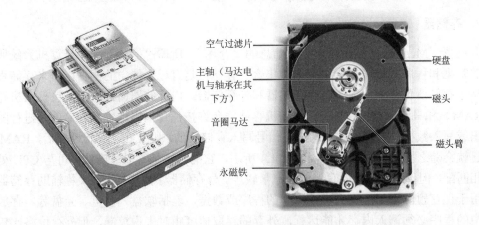

空气过滤片

主轴（马达电机与轴承在其下方）

音圈马达

永磁铁

硬盘

磁头

磁头臂

图 1.5   硬盘及内部结构图

用于计算机系统的光存储器主要是光盘，现在通常称为 CD（Compact Disk）。光盘用光学方式读写信息，存储的信息量比磁盘存储器存储的信息量大得多，因此受到广大用户的青睐。所有外存的存储介质（盘片或磁带）都必须通过机电装置才能存取信息，这些机电装置称之为"驱动器"，如常用的软盘驱动器、硬盘驱动器和光盘驱动器等。目前外存储器的容量不断增大，从 MB 级到 GB 级，还有海量存储器等。

3. 输入设备

输入设备是将外界的各种信息（如程序、数据、命令等）送入到计算机内部的设备。常用的输入设备有键盘、鼠标、扫描仪、条形码读入器等。

4．输出设备

输出设备是将计算机处理后的信息以人们能够识别的形式（如文字、图形、数值、声音等）进行显示和输出的设备。常用的输出设备有显示器、打印机、绘图仪等。

由于输入/输出设备大多是机电装置，有机械传动或物理移位等动作过程，相对而言，输入/输出设备是计算机系统中运转速度最慢的部件。

1.2.3　软件系统的组成

计算机软件由程序和有关的文档组成。程序由一系列的指令按一定的结构组成。文档是软件开发过程中建立的技术资料。程序是软件的主体，一般保存在存储介质中，如软盘、硬盘或光盘中，以便在计算机上使用。现在人们使用的计算机都配备了各式各样的软件，软件的功能越强，使用起来越方便。软件可分为两大类：一类是系统软件，另一类是应用软件。软件系统组成如图 1.6 所示。

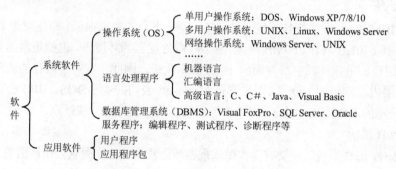

图 1.6　软件系统的组成

1．系统软件

系统软件是管理、监控和维护计算机资源的软件，是用来扩大计算机的功能，提高计算机的工作效率，方便用户使用计算机的软件。系统软件是计算机正常运转所不可缺少的，是硬件与软件的接口。一般情况下系统软件分为 4 类：操作系统、语言处理程序、数据库管理系统和服务程序。

（1）操作系统。系统软件的核心是操作系统。操作系统是由指挥与管理计算机系统运行的程序模板和数据结构组成的一种大型软件系统，其功能是管理计算机的硬件资源和软件资源，为用户提供高效、周到的服务。操作系统与硬件关系密切，是加在"裸机"上的第一层软件，其他绝大多数软件都是在操作系统的控制下运行的，人们也是在操作系统的支持下使用计算机的。操作系统是硬件与软件的接口。

操作系统有如下五大功能。

① 作业管理。用户请求计算机完成的一个独立任务叫作业（Job）。作业包括程序、数据，以及解决问题的控制步骤。作业管理包括作业的输入、输出，作业的编辑、编译，作业的调度、控制，以提高整个系统的运行效率。

② 文件管理。文件是存放在某种存储介质上的、有名字的一批相关信息的集合。所谓文件管理主要是指对文件按名存取的管理。另外还包括目录管理、磁盘区分配、文件操作、

文件的共享、保护和保密等问题。

③ 微处理器（CPU）管理，又叫进程管理。操作系统能合理有效地管理和调度 CPU，使其发挥最大效率。一般微机中只有一个 CPU，同一时刻只能处理一个进程，但实际上往往会出现多道程序争夺 CPU 服务的情况，这就要求按作业进程的优先级轮流处理各进程，保证多个作业的完成。进程与程序概念不同，程序是静态的指令集合，进程是处理程序时的动态活动。进程有动态性、并发性、独立性和异步性。

④ 存储管理。存储管理主要是对内存的管理。存储空间分两部分：系统区是存放操作系统、标准子程序等；用户区是存放程序和数据的。所谓开机引导启动就是将操作系统（OS）调入内存。存储管理主要包括内存空间的分配和释放、地址转换、扩充内存空间、共享内存空间、虚拟内存、存储保护等。

⑤ 设备管理。设备管理主要是指对外设的管理，实现对设备的分配、启动指定的外设进行 I/O 操作和操作完毕的善后工作，以及实现高速的 CPU 与低速的外设的速度匹配问题等。

常用的操作系统有 UNIX/Xenix、MS-DOS、Windows、Linux 和 OS/2 等。

● DOS 操作系统

DOS 最初是为 IBM PC 开发的操作系统，因此它对硬件平台的要求很低，即使对于 DOS 6.22 这样的高版本，在 640KB 内存、60MB 硬盘、80286 微处理器的环境下，也能正常运行。DOS 操作系统是单用户、单任务、字符界面的 16 位操作系统。因此，它对于内存的管理仅局限于 640KB 的范围内。常用的 DOS 操作系统有 Microsoft 公司的 MS-DOS、IBM 公司的 PC-DOS 和 Novell 公司的 DR-DOS，这 3 种 DOS 都是兼容的，但也有一些区别。

● Windows 操作系统

Microsoft Windows 操作系统，中文有译作微软视窗或微软窗口，是微软公司推出的一系列操作系统。它问世于 1985 年，起初仅是 MS-DOS 之下的桌面环境，而后其后续版本逐渐发展成为个人计算机和服务器用户设计的操作系统，并最终获得了世界个人计算机操作系统软件的垄断地位。

Windows 采用了 GUI 图形化操作模式，比起从前的指令操作系统——DOS 更为人性化。Windows 操作系统是目前世界上使用最广泛的操作系统。随着计算机硬件和软件系统的不断升级，微软的 Windows 操作系统也在不断升级，从 16 位、32 位到 64 位操作系统。从最初的 Windows 1.0 和 Windows3.2 到大家熟知的 Windows 95、Windows 97、Windows 98、Windows 2000、Windows Me、Windows XP、Windows Server、Windows Vista、Windows 7、Windows 8、Windows 10 等，各种版本持续更新，微软一直在尽力于 Windows 操作的开发和完善。

当前，Windows 最新的个人计算机版本是 Windows 10，最新的服务器版本是 Windows Server 2016 R2。

要注意的是，Windows 操作系统中除了 Sever 版本以外大都是单用户的或准多用户的操作系统。

● UNIX 系统

UNIX 系统是 1969 年问世的，最初是在中、小型计算机上运用。最早移植到 80286 微机上的 UNIX 系统，称为 Xenix。现在 Xenix 已发展成十分成熟的系统，最新版本的 Xenix 是 SCO UNIX 和 SCO CDT。UNIX 系统的特点是短小精悍、系统开销小、运行速度快。目前主要的版本是 UNIX 3.2 V4.2 以及 ODT 3.0。UNIX 系统是一个受人青睐的系统。

UNIX 系统是一个多用户系统，一般要求配有 8MB 以上的内存和较大容量的硬盘，对于高档微机也适用。

* Linux 系统

Linux 是一种自由和开放源码的类 UNIX 操作系统，存在着许多不同的 Linux 版本，但它们都使用了 Linux 内核。Linux 可安装在各种计算机硬件设备中，比如手机、平板电脑、路由器、视频游戏控制台、台式计算机、大型机和超级计算机。Linux 是一个领先的操作系统，世界上运算最快的 10 台超级计算机运行的都是 Linux 操作系统。严格来讲，Linux 这个词本身只表示 Linux 内核，但实际上人们已经习惯了用 Linux 来形容整个基于 Linux 内核，并且使用 GNU 工程各种工具和数据库的操作系统。Linux 得名于天才程序员林纳斯·托瓦兹。

Linux 操作系统是 UNIX 操作系统的一种克隆系统，它诞生于 1991 年的 10 月 5 日（这是第一次正式向外公布的时间）。以后借助于 Internet 网络，并通过全世界各地计算机爱好者的共同努力，已成为今天世界上使用最多的一种 UNIX 类操作系统，并且使用人数还在迅猛增长。

Linux 是一套免费使用和自由传播的类 UNIX 操作系统，是一个基于 POSIX 和 UNIX 的多用户、多任务、支持多线程和多 CPU 的操作系统。它能运行主要的 UNIX 工具软件、应用程序和网络协议，支持 32 位和 64 位硬件。Linux 继承了 UNIX 以网络为核心的设计思想，是一个性能稳定的多用户网络操作系统。它主要用于基于 Intel x86 系列 CPU 的计算机上。这个系统是由全世界各地的成千上万的程序员设计和实现的。其目的是建立不受任何商品化软件的版权制约的、全世界都能自由使用的 UNIX 兼容产品。

Android 是一种基于 Linux 的自由及开放源代码的操作系统，主要使用于移动设备，如智能手机和平板电脑，由 Google 公司和开放手机联盟领导及开发。尚未有统一中文名称，中国大陆地区较多人使用"安卓"或"安致"。Android 操作系统最初由 Andy Rubin 开发，主要支持手机。2005 年 8 月由 Google 收购注资。2007 年 11 月，Google 与 84 家硬件制造商、软件开发商及电信营运商组建开放手机联盟共同研发改良 Android 系统。随后 Google 以 Apache 开源许可证的授权方式，发布了 Android 的源代码。第一部 Android 智能手机发布于 2008 年 10 月。后 Android 逐渐扩展到平板电脑及其他领域，如电视、数码相机、游戏机等。2011 年第一季度，Android 在全球的市场份额首次超过塞班系统，跃居全球第一。 2012 年 11 月数据显示，Android 占据全球智能手机操作系统市场 76%的份额，中国市场占有率为 90%。2013 年 09 月 24 日谷歌开发的操作系统 Android 迎来了 5 岁生日，全世界采用这款系统的设备数量已经达到 10 亿台。

（2）语言处理程序。随着计算机技术的发展，计算机经历了由低级向高级发展的历程，不同风格的计算机语言不断出现，逐步形成了计算机语言体系。用计算机解决问题时，人们必须首先将解决该问题的方法和步骤按一定序列和规则用计算机语言描述出来，形成计算机程序，然后输入计算机，计算机就可按人们事先设定的步骤自动地执行。

语言处理程序包括机器语言、汇编语言和高级语言。这些语言处理程序除个别常驻在 ROM 中可独立运行外，都必须在操作系统支持下运行。

* 机器语言

计算机中的数据都是用二进制表示的，机器指令也是用一串由 0 和 1 不同组合的二进制代码表示的。机器语言是直接用机器指令作为语句与计算机交换信息的语言。

不同的机器，指令的编码不同，含有的指令条数也不同。因此，机器指令是面向机器的。指令的格式和含义是设计者规定的，一旦规定好之后，硬件逻辑电路就严格根据这些规定设计和制造，所以制造出的机器也只能识别这种二进制信息。

用机器语言编写的程序，计算机能识别，可直接运行，但程序容易出错。

● 汇编语言

汇编语言是由一组与机器语言指令一一对应的符号指令和简单语法组成的。汇编语言是一种符号语言，它将难以记忆和辨认的二进制指令码用有意义的英文单词（或缩写）作为辅助记符，使之比机器语言编程前进了一大步。例如"ADD A，B"表示将 A 与 B 相加后存入 A 中，它能与机器语言指令 01001001 直接对应。但汇编语言与机器语言的一一对应，仍需紧密依赖硬件，程序的可移植性差。

用汇编语言编写的程序称为汇编语言源程序。经汇编语言程序翻译后得到的机器语言程序称为目标程序。由于计算机只能识别二进制编码的机器语言，因此无法直接执行用汇编语言编写的程序。汇编语言程序要由一种"翻译"程序来将它翻译为机器语言程序，这种翻译程序称为编译程序。编译程序是系统软件的一部分。

● 高级语言

高级语言比较接近日常用语，对机器依赖性低，是适用于各种机器的计算机语言。用机器语言或汇编语言编程，因与计算机硬件直接相关，编程困难且通用性差。因此人们需创造出与具体的计算机指令无关，其表达方式更接近于被描述的问题、更易被人们掌握和书写的语言，这就是高级语言。

用高级语言编写的程序称为高级语言源程序，经语言处理程序翻译后得到的机器语言程序称为目标程序。高级语言程序必须翻译成机器语言程序才能执行，计算机无法直接执行用高级语言编写的程序。高级语言程序的翻译方式有两种：一种是编译方式，另一种是解释方式。相应的语言处理系统分别称为编译程序和解释程序。

在解释方式下，不生成目标程序，而是对源程序按语句执行的动态顺序进行逐句分析，边翻译边执行，直至程序结束。在编译方式下，源程序的执行分成两个阶段：编译阶段和运行阶段。通常，经过编译后生成的目标代码尚不能直接在操作系统下运行，还需经过连接阶段为程序分配内存后才能生成真正可运行的执行程序。

高级语言不再面向机器而是面向解决问题的过程以及面向现实世界的对象。大多数高级语言采用编译方式处理，因为编译方式执行速度快，而且一旦编译完成后，目标程序可以脱离编译程序独立存在反复使用。

1980 年左右开始提出的"面向对象（Object-Oriented）"概念是相对于"面向过程"的一次革命。专家们预测，面向对象的程序设计思想将成为今后程序设计语言发展的主流。例如 C++、C#、Java 等都是面向对象的程序设计语言。"面向对象"不仅作为一种语言，而且作为一种方法贯穿于软件设计的各个阶段。

常用的高级语言有如下。

① BASIC：True BASIC、Quick BASIC 适合初学者，但 Visual BASIC 功能强大。

② FORTRAN：FORTRAN77、FORTRAN90 适合科学计算。但 Visual FORTRAN 也是

面向对象的程序设计语言。

③ COBOL：用于数据处理，适合事务管理。

④ C、C++、VC++：适合编写系统软件，也适合用于教学和编写一些应用软件。

⑤ PASCAL：属于描述性语言，适合用于教学。

⑥ Delphi：可视化 PASCAL。

⑦ PROLOG：一种逻辑程序设计语言，适用于人工智能领域。

⑧ C#、JAVA：基于 C++，具有简单、安全、可移植、面向对象、多线程处理等特点。

（3）数据库管理系统。数据库是将具有相互关联的数据以一定的组织方式存储起来，形成相关系列数据的集合。数据库管理系统就是在具体计算机上实现数据库技术的系统软件。随着计算机在信息管理领域中日益广泛深入的应用，产生和发展了数据库技术，随之出现了各种数据库管理系统（Data Base Management System，DBMS）。

DBMS 是计算机实现数据库技术的系统软件，它是用户和数据库之间的接口，是帮助用户建立、管理、维护和使用数据库进行数据管理的一个软件系统。

DBMS 有三种类型，它们是层次型、关系型和网状型数据库管理系统，其中关系型数据库管理系统应用最广。

DBMS 有如下：

① Dbase、Foxbase、FoxPro、Visual FoxPro。

② Access：小型数据库管理系统。

③ Oracle：大型数据库管理系统。

另外，Sybase、Lotus、SQLserver 等都是数据库管理系统。

（4）服务程序。现代计算机系统提供多种服务程序，它们是面向用户的软件，可供用户共享，方便用户使用计算机和管理人员维护管理计算机。

常用的服务程序有编辑程序、连接装配程序、测试程序、诊断程序、调试程序等。

- 编辑程序（Editor）：该程序能使用户通过简单的操作就可以建立、修改程序或其他文件，并提供方便的编辑环境。

- 连接装配程序（Linker）：该程序可以把几个分别编译的目标程序连接成一个目标程序，并且要与系统提供的库程序相连接，才得到一个可执行程序。

- 测试程序（Checking Program）：该程序能检查出程序中的某些错误，方便用户对错误的排除。

- 诊断程序（Diagnostic Program）：该程序能方便用户对计算机进行维护，检测计算机硬件故障并对故障定位。

- 调试程序（Debug）：该程序能帮助用户在程序执行的状态下检查源程序的错误，并提供在程序中设置断点、单步跟踪等手段。

2. 应用软件

应用软件是为了解决计算机各类问题而编写的程序。它分为应用软件包与用户程序。它是在硬件和系统软件的支持下，面向具体问题和具体用户的软件。随着计算机应用的日益广泛深入，各种应用软件的数量不断增加，质量日趋完善，使用更加方便灵活，通用性越来越强。有些软件已逐步标准化、模块化，形成了解决某类典型问题的较通用的软件，这些软件称为应用软件包（Package）。它们通常是由专业软件人员精心设计的，为广大用户提供方便、易学、易用的应用程序，帮助用户完成各种各样的工作。目前常用的软件包有字处理软件、表处理软件、会计电算化软件、绘图软件、运筹学软件包等。

（1）用户程序。用户程序是用户为了解决特定的具体问题而开发的软件。充分利用计算机系统的种种现成的软件，在系统软件和应用软件包的支持下可以更加方便、有效地研制用户程序，如各种票务管理系统、事管理系统和财务管理系统等。

（2）应用软件包。应用软件包是为实现某种特殊功能，而精心设计、开发的结构严密的独立系统，是一套满足同类应用的许多用户所需要的软件。如 Microsoft 公司生产的 Office 应用软件包，包含 Word （字处理）、Excel （电子表格）、PowerPoint （幻灯片）等，是实现办公自动化的很好的应用软件包。

系统软件和应用软件之间并不存在明显的界限。随着计算机技术的发展，各种各样的应用软件中有了许多共同的东西，把这些共同的部分抽取出来，形成一个通用软件，它就逐渐成为系统软件了。

计算机系统的层次关系如图 1.7 所示。

图 1.7　计算机系统层次

1.3　微机接口

1.3.1　微机接口概述

微机的接口是 CPU 与 I/O 设备的桥梁，它在 CPU 与 I/O 设备之间起着信息转换和匹配的作用。也就是说，接口电路是处理 CPU 与外部设备之间数据交换的缓冲器，接口电路通过总线与 CPU 相连。由于 CPU 同外部设备的工作方式、工作速度、信号类型等都不相同，必须通过接口电路的变换作用，使两者匹配起来。

1. 接口的作用

微机的接口就是微处理器与外部设备的连接部件（电路），它是 CPU 与外部设备进行信息交换的中转站。例如，原始数据或源程序要通过接口从输入设备进入微机，而运算结果要通过接口传送给输出设备，控制命令也是通过接口发出去的，这些来往的信息都是通过接口进行交换与传递。用户从键盘输入的信息只有通过计算机的处理才能在显示器、打印机中显示或打印。只有通过接口电路，软盘和硬盘才可以极大地扩充计算机的存储空间。

接口电路的作用，就是计算机以外的信息转换成与计算机匹配的信息，使计算机能够有效地传递和处理。

由于计算机的应用越来越广泛，要求与计算机接口的外围设备越来越多，信息的类型也越来越复杂。微机接口本身已不是一些逻辑电路的简单组合，而是采用硬件与软件相结合的方法，因而接口技术是硬件和软件的综合技术。

2. 总线

总线是连接计算机 CPU、主存储器、辅助存储器、各种输入/输出设备的一组物理信号线及其相关的控制电路，它是计算机中传输各部件信息的公共通道。

微型计算机系统大都采用总线结构，这种结构的特点是采用一组公共的信号线作为微机各部件之间的通信线。

各类外部设备和存储器，都是通过各自的接口电路连接到微机系统总线上的。因此，用户可以根据自己的需要，选用不同类型的外部设备配置相应的接口电路，把它们连接到系统总线上，从而构成不同用途、不同规模的系统。

微机系统的总线大致可分为如下几种。

（1）地址总线（Address Bus，AB）。地址总线是微机用来传送地址的信号线。地址总线的数目决定了直接寻址的范围，例如 16 根地址线，可以构成 2^{16}=65536 个地址，可直接寻址 64KB 地址空间，24 根地址线可直寻址 16MB 地址空间。

（2）数据总线（Data Bus，DB）。数据总线是微机用来传送数据和代码的总线，一般为双向信号线，可以进行两个方向的数据传送。

数据总线可以从 CPU 送到内存或其他部件，也可以从内存或其他部件送到 CPU。通常，数据总线的位数与微机的字长相等。例如，32 位的 CPU 芯片，其数据总线也是 32 位。

（3）控制总线（Control Bus，CB）。控制总线用来传送控制器发出的各种控制信号。其中包括用来实现命令、状态传送、中断请求、直接对存储器存取的控制，以及提供系统使用的时钟和复位信号等。

当前微型计算机系统普遍采用总线结构的连接方式，各部分都以同一形式排在总线上，结构简单，易于扩充。微型计算机的总线结构如图 1.8 所示。

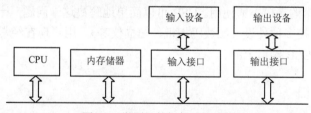

图 1.8　微型计算机的总线结构

1.3.2　标准接口

微机中一般提供的接口有标准接口和扩展槽接口。标准接口操作系统一般都认识，插上有关的外部设备，马上可以使用，真正做到"即插即用"。在微机中标准接口一般有：键盘与显示器接口、并行接口、串行接口（COM1、COM2）、TS/2 接口和 USB 接口等。

1. 键盘与显示器接口

在微型计算机系统中，键盘和显示器是必不可少的输入/输出设备。微机主板上提供键盘与显示器的标准接口。

2. 并行接口

由于现在常用的微机系统均以并行方式处理数据，所以并行接口也是最常用的接口电路。

将一个字符的 n 个数位用 n 条线同时传输的机制称为并行通信。例如一次同时传送 8 位、16 位或 32 位，实现并行通信的接口就是并行接口。在实际应用中，凡在 CPU 与外设之间需要两位以上信息传送时，就要采用并行接口。例如，打印机接口、A/D（Analog To Digit）、D/A（Digit To Analog）转换器接口、开关量接口、控制设备接口等都是并行接口。

并行接口具有传输速度快、效率高等优点，适合于数据传输率要求较高而传输距离较近的场合。

3. 串行接口

许多 I/O 设备与 CPU 交换信息，或计算机与计算机之间交换信息，是通过一对导线或通信通道来传送信息的。这时，每一次只传送一位信息，每一位都占据一个规定长度的时间间隔，这时数据一位一位按顺序传送的通信方式称为串行通信，实现串行通信的接口就是串行接口。

与并行通信相比，串行通信具有传输线少、成本低的特点，特别适合于远距离传送，其缺点是速度慢，若并行传送位数据需要时间，则串行传送需要的时间至少为其两倍。

串行通信之所以被广泛采用，其中一个主要原因是可以使用现有的电话网进行信息传送，即主要增加调制解调器，远程通信就可以在电话线上进行。这不但降低了通信成本，而且免除了架设线路维护的繁杂工作。

微机主板上提供了 COM1 和 COM2 两个现成的串行接口。早期的鼠标、终端就是连接在这种串行接口上，而目前流行的 PS/2 鼠标是连接在主板的 PS/2 接口上。

4. USB 接口

通用串行总线（USB）是一种新型接口标准。随着计算机应用的发展，外设越来越多，使得计算机本身所带的接口不够使用。USB 可以简单地解决这一问题，计算机只需通过一个 USB 接口，即可串接多种外设（如数码相机、扫描仪等）。用户现在经常使用的优盘（或称闪盘）就是连接在 USB 接口上的。

1.3.3 扩展槽接口

微机中一般提供的接口有标准接口和扩展槽接口。扩展槽接口操作系统一般不识别，需要安装对应外设的驱动程序。若是同一种外部设备，在不同的操作系统中有时需要安装不同的驱动程序，该外设才能正常工作。在微机中扩展槽接口一般有：显示卡、声卡、网卡、Modem 卡、视频卡、多功能卡等。

在主板上一般有多个扩充插槽，用于插入各种接口板（也称适配器）。适配器是为了驱动某种外设而设计的控制电路。通常，适配器插在主板的扩展槽内，通过总线与 CPU 相连。适配器一般做成电路板的形式，所以又称"插卡""扩展卡"或"适配卡"。

- 显示卡适配器（显示卡）：用于与显示器的连接，如 VGA 卡、SVGA 卡、AGP 卡等，还有 GetForce2 和 GetForce2 GTS 显示卡。
- 存储器扩充卡：用于扩充微机的存储容量。
- 串行通信适配器：用于与计算机通信有关设备的连接，如绘图仪等。
- 多功能卡：为了简化系统接口，多功能卡是将多种功能的电路做在一块电路板上的复合插卡。多功能卡的品种很多，现在 PC 机上流行的多功能卡可以将软盘适配器电路，硬盘适配器电路，并行打印接口，串行接口（COM1、COM2），以及游戏接口这五大电路集成为一个接口，称为"超级多功能卡"。

- 其他卡：例如声卡、Modem 卡、网卡、视频卡等。

1.3.4　计算机外设简介

1. 键盘

键盘是计算机最常用的输入设备之一。其作用是向计算机输入命令、数据和程序。它由一组按阵列方式排列在一起的按键开关组成，按下一个键，相当于接通一个开关电路，把该键的位置码通过接口电路送入计算机。

键盘根据按键的触点结构分为机械触点式键盘、电容式键盘和薄膜式键盘。键盘由导电橡胶和电路板的触点组成。

机械键盘的工作原理是：按键按下时，导电橡胶与触点接触，开关接通；当松开按键时，导电橡胶与触点分开，开关断开。

目前，微机上使用的键盘都是标准键盘（101 键、103 键等），键盘分为 4 个区：功能键区、基本键区（标准打字键区）、数字小键盘区和编辑键区，如图 1.9 所示。

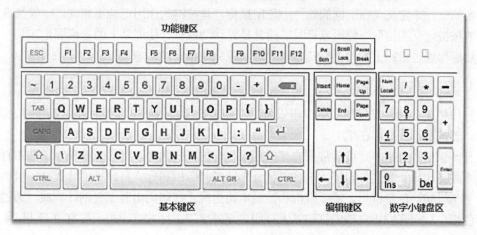

图 1.9　101 键盘

键盘上各键符号及其组合所产生的字符和功能在不同的操作系统和软件支持下有所不同。在主键盘和小键盘上，大部分键面上，上下标有两个字符，这两个字符分别称为该键的上档符和下档符。主键盘第四排左右侧各有一个称为换档符的 Shift 键（或箭头符号），用来控制上档符与下档符的输入。在按下 Shift 键不放的同时按下有上档符的某键时，则输入的是该键的上档符，否则输入的是该键的下档符。字母的大小写亦可由 Shift 键控制，例如单按字母键 A 则输入小写字母，同时按下 Shift 键和 A 键则输入的是大写字母 A。小键盘上下档键由 NumLock 键控制。下面列出几个常用键的功能：

- ←（Backspace）——退格键，光标退回一格，即光标左移一个字符的位置，同时删除原光标左边位置上的字符，用于删除当前行中刚输入的字符。
- Enter——回车键，不论光标处在当前行中什么位置，按此键后光标将移至下行行首，也表示结束一个数据或命令的输入。

- Space——空格键，它位于键盘中下方的长条键，按下此键输入一个空格，光标右移一个字符的位置。
- Ctrl——控制键，用于与其他键组合成各种复合控制键。
- Alt——交替换档键，用于与其他键组合成特殊功能键或控制键。
- Esc——强行退出键，按此键可强行退出程序。
- Print Screen——屏幕复制键，在 Windows 系统下按此键可以将当前屏幕内容复制到剪贴板。

2．鼠标

鼠标是一种输入设备。由于它使用方便，几乎取得了和键盘同等重要的地位。根据鼠标的工作原理，鼠标分为机械鼠标、光电式鼠标、光学机械鼠标、轨迹球和无线鼠标等。常见的鼠标有机械式和光电式两种。机械式鼠标底部有一个小球，当手持鼠标在桌面上移动时，小球也相对转动，通过检测小球在两个垂直方向上移动的距离，并将其转换为数字量送入计算机进行处理。光电式鼠标的底部装有光电管，当手持鼠标在特定的反射板上移动时，光源发出的光经反射板反射后被鼠标接收为移动信号，并送入计算机，从而控制屏幕光标的移动。机械式鼠标的移动精度一般不如光电式。鼠标有 3 个按键或两个按键，各按键的功能可以由所使用的软件来定义，在不同的软件中使用鼠标，其按键的作用可能不相同。一般情况下最左边的按键定义为拾取。使用鼠标时，通常是先移动鼠标，使屏幕上的光标固定在某一位置上，然后再通过鼠标上的按键来确定所选项目或完成指定的功能。

3．打印机

打印机是各种计算机的主要输出设备。它能将计算机的信息以单色和彩色字符、汉字、表格、图像等形式打印在纸上。

打印机的种类很多，目前常见的有击打式和非击打式两种，如图 1.10 所示。非击打式又分为喷墨打印机和激光打印机。击打式又分为针式打印机和行式打印机。针式打印机由打印头、字车机构、色带机构、输纸机构和控制电路组成。打印头由若干根钢针构成，通过它们击打色带，从而在同步旋转的打印纸上打印出点阵字符。针式打印机一般有 9 针和 24 针打印机两种。

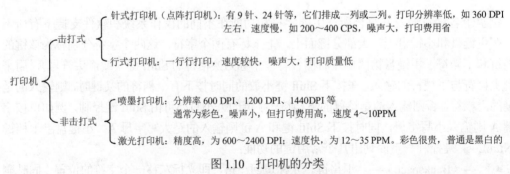

图 1.10　打印机的分类

喷墨式打印机是通过向打印机的相应位置喷射墨水点来实现图像和文字的输出。其特点是噪声低、速度快。激光打印机是利用电子成像技术进行打印。当调制激光束在硒鼓下沿轴向进行扫描时，按点阵组字的原理，使鼓面感光，构成负电荷阴影。当鼓面经过带正电荷的墨粉时，感光部分就吸附上墨粉，然后将墨粉转印到纸上，纸上的墨粉经加热熔化形成永久性的字符和图形。它的特点是速度快、无噪声、分辨率高。喷墨式打印机和激光打印机的输出质量都比较高。

4．扫描仪

扫描仪是计算机的图像输入设备，如图1.11 所示。随着扫描仪性能的不断提高和价格的大幅度降低，扫描仪越来越多地应用于广告设计、出版印刷、网页设计等领域。按感光模式分，扫描仪可分为滚筒式扫描仪（CIS）和平板扫描仪（CCD）。扫描仪是利用光学扫描原理从纸介质上"读出"照片、文字或图形，把信息送入计算机进行分析处理。

图 1.11　扫描仪

平板式扫描仪的工作原理是：将原图放置在一块很干净的有机玻璃平板上，原图不动，而光源系统通过一个传动机构水平移动，发射出的光线照射在原图上，经过反射或透射后，由接收系统接收并生成模拟信号，通过模数转换器（ADC）转换成数字信号后，直接传送至计算机，由后者进行相应的处理，完成扫描过程。

5．数码相机

数码相机是一种能够进行拍摄，并通过内部处理把拍摄到的景物转换成以数字格式存放图像的特殊照相机。数码相机可以直接连接到计算机、电视机或者打印机上。在一定条件下，数码相机还可以直接连接到移动式电话机或者手持 PC 机上。数码相机的种类很多，大致可分为 3 种：普通数码相机、高档数码相机和专业数码相机。比之传统相机，数码相机的特点是：基于胶片的传统相机的分辨率是无穷的，数码相机的分辨率是有限的，传统相机的使用成本较高，需要购买胶卷、冲洗，而数码相机不需要这些，它采用完全不同的成像技术，数码相机能够生成计算机直接处理的图像。

6．MODEM

MODEM 是 Modulator（调制器）与 Demodulator（解调器）的简称，中文称为调制解调器，也有人根据 MODEM 的谐音，亲昵地称为"猫"。MODEM 由发送、接收、控制、接口、操纵面板及电源等部分组成。数据终端设备以二进制串行信号形式提供发送的数据，经接口转换为内部逻辑电平送入发送部分，经调制电路调制成线路要求的信号后向线路发送。接收部分接收来自线路的信号，经滤波、解调、电平转换后还原成数字信号送入终端设备，计算机内的信息是由 0 和 1 组成的数字信号，而在电话线上传递的却只能是模拟电信号。于是，当两台计算机要通过电话线进行数据传输时，就需要一个设备负责数字信号和模拟信号的转换，这个数/模转换器就是 MODEM。

MODEM 根据外形和安装方式可分为 4 种，即外置式 MODEM、内置式 MODEM、PCMCIA 插卡式 MODEM 和机架式 MODEM。

1.4　信息在计算机中的存储形式

人类用文字、图表、数字表达和记录着世界上各种各样的信息，便于人们用来处理和交流。现在可以把这些信息都输入到计算机中，由计算机来保存和处理。前面提到，当代冯·诺依曼型计算机都使用二进制来表示数据，本节所要讨论的就是用二进制来表示这些数据。

1.4.1　计算机中的数据

经过收集、整理和组织起来的数据，能成为有用的信息。数据是指能够输入计算机并被计算机处理的数字、字母和符号的集合。平常所看到的景象和听到的事实，都可以用数据来描述。可以说，只要计算机能够接受的信息都可称为数据。

1. 计算机中数据的单位

计算机数据的表示经常用到以下几个概念。在计算机内部，数据都是以二进制的形式存储和运算的。

（1）位。二进制数据中的一个位（bit）简写为 b，音译为比特，是计算机存储数据的最小单位。一个二进制位只能表示 0 或 1 两种状态，要表示更多的信息，就要把多个位组合成一个整体，一般以 8 位二进制组成一个基本单位。

（2）字节。字节是计算机数据处理的最基本单位，计算机主要以字节为单位解释信息。字节（Byte）简记为 B，规定一个字节为 8 位，即 1B=8bit。每个字节由 8 个二进制位组成。一般情况下，一个 ASCII 码占用一个字节，一个汉字国际码占用两个字节。

（3）字。一个字通常由一个或若干个字节组成。字（Word）是计算机进行数据处理时，一次存取、加工和传送的数据长度。由于字长是计算机一次所能处理信息的实际位数，所以，它决定了计算机数据处理的速度，是衡量计算机性能的一个重要指标，字长越长，性能越好。

（4）数据的换算关系。数据的换算关系如下：

1Byte=8bit，1KB=1024B，1MB=1024KB，1GB=1024MB，1TB=1024GB。

计算机型号不同，其字长是不同的，常用的字长有 8、16、32 和 64 位。一般情况下，IBM PC/XT 的字长为 8 位，80286 微机字长为 16 位，80386/80486 微机字长为 32 位，Pentium 系列微机字长为 64 位。

例如，一台微机，内存为 4GB，硬盘容量为 500GB，则它实际的存储字节数分别为：

内存容量=4×1024×1024×1024B=4294967296B

硬盘容量=500×1024×1024×1024B=536870912000B

如何表示数据的正负和大小，在计算机中采用什么计数制，是学习计算机的重要问题。数据是计算机处理的对象，在计算机内部，各种信息都必须通过数字化编码后才能进行存储和处理。

由于技术原因，计算机内部一律采用二进制，而人们在编程中经常使用十进制，有时为了方便还采用八进制和十六进制。理解不同计数制及其相互转换是非常重要的。

2．进位计数制

在计算机中，二进制并不符合人们的习惯，但是计算机内部却采用二进制表示信息，其主要原因有如下 4 点：

（1）电路简单。在计算机中，若采用十进制，则要求处理 10 种电路状态，相对于两种状态的电路来说，是很复杂的。而用二进制表示，则逻辑电路的通、断只有两个状态，如开关的接通与断开，电平的高与低等。这两种状态正好用二进制的 0 和 1 来表示。

（2）工作可靠。在计算机中，用两个状态代表两个数据，数字传输和处理方便、简单、不容易出错，因而电路更加可靠。

（3）简化运算。在计算机中，二进制运算法则很简单。例如：相加减的速度快，求积规则有 3 个，求和规则也只有 3 个。

（4）逻辑性强。二进制只有两个数码，正好代表逻辑代数中的"真"与"假"，而计算机工作原理是建立在逻辑运算基础上的，逻辑代数是逻辑运算的理论依据。用二进制计算具有很强的逻辑性。

1.4.2　计算机中常用的几种计数制

用若干数位（由数码表示）的组合去表示一个数，各个数位之间是什么关系，即逢"几"进位，这就是进位计数制的问题，也就是数制问题。数制，即进位计数制，是人们利用数字符号按进位原则进行数据大小计算的方法。通常是以十进制来进行计算的。另外，还有以二进制、八进制和十六进制等进行数据计算的。

在计算机的数制中，要掌握 3 个概念，即数码、基数和位权。下面简单地介绍这 3 个概念。

数码：一个数制中表示基本数值大小的不同数字符号。例如，八进制有 8 个数码：0、1、2、3、4、5、6、7。

基数：一个数值所使用数码的个数。例如，八进制的基数为 8，二进制的基数为 2。

位权：一个数值中某一位上的 1 所表示数值的大小。例如，八进制的 123，1 的位权是 64，2 的位权是 8，3 的位权是 1。

1．十进制（Decimal notation）

十进制的特点如下：

（1）有 10 个数码：0、1、2、3、4、5、6、7、8、9。

（2）基数：10。

（3）逢十进一（加法运算），借一当十（减法运算）。

（4）按权展开式。对于任意一个 n 位整数和 m 位小数的十进制数 D，均可按权展开为：

$$D=D_{n-1}\cdot10^{n-1}+D_{n-2}\cdot10^{n-2}+\dots+D_1\cdot10^1+D_0\cdot10^0+D_{-1}\cdot10^{-1}+\dots+D_{-m}\cdot10^{-m}$$

例：将十进制数 456.24 写成按权展开式形式为：

$$456.24=4\times10^2+5\times10^1+6\times10^0+2\times10^{-1}+4\times10^{-2}$$

2．二进制（Binary notation）

二进制有如下特点：

（1）有两个数码：0、1。

（2）基数：2。

（3）逢二进一（加法运算），借一当二（减法运算）。

（4）按权展开式。对于任意一个 n 位整数和 m 位小数的二进制数 D，均可按权展开为：

$$D=B_{n-1}\cdot 2^{n-1}+B_{n-2}\cdot 2^{n-2}+\ldots+B_1\cdot 2^1+B_0\cdot 2^0+B_{-1}\cdot 2^{-1}+\ldots+B_{-m}\cdot 2^{-m}$$

例：把 $(11001.101)_2$ 写成展开式，它表示的十进制数为：

$$1\times 2^4+1\times 2^3+0\times 2^2+0\times 2^1+1\times 2^0+1\times 2^{-1}+0\times 2^{-2}+1\times 2^{-3}=(25.625)_{10}$$

3．八进制（Octal notation）

八进制的特点如下：

（1）有 8 个数码：0、1、2、3、4、5、6、7。

（2）基数：8。

（3）逢八进一（加法运算），借一当八（减法运算）。

（4）按权展开式。对于任意一个 n 位整数和 m 位小数的八进制数 D，均可按权展开为：

$$D=O_{n-1}\cdot 8^{n-1}+\ldots+O_1\cdot 8^1+O_0\cdot 8^0+O_{-1}\cdot 8^{-1}+\ldots+O_{-m}\cdot 8^{-m}$$

例：$(5346)_8$ 相当于十进制数为：

$$5\times 8^3+3\times 8^2+4\times 8^1+6\times 8^0=(2790)_{10}$$

4．十六进制（Hexadecimal notation）

十六进制有如下特点：

（1）有 16 个数码：0、1、2、3、4、5、6、7、8、9、A、B、C、D、E、F。

（2）基数：16。

（3）逢十六进一（加法运算），借一当十六（减法运算）。

（4）按权展开式。对于任意一 n 位整数和 m 位小数的十六进制数 D，均可按权展开为：

$$D=H_{n-1}\cdot 16^{n-1}+\ldots+H_1\cdot 16^1+H_0\cdot 16^0+H_{-1}\cdot 16^{-1}+\ldots+H_{-m}\cdot 16^{-m}$$

在 16 个数码中，A、B、C、D、E 和 F 这 6 个数码分别代表十进制的 10、11、12、13、14 和 15，这是国际上通用的表示法。

例：十六进制数 $(4C4D)_{16}$ 代表的十进制数为：

$$4\times 16^3+C\times 16^2+4\times 16^1+D\times 16^0=(19533)_{10}$$

二进制数与其他数制之间的对应关系如表 1.2 所示。

表 1.2　几种常用进制之间的对照关系

十进制	二进制	八进制	十六进制
0	0000	0	0
1	0001	1	1
2	0010	2	2
3	0011	3	3
4	0100	4	4
5	0101	5	5
6	0110	6	6
7	0111	7	7

续表

十进制	二进制	八进制	十六进制
8	1000	10	8
9	1001	11	9
10	1010	12	A
11	1011	13	B
12	1100	14	C
13	1101	15	D
14	1110	16	E
15	1111	17	F

1.4.3　常用计数制之间的转换

不同进制的数之间进行转换应遵循转换原则。转换原则是：两个有理数如果相等，则有理数的整数部分和分数部分一定分别相等。也就是说，若转换前两数相等，转换后仍必须相等，数制的转换要遵循一定的规律。

1．二、八、十六进制数转换为十进制数

（1）二进制数转换成十进制数。将二进制数转换成十进制数，只要将二进制数用计数制通用形式表示出来，计算出结果，便得到相应的十进制数。

例：$(1101100.111)_2 = 1 \times 2^6 + 1 \times 2^5 + 1 \times 2^3 + 1 \times 2^2 + 1 \times 2^{-1} + 1 \times 2^{-2} + 1 \times 2^{-3}$

$$= 64 + 32 + 8 + 4 + 0.5 + 0.25 + 0.125$$

$$= (108.875)_{10}$$

（2）八进制数转换为十进制数。八进制数转换成十进制数：以 8 为基数按权展开并相加。

例：把$(652.34)_8$转换成十进制。

解：$(652.34)_8 = 6 \times 8^2 + 5 \times 8^1 + 2 \times 8^0 + 3 \times 8^{-1} + 4 \times 8^{-2}$

$$= 384 + 40 + 2 + 0.375 + 0.0625$$

$$= (426.4375)_{10}$$

（3）十六进制数转换为十进制数。十六进制数转换成十进制数：以 16 为基数按权展开并相加。

例：将$(19BC.8)_{16}$转换成十进制数。

解：$(19BC.8)_{16} = 1 \times 16^3 + 9 \times 16^2 + B \times 16^1 + C \times 16^0 + 8 \times 16^{-1}$

$$= 4096 + 2304 + 176 + 12 + 0.5$$

$$= (6588.5)_{10}$$

2．十进制转换为二进制数

（1）整数部分的转换。整数部分的转换采用的是除 2 取余法。其转换原则是：将该十进制数除以 2，得到一个商和余数（K_0），再将商除以 2，又得到一个新商和余数（K_1），如此反复，得到的商是 0 时得到余数（K_{n-1}），然后将所得到的各位余数，以最后余数为最高位，

最初余数为最低位依次排列，即 $K_{n-1}K_{n-2}...K_1K_0$，这就是该十进制数对应的二进制数。这种方法又称为"倒序法"。

例：将$(126)_{10}$转换成二进制数。

结果为：$(126)_{10}=(1111110)_2$

（2）小数部分的转换。小数部分的转换采用乘 2 取整法。其转换原则是：将十进制数的小数乘以 2，取乘积中的整数部分作为相应二进制数小数点后最高位 K_{-1}，反复乘 2，逐次得到 K_{-2}、K_{-3}、...、K_{-m}，直到乘积的小数部分为 0 或 1 的位数达到精确度要求为止。然后把每次乘积的整数部分由上而下依次排列起来（$K_{-1}K_{-2}...K_{-m}$），即是所求的二进制数。这种方法又称为"顺序法"。

例：将十进制数$(0.534)_{10}$转换成相应的二进制数。

结果为：$(0.534)_{10}=(0.10001)_2$

例：将$(50.25)_{10}$转换成二进制数。

分析：对于这种既有整数又有小数部分的十进制数，可将其整数和小数分别转换成二进制数，然后再把两者连接起来即可。

因为$(50)_{10}=(110010)_2$，$(0.25)_{10}=(0.01)_2$

所以$(50.25)_{10}=(110010.01)_2$

其他进制转换方法这里就不给出了，感兴趣的读者可以查阅相关书籍。

1.5　计算机中数据的表示

1.5.1　数值数据的表示

1. 机器数和真值

在计算机中，使用的二进制只有 0 和 1 两个数值。一个数在计算机中的表示形式，称为机器数。机器数所对应的原来的数值称为真值，由于采用二进制必须把符号数字化，通常是用机器数的最高位作为符号位，仅用来表示数符。若该位为 0，则表示正数；若该位为 1，则表示负数。机器数也有不同的表示法，常用的有 3 种：原码、补码和反码。

机器数的表示法：用机器数的最高位代表符号（若为 0，则代表正数；若为 1，则代表负数），其数值位为真值的绝对值。假设用 8 位二进制数表示一个数，如图 1.12 所示。

图 1.12　用 8 位二进制表示一位数

在数的表示中，机器数与真值的区别是：真值带符号，如-0011100，机器数不带符号，最高位为符号位，如 10011100，其中最高位 1 代表符号位。

例如：真值数为-0111001，其对应的机器数为 10111001，其中最高位为 1，表示该数为负数。

2．原码、反码、补码的表示

在计算机中，符号位和数值位都是用 0 和 1 表示，在对机器数进行处理时，必须考虑到符号位的处理，这种考虑的方法就是对符号和数值的编码方法。常见的编码方法有原码、反码和补码 3 种方法。下面分别讨论这 3 种方法的使用。

（1）原码的表示。一个数 X 的原码表示为：符号位用 0 表示正，用 1 表示负；数值部分为 X 的绝对值的二进制形式。记 X 的原码表示为[X]原。

例如：当 X＝＋1100001 时，则[X]原＝01100001。

当 X＝－1110101 时，则[X]原＝11110101。

在原码中，0 有两种表示方式：

当 X＝＋0000000 时，[X]原＝00000000。

当 X＝－0000000 时，[X]原＝10000000。

（2）反码的表示。一个数 X 的反码表示方法为：若 X 为正数，则其反码和原码相同；若 X 为负数，在原码的基础上，符号位保持不变，数值位各位取反。记 X 的反码表示为[X]反。

例如：当 X＝＋1100001 时，则[X]原＝01100001，[X]反＝01100001。

当 X＝－1100001 时，则[X]原＝11100001，[X]反＝10011110。

在反码表示中，0 也有两种表示形式：

当 X＝＋0 时，则[X]反＝00000000。

当 X＝－0 时，则[X]反＝10000000。

（3）补码的表示。一个数 X 的补码表示方式为：当 X 为正数时，则 X 的补码与 X 的原码相同；当 X 为负数时，则 X 的补码，其符号位与原码相同，其数值位取反加 1。记 X 的补码表示为[X]补。

例如：当 X＝＋1110001，[X]原＝01110001，[X]补＝01110001。

当 X＝－1110001，[X]原＝11110001，[X]补＝10001111。

3．BCD 码

在计算机中，用户和计算机的输入和输出之间要进行十进制和二进制的转换，这项工作由计算机本身完成。在计算机中采用了输入/输出转换的二～十进制编码，即 BCD 码。

在二～十进制的转换中，采用 4 位二进制表示 1 位十进制的编码方法。最常用的是 8421BCD 码。"8421"的含义是指用 4 位二进制数从左到右每位对应的权是 8、4、2、1。BCD 码和十进制之间的对应关系如表 1.3 所示。

表 1.3　BCD 码和十进制数的对照表

十进制数	0	1	2	3	4	5	6	7	8	9
BCD 码	0000	0001	0010	0011	0100	0101	0110	0111	1000	1001

例如：十进制数 765 用 BCD 码表示的二进制数为：0111　0110　0101。

1.5.2 非数值数据的表示

计算机中使用的数据有数值型数据和非数值型数据两大类。数值数据用于表示数量意义；非数值数据又称为符号数据，包括字母和符号等。计算机除处理数值信息外，大量处理的是字符号信息。例如，将用高级语言编写的程序输入到计算机时，人与计算机通信时所用的语言就不再是一种纯数字语言而是符号语言。由于计算机中只能存储二进制数，这就需要对符号进行编码，建立符号数据与二进制串之间的对应关系，以便于计算机识别、存储和处理。这里介绍两种符号数据的表示。

1. 字符数据的表示

计算机中用得最多的符号数据是字符数据，它是用户和计算机之间的桥梁。用户使用计算机的输入设备，输入键盘上的字符键向计算机内输入命令和数据，计算机把处理后的结果也以字符的形式输出到屏幕或打印机等输出设备上。对于字符的编码方案有很多种，但使用最广泛的是 ASCII 码（American Standard Code for Information Interchange）。ASCII 码开始时是美国国家信息交换标准字符码，后来被采纳为一种国际通用的信息交换标准代码。

ASCII 码由 0～9 这 10 个数符，52 个大、小写英文字母，32 个符号及 34 个计算机通用控制符组成，共有 128 个元素。因为 ASCII 码总共为 128 个元素，故用二进制编码表示需用 7 位。任意一个元素由 7 位二进制数表示，从 0000000 到 1111111 共有 128 种编码，可用来表示 128 个不同的字符。ASCII 码表的查表方式是：先查列（高三位），后查行（低四位），然后按从左到右的书写顺序完成，如 B 的 ASCII 码为 1000010。在 ASCII 码进行存放时，由于它的编码是 7 位，因 1 个字节（8 位）是计算机中常用单位，故仍以 1 字节来存放 1 个 ASCII 字符，每个字节中多余的最高位取 0。如表 1.4 所示为 7 位 ASCII 字符编码表。

表 1.4 ASCII 字符编码表

$d_3d_2d_1d_0$ \ $d_6d_5d_4$	000	001	010	011	100	101	110	111
0000	NUL	DEL	SP	0	@	P	、	P
0001	SOH	DC1	!	1	A	Q	a	q
0010	STX	DC2	"	2	B	R	b	r
0011	EXT	DC3	#	3	C	S	c	s
0100	EOT	DC4	$	4	D	T	d	t
0101	ENQ	NAK	%	5	E	U	e	u
0110	ACK	SYN	&	6	F	V	f	v
0111	BEL	ETB	,	7	G	W	g	w
1000	BS	CAN	(	8	H	X	h	x
1001	HT	EM	)	9	I	Y	i	y
1010	LF	SUB	*	:	J	Z	j	z
1011	VT	ESC	+	;	K	[	k	{
1100	FF	FS	,	<	L	\	l	⊥
1101	CR	GS	-	=	M	]	m	}

续表

$d_3d_2d_1d_0$ ＼ $d_6d_5d_4$	000	001	010	011	100	101	110	111
1110	SD	RS	.	>	N	∧	n	~
1111	SI	US	/	?	O	_	o	DEL

由表 1.4 可知，ASCII 码字符可分为以下两大类。

（1）打印字符：即从键盘输入并显示的 95 个字符，如大小写英文字母各 26 个，数字 0～9 这 10 个数字字符的高 3 位编码（$D_6D_5D_4$）为 011，低 4 位为 0000～1001。当去掉高 3 位时，低 4 位正好是二进制形式的 0～9。

（2）不可打印字符：共 33 个，其编码值为 0～31(0000000～0011111)和(1111111)，不对应任何可印刷字符。不可打印字符通常为控制符，用于计算机通信中的通信控制或对设备的功能控制。如编码值为 127(1111111)，是删除控制 DEL 码，它用于删除光标之后的字符。

ASCII 码字符的码值可用 7 位二进制代码或 2 位十六进制来表示。例如字母 D 的 ASCII 码值为(1000100)$_2$ 或 84H，数字 4 的码值为(0110100)$_2$ 或 34H 等。

2. 汉字的存储与编码

英语文字是拼音文字，所有文字均由 26 个字母拼组而成，所以使用一个字节表示一个字符足够了。但汉字是象形文字，汉字的计算机处理技术比英文字符复杂得多，一般用两个字节表示一个汉字。由于汉字有一万多个，常用的也有六千多个，所以编码采用两字节的低 7 位共 14 个二进制位来表示。一般汉字的编码方案要解决 4 种编码问题。

（1）汉字交换码。汉字交换码主要是用作汉字信息交换的。以国家标准局 1980 年颁布的《信息交换用汉字编码字符集基本集》（代号为 GB 2312—80）规定的汉字交换码作为国家标准汉字编码，简称国标码。

国标 GB 2312—80 规定，所有的国际汉字和符号组成一个 94×94 的矩阵。在该矩阵中，每一行称为一个"区"，每一列称为一个"位"，这样就形成了 94 个区号（01～94）和 94 个位号（01～94）的汉字字符集。国标码中有 6763 个汉字和 628 个其他基本图形字符，共计 7445 个字符。其中规定一级汉字 3755 个，二级汉字 3008 个，图形符号 682 个。一个汉字所在的区号与位号简单地组合在一起就构成了该汉字的"区位码"。在汉字区位码中，高两位为区号，低两位为位号。因此，区位码与汉字或图形符号之间是一一对应的。一个汉字由两个字节代码表示。

（2）汉字机内码。汉字机内码又称内码或汉字存储码。该编码的作用是统一了各种不同的汉字输入码在计算机内的表示。汉字机内码是计算机内部存储、处理的代码。计算机既要处理汉字，又要处理英文，所以必须能区别汉字字符和英文字符。英文字符的机内码是最高位为 0 的 8 位 ASCII 码。为了区分，把国标码每个字节的最高位由 0 改为 1，其余位不变的编码作为汉字字符的机内码。

一个汉字用两个字节的内码表示，计算机显示一个汉字的过程首先是根据其内码找到该汉字字库中的地址，然后将该汉字的点阵字型在屏幕上输出。

汉字的输入码是多种多样的，同一个汉字如果采用的编码方案不同，则输入码就有可能不一样，但汉字的机内码是一样的。有专用的计算机内部存储汉字使用的汉字内码，用以将输入时使用的多种汉字输入码统一转换成汉字机内码进行存储，以方便机内的汉字处理。在汉字输入时，根据输入码通过计算机或查找输入码表完成输入码到机内码的转换。如汉字国际码（H）＋8080（H）＝汉字机内码（H）。

（3）汉字输入码。汉字输入码也叫外码，是为了通过键盘字符把汉字输入计算机而设计的一种编码。

英文输入时，想输入什么字符便按什么键，输入码和内码是一致的。而汉字输入规则不同，可能要按几个键才能输入一个汉字。汉字和键盘字符组合的对应方式称为汉字输入编码方案。汉字外码是针对不同汉字输入法而言的，通过键盘按某种输入法进行汉字输入时，人与计算机进行信息交换所用的编码称为"汉字外码"。对于同一汉字而言，输入法不同，其外码也是不同的。例如，对于汉字"啊"，在区位码输入法中的外码是 1601，在五笔字型输入法中的外码是 KBSK。汉字的输入码种类繁多，大致有 4 种类型，即音码、形码、数字码和音形码。

（4）汉字字形码。汉字在显示和打印输出时，是以汉字字形信息表示的，即以点阵的方式形成汉字图形。汉字字形码是指确定一个汉字字形点阵的代码（汉字字形码）。一般采用点阵字形表示字符。

目前普遍使用的汉字字型码是用点阵方式表示的，称为"点阵字模码"。所谓"点阵字模码"，就是将汉字像图像一样置于网状方格上，每格是存储器中的一个位，16×16 点阵是在纵向 16 点、横向 16 点的网状方格上写一个汉字，有笔画的格对应 1，无笔画的格对应 0。这种用点阵形式存储的汉字字型信息的集合称为汉字字模库，简称汉字字库。

通常汉字显示使用 16×16 点阵，而汉字打印可选用 24×24 点阵、32×32 点阵、64×64 点阵等。汉字字形点阵中的每个点对应一个二进制位，1 字节又等于 8 个二进制位，所以 16×16 点阵字形的字要使用 32 个字节（16×16÷8 字节＝32 字节）存储，64×64 点阵的字形要使用 512 个字节。

在 16×16 点阵字库中的每一个汉字以 32 个字节存放，存储一、二级汉字及符号共 8836 个，需要 282.5KB 磁盘空间。而用户的文档假定有 10 万个汉字，却只需要 200KB 的磁盘空间，这是因为用户文档中存储的只是每个汉字（符号）在汉字库中的地址（内码）。

1.6　计算思维

1.6.1　计算思维概述

2006 年 3 月，美国卡内基·梅隆大学计算机科学系主任周以真（Jeannette M. Wing）教授在美国计算机权威期刊《Communications of the ACM》杂志上给出并定义计算思维（Computational Thinking）。周教授认为：计算思维是运用计算机科学的基础概念进行问题求解、系统设计以及人类行为理解等涵盖计算机科学之广度的一系列思维活动。

以上是关于计算思维的一个总定义，为了更易于理解，可将它更进一步地定义为：通过约简、嵌入、转化和仿真等方式，把一个看来困难的问题重新阐释成一个我们知道怎样解决的问题的方法；是一种递归思维，是一种并行处理，是一种把代码译成数据又能把数据译成代码的方法，是一种多维分析推广的类型检查方法；是一种采用抽象和分解来控制庞杂的任务或进行巨大复杂系统设计的方法，是基于关注分离的方法（Separation of Concerns，SoC 方法）；是一种选择合适的方式去陈述一个问题，或对一个问题的相关方面建模使其易于处理的思维方法；是按照预防、保护及通过冗余、容错、纠错的方式，并从最坏情况进行系统恢复的一种思维方法；是利用启发式推理寻求解答，也即在不确定情况下的规划、学习和调度的思维方法；是利用海量数据来加快计算，在时间和空间之间，在处理能力和存储容量之间进行折中的思维方法。

1.6.2　关于计算思维能力

计算思维建立在计算过程的能力和限制之上，由人、机器执行。计算思维直面机器智能的不解之谜，即什么事情人类比计算机做得好？什么事情计算机比人类做得好？

我们要学会和培养一种能力——计算思维能力。

当我们必须求解一个特定的问题时，首先会问：解决这个问题有多么困难？怎样才是最佳的解决方法？为了有效地求解一个问题，我们要进一步问：一个近似解是否就够了？是否可以利用随机化？是否允许误报（false positive）和漏报（false negative）？是否可以通过约简、嵌入、转化和仿真等方法，把一个看来困难的问题重新阐释成一个我们知道怎样解决的问题？

一些简单的计算思维如下：

预置和缓存：每天上班前准备好证件、资料，开车前检查车况，准备好驾证和行驶证。

回推：丢了东西，沿着走过的路寻找。

冗余：家里停电了，手机还可以通信；买东西，钱包里装上足够的钞票或足够支付的信用卡。

选择：超市里排队付账；聚餐时对食物的喜好。

死锁：路口堵车。

界面：约定，会议商定。

递归：计算 1~100 的和相当于计算 1~99 的和加上 100，计算 1~99 的和相当于计算 1~98 的和加上 99……

……

培养计算思维能力，就是学会和培养像计算机科学家一样的思维，利用计算机来分析和解决问题。

当我们需要编辑和打印一个通知文档，我们是否想到下面这些问题，比如是否查找以前的通知文档（存储和搜索）？是否利用类似的通知文档（复制）？需要什么样的软件（平台）？如何用最短的时间（性能）完成工作？发送给哪些人和部门（输出）？有效期是多少（时效）？机器出故障了怎么办（维护）？软件版本不对怎么办（升级和更新）？内容少了或多了怎么办（插入和删除）……

计算思维能力的培养来自学习和总结，来自于实践和经验。学习计算机课程，有意识地培养这种能力必然对工作和生活中出现的很多问题多了一种或更好的解决思路和方法。

习　　题

一、选择题

1. 世界上第一台计算机诞生于（　　）。

    A. 1945 年   B. 1956 年   C. 1935 年   D. 1946 年

2. 第 4 代电子计算机使用的电子元件是（　　）。

    A. 晶体管   B. 电子管

    C. 中、小规模集成电路   D. 大规模和超大规模集成电路

3. 二进制数 110000 转换成十六进制数是（　　）。

    A. 77   B. D7   C. 7   D. 30

4. 二进制数 110101 对应的十进制数是（　　）。

    A. 44   B. 65   C. 53   D. 74

5. 在 24×24 点阵字库中，每个汉字的字模信息存储在（　　）个字节中?

    A. 24   B. 48   C. 72   D. 12

6. 下列字符中，其 ASCII 码值最小的是（　　）。

    A. A   B. a   C. k   D. M

7. 微型计算机中，普遍使用的字符编码是（　　）。

    A. 补码   B. 原码   C. ASCII 码   D. 汉字编码

8. 网络操作系统除了具有通常操作系统的 4 大功能外，还具有的功能是（　　）。

    A. 文件传输和远程键盘操作   B. 分时为多个用户服务

    C. 网络通信和网络资源共享   D. 远程源程序开发

9. 为解决某一特定问题而设计的指令序列称为（　　）。

    A. 文件   B. 语言   C. 程序   D. 软件

10. 下列说法正确的是（　　）。

    A. 计算机系统是由主机、外设和系统软件组成的

    B. 计算机系统是由硬件系统和应用软件组成的

    C. 计算机系统是由硬件系统和软件系统组成的

    D. 计算机系统是由微处理器、外设和软件系统组成的

11. 两个软件都属于系统软件的是（　　）。

    A. DOS 和 Excel   B. DOS 和 UNIX

    C. UNIX 和 WPS   D. Word 和 Linux

12. 计算机数据传输速率的单位是（　　）。

    A. 位/秒   B. 字长/秒   C. 帧/秒   D. 米/秒

13. 下列有关总线的描述，不正确的是（　　）。

    A. 总线分为内部总线和外部总线   B. 内部总线也称为片总线

    C. 总线的英文表示就是 Bus   D. 总线体现在硬件上就是计算机主板

14. 下列 4 条叙述中，正确的是（　　）。

A. 二进制正数原码的补码就是原码本身

B. 所有十进制小数都能准确地转换为有限位的二进制小数

C. 存储器中存储的信息即使断电也不会丢失

D. 汉字的机内码就是汉字的输入码

15. CAI 表示为（　　）。

A. 计算机辅助设计

B. 计算机辅助制造

C. 计算机辅助教学

D. 计算机辅助军事

二、简答题

1. 微型计算机的基本结构由哪几个部分构成？主机及系统主板分别包括哪些部件？

2. 衡量计算机性能的主要技术指标有哪些？

3. 计算机硬件系统有哪几部分组成？简述各部分功能。

4. 什么是总线？系统总线包括哪几类？画出微型机中的总线结构图。

5. 计算机软件系统包括哪些种类？简述各部分功能。

6. 简述微型机常见接口的分类并给出具体的实例。

7. 给出 5 种以上的计算机外部设备名称并简述其功能。

8. 简述计算机中数值数据的表示方法。

9. 简述计算机中非数值数据的表示方法。

10. 计算机中常用的计数制有哪几种？简述各计数制之间的转化方法。

11. 简述计算机的发展简史、特点及应用。

第 2 章　Windows 7

学习目标

- 理解操作系统的基本概念、功能和种类；
- 了解 Windows 的文件管理，熟练掌握 Windows 的文件操作；
- 掌握常用程序的操作；
- 熟悉 Windows 工作环境的设置方法；
- 了解 Windows 的计算机管理功能。

2.1　Windows 的基本知识

Windows 7 是 Microsoft 公司推出的新一代操作系统。该系统具有革命性的变化，其目的是让用户的计算机操作变得更加简单快捷，并为用户提供高效易行的工作环境。

2.1.1　Windows 7 简介

Windows 7 是微软公司 2009 年 10 月发布的一款基于 Windows NT 技术核心的第 7 代视窗操作系统。Windows 7 是一种面向对象的操作系统，桌面更加人性化，访问常用程序更加方便，对无线互联网支持更加优化，功能更加完善，易于用户学习和使用。

Windows 7 主要包含 6 个版本，分别是：Windows 7 Starter（初级版）、Windows 7 Home Basic（家庭普通版）、Windows 7 Home Premium（家庭高级版）、Windows 7 Professional（专业版）、Windows 7 Enterprise（企业版）、Windows 7 Ultimate（旗舰版）。

在这 6 个版本中，Windows 7 家庭高级版和 Windows 7 专业版是两大主力版本，前者面向家庭用户，后者针对商业用户。只有 Windows 7 家庭普通版、家庭高级版、专业版和旗舰版会出现在零售市场上，且 Windows 7 家庭普通版仅供发展中国家和地区。而 Windows 7 初级版提供给 OEM 厂商预装在上网本上，Windows 7 企业版则只通过批量授权提供给大企业客户，在功能上和 Windows 7 旗舰版几乎完全相同。

另外，32 位版本和 64 位版本没有外观或者功能上的区别，但是内在有一点不同。64 位版本支持 16GB 或者 192GB 内存，而 32 位版本只能支持最大 4GB 内存。目前所有新的和较新的 CPU 都是 64 位兼容的，可以使用 64 位版本。

2.1.2　Windows 7 的特点

Windows 7 作为最新一代的操作系统，不仅继承了 Windows XP 的实用，也继承了 Windows Vista 的华丽界面，其性能更高、启动更快、兼容性更强，具有很多新特性和优点，使其成为 Windows 家族最强有力的操作系统。

1. 全新的操作界面

在 Windows 7 中，用户能够对桌面进行更多的操作和个性化设置。其有内置的主题包，用户可以根据自己的喜好选择主题，使界面整体风格统一。随着主题颜色的不同，"开始"菜单和"任务栏"的颜色也不同，界面在视觉上变得更加一目了然，使用户的操作更加方便。

2. Jump List 功能菜单

Jump List（跳转列表）是 Windows 中的一项新功能，其中包含用户最近经常使用的项目列表。通过 Jump List，用户可以快速访问常用的文档、图片、网站和应用程序。Jump List 主要体现在开始菜单、任务栏和 IE 浏览器上，如图 2.1 所示。

3. 家庭组（Homegroup）网络

在 Windows7 中，使用 Homegroup 网络的用户可以轻松共享音乐、图片、视频、文档和 USB 打印机等。

4. 强大的多媒体功能

Windows 7 具有远程媒体流控制功能，能够帮助用户实现多媒体文件的共享。它支持通过互联网安全地远程访问家庭 Windows 7 系统中的数字媒体中心，用户可以随时随地享受自己的多媒体文件。

5. Windows 7 触摸功能

Windows 7 首次全面支持多点触控技术，通过触摸感应显示器，用户可以脱离鼠标和键盘，实现计算机的相关操作。例如，将 Windows 7 与触摸计算机配套使用，用户只需使用手指即可浏览在线报纸、翻阅电子相册、拖曳文件和文件夹。

6. 无线联网更轻松

Windows 7 在无线上网设置上更加简单易行，更加人性化，用户可以轻松使用便携计算机查看和连接网络，进一步增强了移动工作的能力。

在 Windows 7 中，用户只需要单击任务栏右端的网络图标，即可查看可用的网络，如图 2.2 所示。系统会自动搜索到各种无线网络信号，包括 Wi-Fi、移动宽带、拨号、企业 VPN（虚拟专用网络）等，单击"连接"按钮，即可连接到对应的网络。

图 2.1　开始菜单跳转列表

图 2.2　查看可用网络

7. Windows Live Essentials

Windows Live Essentials 是一款运行在 Windows 上的计算机可免费使用的应用程序，便于用户轻松地制作和共享精制的影片以及整理电子邮件等。

2.1.3　Windows 7 的启动与退出

1．Windows 7 的启动

在计算机安装了 Windows 7 后，打开计算机电源，Windows 7 开始启动，将进入 Windows 7 的界面。

2．Windows 7 的退出

使用完计算机后，需要退出 Windows 7 操作系统，操作如下：

（1）单击"开始"按钮，打开"开始"菜单。

（2）单击"关机"按钮，即可关闭计算机。

除此之外，退出系统还包括切换用户、注销、睡眠、休眠等命令。

"切换用户"命令是指不关闭当前运行的程序，退出当前用户，返回到用户登录界面。

"注销"命令是将当前使用的程序关闭，但不关闭计算机，切换到用户登录界面。

"休眠"命令可以使计算机保存好正使用的内容并关闭电源，此时并没有真正关闭，而是处于低功耗状态。

"睡眠"命令是以最小的能耗保证计算机处于锁定状态，与休眠状态极为相似，而最大的不同在于不需要按电源的开机键，即可恢复到计算机的原始状态。

"重新启动"命令是先退出 Windows 系统，然后重新启动计算机，可以再次选择进入 Windows 7 系统，如图 2.3 所示。

图 2.3　退出系统命令项

2.2　Windows 7 的基本操作

2.2.1　认识 Windows 7 桌面

启动 Windows 7 后，用户首先看到的就是 Windows 7 的桌面，如图 2.4 所示。所谓桌面，就是指启动 Windows 7 后的屏幕。桌面由桌面背景、图标、快速启动工具栏、开始菜单和任务栏组成。

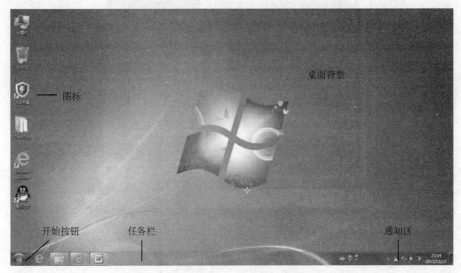

图 2.4　桌面

（1）桌面背景：桌面背景是桌面系统背景图案，也称为墙纸，Windows 7 也提供了许多美观漂亮的图片，用户可以设置自己喜欢的图片作为背景图案。

（2）图标：图标是代表文件、文件夹、程序和其他项目的小图片。由文字和图片组成。通过鼠标双击桌面图标可以快速打开相应的文件、文件夹和启动应用程序。在 Windows 7 的桌面上的图标默认有"回收站"。创建新的快捷图标的操作方法，将在后面进行介绍。

（3）任务栏：任务栏在屏幕的底部，显示正在运行的程序。通过任务栏可以在运行的任务之间进行切换。

2.2.2　开始菜单和任务栏的使用

1．开始菜单

在 Windows 7 中，用户绝大部分的工作都从"开始"菜单开始。单击任务栏的左侧的"开始"按钮，可以打开"开始"菜单，如图 2.5 所示。

"开始"菜单由三个主要部分组成：

- 左边的大窗格显示常用程序的列表。计算机制造商可以自定义此列表，所以其确切的外观会有所不同。单击"所有程序"可显示程序的完整列表。
- 左边窗格的底部是搜索框，通过输入搜索项可在计算机上查找程序和文件。

- 右边窗格提供对常用文件夹、文件、设置和功能的访问。在这里还可注销 Windows 或关闭计算机。

用户可以同时按下 **Ctrl+Esc** 键，利用键盘打开"开始"菜单。

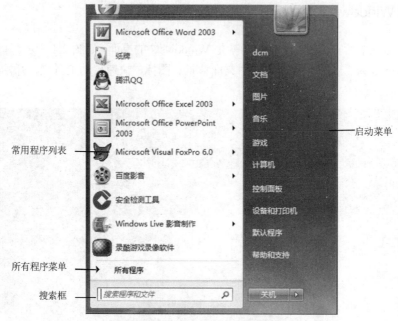

图 2.5　"开始"菜单

2. 任务栏

全新的任务栏通常位于屏幕的底部，便于在窗口之间进行切换，使查看更加方便，功能更加强大和灵活。它由"开始"按钮、"应用程序区"和"通知区"组成，如图 2.6 所示。

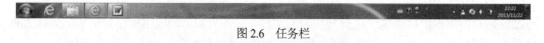

图 2.6　任务栏

（1）"开始"按钮：单击该按钮可以打开"开始"菜单。

（2）"应用程序区"：显示已经启动的应用程序名称，并可以在它们之间进行快速切换。在图 2.6 中"应用程序区"是空的，说明没有启动任何应用程序。

（3）"通知区"：包含系统显示时钟、系统设置状态等图标。

对任务栏的操作主要有移动与锁定任务栏、改变任务栏尺寸、隐藏任务栏、新建工具栏、添加工具栏等。

（1）任务栏的移动与锁定。默认情况下任务栏是锁定的，即不可以移动的。如果要将任务栏移动到屏幕的右侧，应执行如下操作：

① 用鼠标右键单击任务栏，在弹出的菜单中取消对"锁定任务栏"的选择。

② 鼠标指针指向任务栏的空白区，再按住鼠标左键不放。

③ 拖动鼠标到屏幕的右侧时，松开鼠标左键，这样就将任务栏移动到屏幕的右侧了。

💡 提示

在快捷菜单中再次选定"锁定任务栏"，则锁定了任务栏，如图 2.7 所示。

（2）添加工具栏。在任务栏中有许多工具栏，是为了提高使用效率而设置的，例如"快速启动"工具栏。要添加工具栏，应执行如下操作：

① 用鼠标右键单击任务栏的空白处，打开一个快捷菜单。

② 在这个菜单中包括一个"工具栏"级联菜单，其中有"地址""链接""语言栏""桌面"和"新建工具栏"命令项，如图 2.8 所示。

③ 单击"链接""地址"或"桌面"命令就能够将相应的工具栏添加到任务栏中。

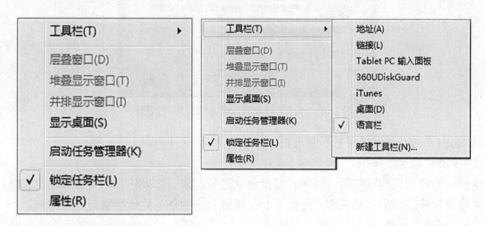

图 2.7　锁定任务栏　　　　　　　　图 2.8　"工具栏"级联菜单

（3）改变任务栏的尺寸。在未锁定任务栏的情况下，可以改变任务栏的尺寸，可执行如下操作：

① 将鼠标移动到任务栏与桌面交界的边缘上，此时鼠标的形状变成了一个垂直箭头。

② 按住鼠标左键，向桌面中心方向拖动鼠标。

③ 当拖动的大小比较合适时，松开鼠标左键，这样任务栏就变成了刚才的大小。改变任务栏尺寸后，可以看到各个任务栏按钮清晰地排列在其中，如图 2.9 所示。

图 2.9　扩大的任务栏

（4）隐藏任务栏。可以看到，无论打开什么窗口，任务栏总是完整地显示在屏幕上，保证了任务栏随时可见和可操作。然而当它的尺寸比较大时，如图 2.9 所示的那样，就占用了太多的屏幕空间，使得用户对屏幕其他地方的操作十分不便。因此，用户希望有时候能够将任务栏隐藏起来。

要隐藏任务栏，应执行如下操作：

① 用鼠标右键单击任务栏中的空白处，打开快捷菜单。

② 选择"属性"命令，打开"任务栏和开始菜单属性"对话框，如图 2.10 所示。其中"自动隐藏"复选框没有被选中，这就表示此时任务栏总能够出现在屏幕上。

图 2.10　"任务栏和开始菜单属性"对话框

③ 选中"自动隐藏任务栏"复选框。

④ 单击"确定"按钮。

这样，当打开其他窗口时，任务栏就会自动隐藏起来。如果任务栏处于屏幕的底部，那么只要将鼠标移动到屏幕的底部并停留一会，隐藏起来的任务栏就会重新显示出来。

（5）新建工具栏。使用新建工具栏可以帮助用户将常用的文件夹或者经常访问的网址显示在任务栏上，而且可以单击直接访问它。例如，把一个 My eBooks 文件夹放到新建工具栏中，操作如下：

① 用鼠标右键单击任务栏的空白处，打开一个快捷菜单。

② 单击"工具栏"级联菜单中的"新建工具栏"命令，打开"新建工具栏"对话框，如图 2.11 所示。

③ 在"文件夹"编辑栏中直接输入想要添加到"新建工具栏"中的文件夹名称或网址。如果不清楚需要添加的文件夹的位置，可以在上面的文件夹列表中选择"My eBooks"。

④ 单击"确定"按钮，即可将这个文件夹就添加到"新建工具栏"中。

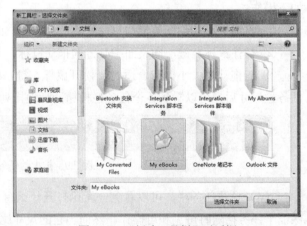

图 2.11　"新建工具栏"对话框

3．通知区

通知区位于任务栏的最右侧，包括一个时钟和一组图标，如图 2.12 所示。将指针移向特定图标时，会看到该图标的名称或某个设置的状态。例如，指向音量图标 将显示计算机的当前音量级别。

图 2.12　通知区

为了减少任务栏的混乱程度，如果通知区（时钟旁边）的图标在一段时间内未被使用，Windows 会将其隐藏在通知区中。如果图标被隐藏，单击向上的"显示隐藏的图标"按钮 ![icon] 可临时显示隐藏的图标。如果单击这些图标中的某一个，它将再次显示。

2.2.3　认识窗口及其基本操作

1. 窗口的组成

在 Windows 中，各种应用程序一般都以窗口的形式显示，一个典型的窗口由标题栏、控制图标、菜单栏、工具栏、窗口主体（工作区）、状态栏组成，如图 2.13 所示。

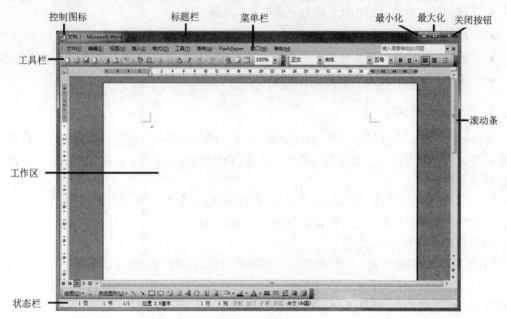

图 2.13　典型窗口

- 标题栏：在标题栏的左侧一般显示有这个窗口的名称或正打开的文件名称。在标题栏的右侧有三个按钮，即"最小化""最大化"（或"还原"）和"关闭"按钮，用于隐藏窗口、最大化（或还原）窗口、关闭窗口。
- 控制图标：在标题栏左边的图标，单击该图标可打开控制菜单，使用控制菜单可变换窗口的尺寸，移动、最小化、最大化和关闭窗口。
- 菜单栏：在菜单栏中显示各菜单名称，单击可以打开这个菜单。
- 工具栏：在工具栏中显示各种按钮或其他常用的工具。
- 窗口主体（工作区）：显示这个程序的主体内容，对应不同的程序所包含的内容不同。
- 滚动条：当窗口太小以至于窗口主体不能显示所有信息的时候，在窗口主体的右侧和底部将会出现滚动条。用鼠标拖动滚动条，或单击其上下的小三角形图标，即可实现上下滚动查看当前视图之外的信息。
- 状态栏：显示程序当前的状态，对应不同的程序显示各种不同的信息。

2．移动窗口的位置

移动窗口位置的方法是：将鼠标指针指向窗口标题栏，按住鼠标左键拖拽即可随意移动窗口的位置。

3．改变窗口的尺寸

改变窗口的尺寸的方法是：将鼠标移到窗口的四个边框或四个角处，当光标变成双向箭头的指针形状，拖拽边框就能够改变窗口相应的尺寸。

4．窗口的最小化、最大化和关闭

- 最小化：单击"最小化"按钮 ▭ 将窗口隐藏。
- 最大化：单击"最大化"按钮 ▭ ，窗口将占满整个屏幕。
- 还原：窗口处于最大化时，单击"还原"按钮 ▭ ，窗口还原为最大化之前的状态。
- 关闭：单击"关闭"按钮 ▭ 将结束程序的运行。

5．多个窗口的操作

Windows 7 是一个支持多任务运行的操作系统。所谓多任务，就是指同时可以运行多个应用程序。由于应用程序一般以窗口的形式打开，所以当运行了多个应用程序后，在桌面上就会打开多个窗口。

（1）窗口之间的切换。Windows 7 虽然可以同时运行多个程序，但是只有一个程序为当前活动窗口，位于其他窗口之上，而其他的窗口就称为后台窗口。

切换窗口有以下几种方法：

方法 1：单击要激活窗口的任何部位，即可把该窗口切换为活动窗口。

方法 2：在任务栏中，会以按钮的形式显示已经打开的程序。单击要激活程序的按钮就能切换到相应的窗口。

方法 3：使用缩略图预览。若要轻松地识别窗口，将鼠标指向其在任务栏上的按钮，会看到一个缩略图大小的窗口预览，无论该窗口的内容是文档、照片，甚至是正在运行的视频都可显示出来。如果无法通过其标题识别应用程序的窗口，此时单击需要切换窗口的缩略图即可，如图 2.14 所示。

图 2.14　缩略图预览切换

方法 4：使用 Alt+Tab 组合键。通过按 Alt+Tab 组合键可以切换到先前的窗口，或者通过按住 Alt 键并重复按 Tab 键循环切换所有打开的窗口和桌面。释放 Alt 键可以显示所选的窗口。

方法 5：对于支持 Aero 的计算机，使用 Aero 三维窗口切换。Aero 三维窗口切换以三维堆栈排列窗口，可以快速浏览这些窗口。使用三维窗口切换的步骤如下：

① 按住 Windows 徽标键 ⊞ 的同时按 Tab 键可打开三维窗口切换。

② 当按下 Windows 徽标键时，重复按 Tab 键或滚动鼠标滚轮可以循环切换打开的窗口。还可以按"→（向右）"键或"↓（向下）"键向前循环切换一个窗口，或者按"←（向左）"键或"↑（向上）"键向后循环切换一个窗口。

③ 释放 Windows 徽标键可以显示堆栈中最前面的窗口。或者，单击堆栈中某个窗口的任意部分来显示该窗口，如图 2.15 所示。

图 2.15　Aero 三维窗口切换

（2）窗口的排列。窗口的排列方式主要有三种：层叠、堆叠或并排的排列方式。层叠的排列方式就是把窗口按先后顺序依次排列在桌面上，其中当前激活的窗口是完全可见的。堆叠的排列方式通常是从上到下的排列方式排列窗口。并排的排列方式是从左到右的排列方式排列窗口。

窗口排列的方法：用鼠标右键单击任务栏的空白处，打开一个快捷菜单，如图 2.16 所示。选择"层叠显示窗口"或"堆叠显示窗口"或"并排显示窗口"任何一种排列窗口的方式，就能够按选定的方式排列窗口了。

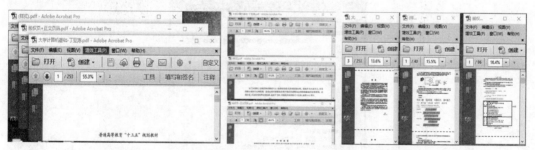

图 2.16　层叠显示窗口（左）、堆叠显示窗口（中）或并排（右）显示窗口效果示意图

2.2.4　菜单管理与对话框

1. 菜单管理

菜单是 Windows 7 系统提供各种操作的重要工具，是各种命令的集合。

（1）关于菜单的约定。下拉式菜单中的命令用灰色的横线分隔，表示菜单的功能分组。

- 颜色为灰色的命令，表示目前不可使用。
- 命令旁边带下划线的字母是"热键"，如图2.17所示"文件"命令旁边的"F"。
- 命令右边的组合键是"快捷键"，如图2.17所示"打开"命令右边的Ctrl+O。
- 命令后面的"…"表示执行这个命令后，会出现一个对话框来询问执行该命令所需的一些信息。
- 命令右边的"▶"表示这条命令带有子菜单。
- 命令左边的"√"或"•"表示该命令处于选中有效状态。"√"表示为多项选择，"•"表示为单项选择。

（2）快捷菜单。快捷菜单是显示与特定项目相关的一列命令的菜单，即用鼠标右键单击时常出现的那个菜单，所以也叫右键菜单。要显示快捷菜单，请用鼠标右键单击某一对象，快捷菜单如图2.18所示。

图 2.17　菜单演示

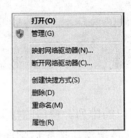

图 2.18　快捷菜单

2. 对话框

在Windows的使用过程中经常会接触到对话框。对话框是一种特殊的窗口，是用来进行用户与系统之间信息交互的窗口。一个典型对话框如图2.19所示。

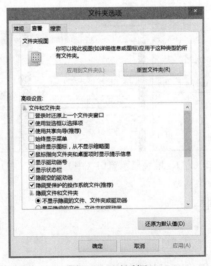

图 2.19　对话框

对话框主要包含的元素有如下。

标题栏：与窗口一样，标题栏位于对话框的顶部，其左端是对话框的名称，右端一般有对话框的关闭按钮和帮助按钮。

选项卡：一般来说，一个对话框由多个选项卡组成，单击选项卡就能够在不同内容的选项卡之间切换，就像图书馆中查阅书目的卡片一样。

单选按钮：顾名思义，在某一选项的一组单选按钮中一次只能而且必须选择一个，选择后单选按钮中间会有一个黑点。

复选框：与单选按钮不同的是，在某一选项的一组复选框中，一次可以选择多个或一个都不选，选择后复选框中间会有一个对号。

标尺：在标尺上有一个滑块，移动滑块就可以在标尺上选择不同的数据或选项。

微调按钮：单击向上或向下三角按钮改变数据大小。

下拉列表框：单击向下三角按钮选择不同的数据或选项。

编辑框：编辑框可以分为两类，即文本框和列表框。

文本框用于输入文本信息，如图 2.20 左图。有的文本框右边有一个按钮，单击它可以打开一个下拉列表，在列表中可以直接选择一个选项，用来直接代替输入，例如图 2.20 右边的字体下拉列表框。

对于另一类编辑框——列表框，并没有包括在图 2.20 中。在图 2.21 中给出一个列表框的例子。

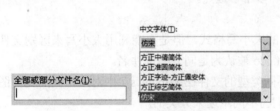

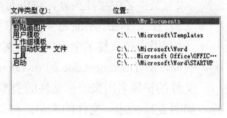

图 2.20　文本框和下拉列表框　　　　　　　　图 2.21　列表框

按钮：最常见的按钮有"确定""取消"按钮。

与常规窗口不同，多数对话框无法最大化、最小化或调整大小。但是它们可以被移动。

2.3　资源管理

2.3.1　文件的属性和类型

Windows 7 是一个面向对象的文件管理系统，下面将给读者介绍文件的属性和文件系统是如何工作和管理文件的，以及文件的一些常用操作，以使读者更好地掌握 Windows 7 中的文件管理功能。

1．文件属性

在计算机系统中，文件是最小的数据组织单位，也是 Windows 基本的存储单位，文件可以存放文本、声音、图像、视频和数据等信息，用户使用和创建的文档都可以称之为文件。文件一般具有以下属性：

（1）文件中可以存放文本、声音、图像、视频和数据等信息。

（2）文件名具有唯一性。同一个磁盘中的同一目录下绝不允许有重复的文件名。

（3）文件具有可转移性。文件可以从一个磁盘复制到另一个磁盘上，或者从一台计算机上通过复制操作转移到另一台计算机上。

（4）文件在磁盘中要有固定的位置。用户和应用程序要使用文件时，必须要提供文件的路径来告诉用户和应用程序文件的位置。路径一般由存放文件的驱动器名、文件夹名和文件名组成。

2．文件命名

在计算机系统中，每个文件都有一个文件名称。通常文件的完整名称由**文件名**和**扩展名**两个部分所组成，如果拥有扩展名时，文件名与扩展名之间须以小数点"**.**"隔开。文件名一般用来表示文件的内容，扩展名用来表示文件的类型。例如，文件 Setup.exe 的文件名为 Setup，这样用户就可以知道该文件与安装有关，扩展名为 exe，表示这是一个可执行的程序文件。

在给文件命名时应尽量做到既能够清楚的表达文件的内容又比较简短，同时必须遵守以下命名规则。

（1）文件名最多可使用 255 个字符。

（2）文件名中除开头外，可以有空格、多个小数点。

（3）在文件名中不能包含以下符号：*、？、\、/、"、'、|、<、>。

（4）用户在文件名中可以指定文件名的大小写格式，但是不能利用大小写来区别文件名。例如，MyDocument.doc 和 mydocument.doc 被认为是同一个文件名。

文件的扩展名用来表示文件的类型，不同类型的文件在 Windows 7 中对应不同的文件图标，如图 2.22 所示。文件的类型是根据它们的不同用途来分类的。

网页文件.htm　　　　文本文档.txt　　　　压缩文件.rar

图 2.22　各种文件的图标

文件的扩展名可以帮助用户识别文件的类型。用户在创建应用程序和存放数据时，可以根据文件的内容给文件加上适当的扩展名，以帮助用户识别和管理文件。值得注意的是，大多数的文件在存盘时，应用程序都会自动地给文件加上默认的扩展名。当然，用户也可以特定指出文件的扩展名。为了帮助用户更好地辨认文件的类型，表 2.1 中列出了常见的文件扩展名。

3．文件夹

文件夹就是将相关文件分门别类地存放在一起的有组织的实体。在现实生活中经常会用到文件夹，以便把相关的资料存放在一起。在计算机中也可以将相关的文件存放到一个文件夹中。

在计算机中，文件夹也有名称，而且文件夹的命名同样遵守文件命名的规则。但是文件夹没有扩展名。有时候，文件夹中除了包含有各种文件外，还可以包含下一级的文件夹（称为子文件夹）。

表 2.1　常见文件扩展名

扩展名	文件类型
.AVI	影像文件
.BAK	备份文件
.BAT	批处理文件
.BMP	位图文件
.COM，.EXE	可执行的程序文件
.DLL	动态链接库文件
.DOC，.DOCX	Word 文档
.DRV	设备驱动程序文件
.ICO	图标文件
.INF	安装信息文件
.INI	系统配置文件
.CHM	已编译的 HTML 帮助文件
.JPG	一种常用图形文件
.MID	MIDI 文件
.MDB	Access 数据库文件
.RTF	丰富文本格式文件
.SCR	屏幕保护程序文件
.SYS	系统文件
.TTF	TrueType 字体文件
.TXT	文本文件
.XLS，.XLSX	Excel 电子表格文件
.WAV	波形文件
.HTM	用于 WWW（World Wide Web）的超级文本文件

2.3.2　资源管理介绍

资源指的就是计算机中存储的各种文件和文件夹。资源管理一般包括文件管理和磁盘驱动器的管理。在 Windows 7 中，通常使用"库"或"资源管理器"来进行资源管理，使用"回收站"来管理被删除的文件。

1．"库"与"资源管理器"的使用

"资源管理器"是一种常用的资源管理应用程序，用户的程序、文档、数据文件等计算机资源都可以用它来进行管理。

Windows 7 资源管理可以从库开始，库是 Windows 7 中的新增功能。库是用于管理文档、音乐、图片和其他文件的位置。可以使用与在文件夹中浏览文件相同的方式浏览文件，也可

以查看按属性（如日期、类型和作者）排列的文件。"库"窗口与"资源管理器"窗口基本相同。

在某些方面，库类似于文件夹。例如，打开库时将看到一个或多个文件。但与文件夹不同的是，库可以收集存储在多个位置中的文件。这是一个细微但重要的差异。库实际上不存储项目。它们监视包含项目的文件夹，并允许用户以不同的方式访问和排列这些项目。例如，如果在硬盘和外部驱动器上的文件夹中有音乐文件，则可以使用音乐库同时访问所有音乐文件。

（1）库中支持的位置类型。可以将来自很多不同位置的文件夹包含到库中，如计算机的 C 驱动器、外部硬盘驱动器或网络。

💡 注意

●　　只能在库中包含文件夹。不能包含计算机上的其他项目（如保存的搜索和搜索连接器）。

●　　库中不能包含可移动媒体（如 CD 或 DVD）上的文件夹。

（2）创建或更改库。Windows 7 有四个默认库：文档、音乐、图片和视频。用户也可以新建库。

修改现有库主要包括以下内容：

●　　包含或删除文件夹。库收集包含的文件夹或"库位置"中的内容。一个库最多可以包含 50 个文件夹。

●　　更改默认保存位置。默认保存位置确定将项目复制、移动或保存到库时的存储位置。

●　　更改优化库所针对的文件类型。可以针对特定文件类型（如音乐或图片）优化每个库。针对特定文件类型优化库会更改可用于排列文件的选项。

（3）删除库或库中的项目。如果删除库，会将库自身移动到"回收站"。可把在该库中访问的文件和文件夹存储在其他位置，因此不会删除。如果意外删除四个默认库（文档、音乐、图片或视频）中的一个，可以在导航窗格中将其还原为原始状态，方法是：右键单击"库"，然后单击"还原默认库"。

如果从库中删除文件或文件夹，会同时从其原始位置中将其删除。如果要从库中删除项目，但不要从存储位置将其删除，则应删除包含该项目的文件夹。从库中删除文件夹时，会同时删除该文件夹中的所有项目（但是并未从存储位置删除）。

同样，如果将文件夹包含到库中，然后从原始位置删除该文件夹，则无法再在库中访问该文件夹。

（4）未加入索引的网络位置。如果网络文件夹包含大量文件未建立索引，则对它建立索引的简单方法是使该文件夹脱机可用。这将会为文件夹中的文件创建脱机版本，并会将这些文件添加到计算机上的搜索索引中。使文件夹脱机可用之后，便可以将其包含在库中。

使文件夹脱机可用的步骤：

① 连接到网络时，找到要使其脱机可用的网络文件夹。

② 右键单击该文件夹，然后单击"始终脱机可用"命令，如图 2.23 所示。

注意

- 如果未在网络文件夹的右键菜单中看到"始终脱机可用"命令，则可能使用的是不支持脱机文件的 Windows 7 版本。
- 如果尝试包含的网络文件夹存储在运行较低版本的 Windows 的计算机上，则可通过在该计算机上安装 Windows 搜索 4.0，然后为该计算机建立索引，从而使该计算机与 Windows 7 库兼容。

图 2.23　"始终脱机可用"命令

2. "计算机"窗口

在 Windows 7 中，"计算机"窗口实际上是一个文件夹，如图 2.24 所示。通过它可以访问各个位置，例如硬盘、CD 或 DVD 驱动器以及可移动媒介。还可以访问可能连接到计算机的其他设备，如移动硬盘和 USB 闪存驱动器。

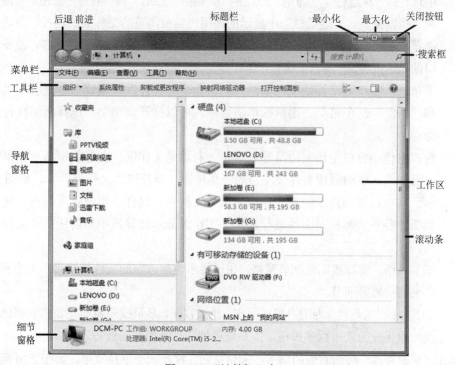

图 2.24　"计算机"窗口

使用"计算机"可以查看硬盘和可移动媒介上的可用空间，可以执行弹出 CD 或 DVD、查看硬盘属性以及格式化磁盘等任务。

3. "资源管理器"窗口

"资源管理器"是 Windows 7 一个重要的文件管理工具。它将计算机中的所有文件图标化，使得对文件的查找、复制、删除、移动等变得更加容易，也使用户更加方便地进行文件的各种操作。

（1）打开"资源管理器"的方法。

方法 1：用鼠标右键单击"开始"按钮，在快捷菜单中选择"打开 Windows 资源管理器"命令，打开"资源管理器"窗口。

方法 2：选择"开始"→"所有程序"→"附件"→"Windows 资源管理器"命令打开"资源管理器"。

方法 3：选择"开始"→"计算机"命令就可以打开"资源管理器"窗口，如图 2.24 所示。

方法 4：单击快速启动栏中的"Windows 资源管理器"按钮 📁。

（2）"资源管理器"窗口。"资源管理器"窗口与"计算机"窗口类似，主要由标题栏、地址栏、搜索框、菜单栏、工具栏、导航窗格、工作区、细节窗格组成。

- 标题栏：窗口顶部为标题栏。"标题栏"最右边是三个控制按钮，当窗口处于非最大化状态时，控制按钮为"最小化""最大化"和"关闭"按钮；当窗口处于最大化状态时，控制按钮分别为"最小化""还原"和"关闭"按钮。

- 地址栏："标题栏"下面是"地址栏"，包括"后退"和"前进"按钮、"地址栏"和"搜索框"。"地址栏"中显示的是用户当前浏览的文件夹的路径，当进行网络浏览时，"地址栏"显示的是网址。用户也可以选择磁盘或文件夹名，改变当前窗口的显示内容。

- 菜单栏：窗口第三行是"菜单栏"，包含有"文件""编辑""查看""工具"和"帮助"5 个菜单。用鼠标单击菜单，可以打开该菜单，选择所需执行的菜单命令。

- 窗口主体：窗口主体左边是导航窗格，右边是工作区。在导航窗格可以单击需要查看的库、驱动器或文件夹左边的三角按钮（展开该"文件夹"），如图 2.25 所示。其中以树形目录的形式显示出所有文件夹。这样，用户就可以很方便浏览计算机的各种资源和对文件进行操作。工作区显示计算机中当前所打开文件夹中的资源。

- 细节窗格：窗口底部是细节窗格，用于显示当前选定的文件的数目、大小和所处文件夹的位置等细节。

- 工具栏："工具栏"为用户提供组织、更改视图、显示或隐藏预览窗格和帮助按钮，及一组可变的应用程序按钮，如系统属性、打开控制面板等。

单击"更改视图"按钮右侧的向下小三角按钮，打开一个下拉菜单，如图 2.26 所示。其中列出了文件和文件夹的排列方式。

（3）常见操作。下面介绍如何使用"资源管理器"来进行查看磁盘属性、查看文件和选取一组对象等常见操作的方法。

① 查看磁盘属性。在 Windows 7 中，用户可以随时查看任何一个磁盘的属性。磁盘的属性包括磁盘的空间大小、已用和可用空间以及磁盘的卷标信息。

用户要查看磁盘的属性应按如下操作：

- 打开"资源管理器"窗口。选定要查看的磁盘驱动器图标。

图 2.25　导航窗格树型结构　　　　　　图 2.26　"更改视图"中的命令选项

- 选择"文件"菜单中的"属性"命令，打开磁盘"属性"对话框，如图 2.27 所示。
  - ➢ "常规"选项卡：在该选项卡中包含了当前驱动器的卷标，用户可以在"卷标"编辑框中更改驱动器的卷标。而且，在这个选项卡中还显示出了当前磁盘的类型、文件系统、已用空间和可用空间。对话框中还有一个圆饼图，上面标识出了已用和可用空间的比例。
  - ➢ "工具"选项卡：单击磁盘"属性"对话框上的"工具"标签就可以打开"工具"选项卡，如图 2.28 所示。由图中可以看出，该选项卡由"查错""碎片整理"和"备份"三部分组成。用户利用它们可以对磁盘进行优化操作。

图 2.27　磁盘"属性"对话框　　　　　　图 2.28　"工具"选项卡

② 查看文件。用户可以通过"查看"菜单或工具栏中的"更改视图"按钮选择不同的方式来查看文件和文件夹。下面详细介绍"更改视图"按钮中的各个命令选项（见图 2.26）。

- "超大图标、大图标、中等图标"方式：如选择其中"大图标"方式，系统将使窗口中的所有对象均以大的图标显示，这样显示的效果更清楚。在此视图中因为图标较大，所以如果窗口中有许多对象，则要利用滚动条来选择对象，如图 2.29 所示。
- "平铺"方式：平铺视图并以图标显示文件和文件夹。这种图标将所选的分类信息显示在文件或文件夹名下面。例如，如果将文件按类型分类，则"Microsoft Word 文档"将出现在 Microsoft Word 文档的文件名下，如图 2.30 所示。

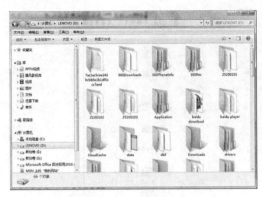

图 2.29 "大图标"方式

图 2.30 "平铺"方式

- "小图标"方式：系统将使窗口中的所有对象的图形在左、名称在右，以小图标显示。这样显示，每个图标占据的空间较小，一次能看到更多的对象，如图 2.31 所示。
- "列表"方式：将把窗口中的所有对象按字母顺序排列，这样不仅一次能看到更多的对象，还一目了然，便于查找，如图 2.32 所示。

图 2.31 "小图标"方式

图 2.32 "列表"方式

- "详细信息"方式：在此种显示方式下，对象以小图标的方式显示。同时在窗口中显示每个文件夹和文件的信息，包括文件夹和文件的名称、大小、类型和修改时间等内容。对于驱动器则显示其类型、大小和可用空间，如图 2.33 所示。
- "内容"方式：在此种显示方式下，每个对象用线条隔开显示，并包括文件夹和文件的名称、大小、类型和修改日期等信息，如图 2.34 所示。

当窗口中的图标太多时，用户可以利用"查看"菜单中"排列方式"级联菜单中的命令，按名称、类型、大小、修改日期或递增、递减自动排列等将图标排序，以便于查找，如图 2.35 所示。

其中允许用户通过文件的任何细节（如名称、大小、类型或更改日期）对文件进行分组。例如，按照文件类型进行分组时，图像文件将显示在同一组中，Microsoft Word 文件将显示在另一组中，而 Excel 文件将显示在又一个组中。

③ 选取一组对象。选取一组对象也就是同时选取多个文件或文件夹，然后对选中的对象统一进行操作。选取对象有 4 种常用的方法。

- 如果要连续的选取多个对象，可以单击要选取的第一个对象，然后按住 Shift 键，再单击要选取的最后一个对象。

图 2.33 "详细信息"方式

图 2.34 "内容"方式

图 2.35 "查看"菜单中"排列方式"子菜单

- 如果要选取的对象不连续，可以按住 Ctrl 键，然后依次单击要选取的对象。
- 在要选取的第一个对象的左上方按下鼠标左键，然后拖动鼠标到要选取的最后一个对象的右下方，再释放鼠标左键即可。在拖动过程中，会出现一个虚框框住要选取的对象，如图 2.36 所示。

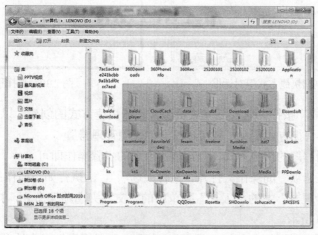

图 2.36 选择多个文件或文件夹

- 如果要选取所有的对象，单击"编辑"菜单中的"全选"命令即可。

（4）创建"资源管理器"的快捷方式。Windows 7 桌面没有"资源管理器"及其他应用程序的快捷方式，用户可以创建资源管理器的快捷方式。

要创建资源管理器的快捷方式，应该执行如下操作：

① 在桌面空白处单击鼠标右键，打开一个快捷菜单。

② 单击"新建"命令，打开"新建"级联菜单，如图 2.37 所示。

图 2.37　单击鼠标右键打开的快捷菜单

③ 单击"快捷方式"命令，打开"创建快捷方式"对话框。

④ 在"请键入对象的位置"文本框中输入"C:\Windows\explorer.exe"，或者单击"浏览"按钮选择路径，如图 2.38 所示。

⑤ 单击"下一步"按钮，选择程序标题，在"键入该快捷方式的名称"文本框中输入"资源管理器"，如图 2.39 所示。

图 2.38　"创建快捷方式"对话框

图 2.39　选择程序标题

⑥ 单击"完成"按钮。这样就完成资源管理器快捷方式的创建。以后用户只需双击桌面上的资源管理器快捷方式图标，就可以打开"资源管理器"。

创建其他应用程序的快捷方式，只需按照上面的步骤操作即可。

（5）"文件夹选项"的操作。打开"文件夹选项"，应执行如下操作：

单击"资源管理器"中的"工具"菜单中的"文件夹选项"命令，打开"文件夹选项"对话框，如图 2.40 所示。

"文件夹选项"对话框中包括"常规""查看"和"搜索"三个选项卡。下面主要介绍"常规"和"查看"这两个选项卡。

- "常规"选项卡。"常规"选项卡是"文件夹选项"对话框的默认形式。

在"打开项目的方式"选项中，用户选定"通过单击打开项目（指向时选定）"表示此时用户单击文件就相当于打开这个文件，鼠标指向文件时表示选中它；当用户选定"通过双击打开项目（单击时选定）"，表示用户单击文件或文件夹时，选中它，双击时打开它。

- "查看"选项卡。用户选择"查看"选项卡，如图 2.41 所示。在"高级设置"复选框中，用户为了使屏幕的显示更加简洁，用户可以将一些已知的文件类型隐藏起来，这时用户可以选中"隐藏已知文件类型的扩展名"；有时为了安全起见，用户需要将一些重要的文件信息隐藏起来，这时用户可以选中"不显示隐藏的文件和文件夹"，当用户需要使用它们时，可以选中"显示所有文件和文件夹"；如果要查看所选文件的完整目录，可以选定"在标题栏中显示完整路径"。如果正在使用网络或忘记了是否打开本地文件夹，该选项特别有用。

图 2.40　"文件夹选项"对话框　　　　图 2.41　"查看"选项卡

4. 回收站

在 Windows 中，回收站类似于用户日常生活中的废纸篓。用户可以将不用的文件删除，即扔到回收站中。这样当用户误删除了文件，仍可以将删除的文件从回收站中还原。

但是回收站也不是万能的，U 盘中删除的文件就不能用回收站来恢复。此外，回收站是按文件或文件夹的删除先后顺序来存放的，当删除的文件越来越多，最终导致回收站满时，最先被删除的文件或文件夹就会被永久地删除，用户再也不能用回收站来恢复了。

（1）"回收站"窗口。如果用户要查看"回收站"窗口，可双击桌面上的"回收站"图标，即可打开回收站，其窗口与资源管理器窗口基本相同，如图 2.42 所示。

（2）删除文件。当用户不需要某个文件或文件夹时，就可以将其删除。

如果要删除文件，应执行如下操作之一：

- 用鼠标右键单击要删除的文件，在如图 2.43 所示右键快捷菜单中选择"删除"命令。
- 选定要删除的文件后，单击"资源管理器"工具栏上的"删除"按钮。
- 选定要删除的文件后，单击"文件"菜单中的"删除"命令。
- 直接把要删除的文件拖放到"回收站"图标中，但是只有"回收站"图标可见时才可以这样做。

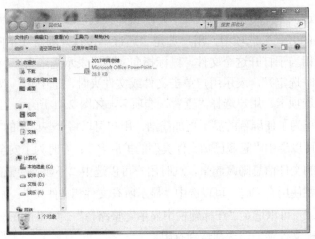

图 2.42　"回收站"窗口

此时打开"删除文件"对话框，如图 2.44 所示。单击"是"按钮，即可删除选定的文件。

（3）还原文件。如果误删除了文件，这时用户可以将该文件从回收站中找回来。如果要恢复被删除的文件，应执行如下操作：

● 在桌面上双击"回收站"图标，打开"回收站"窗口，显示回收站的内容。

● 选择要恢复的文件。

● 单击"文件"菜单中的"还原"命令。

或者右击要还原的文件或文件夹，在快捷菜单中选择"还原"命令。也可以单击回收站窗口工具栏中的"还原此项目"或"还原所有项目"按钮进行恢复。从回收站中恢复文件到原来所处的位置。

图 2.43　右键快捷菜单

图 2.44　确认文件删除

（4）清空回收站。如果确认回收站中的文件已无用，就可以将文件从回收站中删除，以收回硬盘空间。要清空回收站，应执行如下操作：

● 在清空回收站之前，恢复不想被删除的文件，因为一旦清空回收站，回收站中的所有文件都将被永久删除。

- 在桌面上回收站图标处单击鼠标右键，打开一个快捷菜单，如图 2.45 所示。
- 选择"清空回收站"命令，打开"删除多个项目"对话框，如图 2.46 所示。
- 单击"是"按钮，确认清空回收站中的文件。

图 2.45　右键快捷菜单

图 2.46　"删除多个项目"对话框

2.3.3　文件管理

文件管理包括对文件或文件夹的选择、复制、移动、删除、重命名和搜索以及查看文件内容和属性等基本操作。在这里对文件的管理都使用"资源管理器"，实际上许多操作同样可以使用"我的电脑"来完成。

1．选择文件和文件夹

在 Windows 中无论是打开文件、运行程序、删除文件还是复制文件，用户都得先选定文件或文件夹，再进行相应操作。下面将介绍如何选择文件和文件夹。

如果要选择文件或文件夹，应执行如下操作。

（1）启动"资源管理器"。

（2）在"导航窗格"中单击包含要选择对象的文件夹，例如，单击 Program Files（x86）文件夹，此时资源管理器右边显示选中文件夹的内容，如图 2.47 所示。

图 2.47　Programs Files（x86）文件夹中的内容

（3）执行下述操作之一，选择文件或文件夹：

- 单击"编辑"菜单中的"全部选定"命令，可选择当前文件夹中的所有文件。
- 按 End 键，可选定当前文件夹末尾的文件或文件夹。

- 按 Home 键，可选定当前文件夹开头的文件或文件夹。
- 按字母键，可选定第一个以该字符为文件名或文件夹名首字母的文件或文件夹。例如，按 A 键，将选定第一个字母以 A 开头的文件或文件夹。继续按字母键，将选定下一个以该字母开头的文件或文件夹。
- 如果要选择连续的多个文件，用鼠标单击第一个文件，再按住 Shift 键，单击最后一个文件即可。
- 如果要选择多个不连续的文件，可按住 Ctrl 键，用鼠标依次单击要选定的文件即可。
- 可以用鼠标拖放来选定连续的多个文件，即在要选定的第一个文件的左上角按下鼠标，然后拖动鼠标至最后一个文件的右下角再释放鼠标。

2. 新建文件夹

在 Windows 中，可以通过文件夹来管理文件。通过将相互联系的一类文件放置到文件夹中，可以使得文件易于管理，并方便查找。

首先来介绍在"资源管理器"中新建文件夹的方法，应执行如下操作：

（1）启动"资源管理器"，在"导航窗格"中单击新建文件夹所处的上一级磁盘或文件夹。例如，单击 D 盘。

（2）打开"文件"菜单，单击"新建"级联菜单中的"文件夹"命令，或单击窗口工具栏"新建文件夹"按钮，建立一个临时名称为"新建文件夹"的新文件夹，如图 2.48 所示。

（3）输入新文件夹的名称，并单击其他位置完成创建文件夹。

还可以通过下面一种方法来新建文件夹，执行如下操作：

（1）右击桌面或窗口的空白处，打开一个快捷菜单，如图 2.49 所示。

图 2.48　新建文件夹

图 2.49　右击桌面空白处打开的快捷菜单

（2）单击"新建"级联菜单中的"文件夹"命令，在桌面建立一个临时名称为"新建文件夹"的文件夹。

（3）输入新文件夹的名称。这样将在桌面上建成一个文件夹。

最后介绍一下在对话框中新建文件夹的方法。

在许多对话框中都有一个"创建文件夹"按钮，可以直接用来新建文件夹。这些对话框有"打开""保存""另存为""复制到""粘贴自"对话框等。图 2.50 所示的是在 Excel 中单击"文件"菜单中的"打开"命令打开的"打开"对话框。该对话框包含了"创建新文件夹"按钮，单击该按钮即可在当前文件夹下建立下一个临时名称为"新建文件夹"的新文件夹，用户再输入要创建的文件夹的名称即可。

图 2.50　用"创建文件夹"按钮新建文件夹

在对话框中创建文件夹有很大的好处，使得用户在打开、保存文件或复制内容时不必再返回到资源管理器中去创建文件夹。

3. 复制文件和文件夹

复制文件或文件夹是用户常用的操作，在 Windows 中，这类操作非常直观和简便。复制文件或文件夹有多种方法，可以用鼠标拖放来复制，也可通过菜单或工具栏来进行复制。

首先介绍用鼠标拖放来进行复制的方法，执行如下操作：

（1）打开"资源管理器"，在"导航窗格"中展开要复制文件的目标文件夹。

（2）在"导航窗格"中选中要复制文件的文件夹。

（3）选择要复制的文件或文件夹，按住并拖动鼠标，指向"导航窗格"中要复制到的目标文件夹（此时这个文件夹会反白显示表示已经被选中），释放鼠标完成操作。

在鼠标的拖动过程中，光标的右下角会显示一个加号，这就表示现在执行的是复制操作，如果没有这个加号就表示执行的是移动操作。

一般地，在不同的磁盘驱动器之间拖动文件是执行复制操作，而在同一磁盘驱动器之间移动文件是执行移动操作。加按 Ctrl 键拖动文件或文件夹始终是复制操作，加按 Shift 键拖动文件或文件夹是移动操作。

其次，介绍用"编辑"菜单中的命令进行复制的方法。

（1）打开"资源管理器"，选择要复制的文件或文件夹。

（2）单击"编辑"菜单中的"复制"命令。

（3）在"导航窗格"中选中目标文件夹。

（4）单击"编辑"菜单中的"粘贴"命令完成复制操作。

用户也可以利用"编辑"菜单中的"复制到文件夹"复制文件，其操作为：

（1）打开"资源管理器"，在文件夹浏览栏中选择要复制的文件。

（2）单击"编辑"菜单中的"复制到文件夹"命令，打开"复制项目"对话框，如图 2.51 所示。

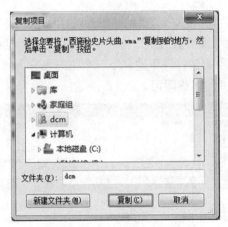

图 2.51　"复制项目"对话框

（3）用户通过滚动条来选择目标文件夹，也可以单击"新建文件夹"按钮来创建要复制到的目标文件夹。

（4）单击"复制"按钮，此时会弹出"正在复制"对话框，直到完成复制。

4．移动文件和文件夹

文件和文件夹的移动类似于文件和文件夹的复制。不同的是，执行完复制操作后，不仅在目标文件夹生成一个文件，而且在原来的位置上仍然有这个文件；而执行完移动操作后，仅仅在目标文件夹生成一个文件，原来的位置上就没有这个文件了。

上面曾经提到过，在同一磁盘驱动器里使用鼠标拖动可以进行文件移动操作。除此之外，还可以使用鼠标右键、菜单命令和工具栏中的按钮来执行移动文件的操作。下面介绍使用鼠标右键移动文件的方法，请执行如下操作：

（1）打开资源管理器，在文件夹浏览栏中选择要移动的文件或文件夹。

（2）在选定的文件或文件夹上按住鼠标右键，然后向目标文件拖动。

（3）当拖动到目标文件夹时，释放鼠标，打开一个快捷菜单，如图 2.52 所示。

（4）选择"移动到当前位置"命令，此时出现文件和文件夹移动的过程。

其次，介绍用菜单命令移动文件和文件夹的方法，请执行如下操作：

（1）打开资源管理器，在文件夹浏览栏中选择要移动的文件或文件夹。

（2）单击"编辑"菜单中的"剪切"命令。

（3）定位到目标文件夹。

（4）单击"编辑"菜单中的"粘贴"命令。

用户也可以通过"编辑"菜单中的"移动到文件夹"命令来移动文件夹，应执行如下操作：

（1）打开资源管理器，选择要移动的文件或文件夹。

（2）单击"编辑"菜单中的"移动到文件夹"命令，打开"移动项目"对话框，如图 2.53 所示。

（3）选择目标文件夹，也可以单击"新建文件夹"按钮来创建要移动到的目标文件夹。

（4）单击"移动"按钮，此时会弹出"正在移动"对话框。

执行完上述操作，就完成了对文件的移动。

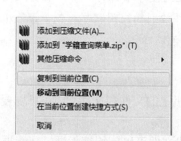

图 2.52　鼠标拖动法移动文件

图 2.53　"移动项目"对话框

5. 删除文件和文件夹

如果总是保留不需要的文件和文件夹，硬盘剩余可用的空间就会越来越少，因此需要将无用的文件和文件夹删除。删除文件分为两个步骤：第一步，将文件或文件夹删除到回收站，如果以后要用到此文件，用户可以将它还原；第二步，将文件从硬盘上彻底删除，也就是从回收站中清除。

首先应将不用的文件移动到回收站，请执行如下操作：

（1）打开"资源管理器"窗口。

（2）在"导航窗格"中选中要删除文件或文件夹所处的上一级的文件夹。

（3）右击要删除的文件或文件夹。

（4）在快捷菜单中单击"删除"命令，打开一个对话框。

（5）单击"是"按钮，将文件送到回收站中。

如果用户在选择"删除"命令的同时按下了 Shift 键，删除文件时将跳过回收站直接永远删除文件，此时将打开"删除文件"对话框，再单击"是"按钮，就永远地删除了该文件。

将文件或文件夹移动到回收站后，文件或文件夹并未从硬盘上清除，而只是由原文件夹的位置移动到回收站文件夹中。用户如果确实要删除文件或文件夹，可以再将文件从回收站中删除，即可将文件从硬盘上彻底删除，具体操作可参见回收站的使用方法。

6. 重命名文件

用户能够很方便地改变文件或文件夹的名称，请执行如下操作：

（1）单击选择要重命名的文件

（2）间隔一会再单击一下文件名，这时文件名会反白显示，如图 2.54 所示。

（3）直接输入要更改成的文件名。

（4）在空白处单击或按回车键，就完成了文件的重命名。

或者执行以下操作：

（1）单击选择要重命名的文件

（2）单击"文件"菜单中的"重命名"选项，这时文件名会反白显示，如图 2.54 所示。

（3）直接输入新的名称。

（4）在空白处单击或按回车键，完成重命名。

图 2.54　重命名文件或文件夹

💡 注意

　　无论是对文件进行复制、移动、删除操作，还是重命名操作，都只能在文件没有被别的应用程序使用的时候进行。如果这个文件被别的应用程序，例如 Word 正在使用，就不能进行复制、移动、删除或重命名操作。

7. 文件搜索

Windows 有很强的搜索功能，不仅可以搜索本地机上的文件和文件夹，还可以搜索网络中的计算机和用户。

（1）搜索文件。要在数千个文件和子文件夹查找文件可以使用搜索框。搜索框位于每个窗口的顶部，如图 2.55 所示。若要查找文件，请打开最有意义的文件夹或库作为搜索的起点，然后单击搜索框并开始输入文本。搜索框基于所输入文本筛选当前视图。如果搜索字词与文件的名称、标记或其他属性，甚至文本文档内的文本相匹配，则将文件作为搜索结果显示出来。

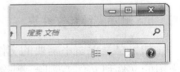

图 2.55　搜索框

例如：在 D 盘搜索所有扩展名为 DOC 的文档，操作步骤如下：

- 打开"资源管理器"窗口；
- 在"导航窗格"中选中 D 盘；
- 在"搜索框"中输入"*.doc"，开始搜索，如图 2.56 所示。

如果基于属性（如文件类型）搜索文件，可以在开始输入文本前，通过单击搜索框，然后单击搜索框正下方的某一属性来缩小搜索范围。这样会在搜索文本中添加一条"搜索筛选器"（如类型、修改日期、大小等），如图 2.57 所示，这将为用户提供更准确的结果。

图 2.56　搜索窗口

图 2.57　添加搜索筛选器

如果没有看到查找的文件，则可以通过单击搜索结果底部的某一选项来更改整个搜索范围。例如，如果在文档库中搜索文件，但无法找到该文件，则可以单击"库"以将搜索范围扩展到其余的库。

（2）在网络中搜索。除了搜索文件或文件夹以外，搜索框还可以来搜索网络中的资源。如果要搜索网络中的计算机，用户应执行如下操作：

- 打开"资源管理器"，在搜索框中输入查询信息，如"计算机"。
- 拖动查询窗口滚动条，在窗口下方单击"自定义"按钮，打开"自定义"对话框，如图 2.58 所示。
  - ➤ 在"更改所选位置"列表中选择"网络"，并把要搜索的计算机名称的复选框选中。
  - ➤ 单击"确定"按钮完成搜索。

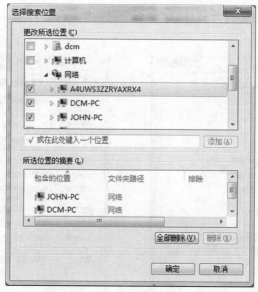

图 2.58　"选择搜索位置"对话框

提示

在网络中搜索必须是共享的资源，否则不能使用网络搜索。

8. 查看文件的属性

无论是文件夹还是文件，都有属性。这些属性包括文件的类型、位置、大小、名称、创建时间、只读、隐藏、存档、系统属性等。这些属性对于文件和文件夹的管理十分重要，因此用户有必要经常查看文件或文件夹的属性。

（1）查看文件夹的属性。如果要查看文件夹的属性，应执行如下操作：

① 打开资源管理器，用鼠标右键单击要查看属性的文件夹。

② 在快捷菜单中单击"属性"命令，打开文件夹的"属性"对话框。图 2.59 显示了 ks 文件的"属性"对话框。

在文件夹的"属性"对话框中，选择"常规"选项卡，可以了解到文件夹多个方面的信息，包括文件夹类型、文件夹的位置、文件夹的大小、文件夹内包括的文件夹个数和子文件夹的数目、文件夹的创建时间、文件夹可设置的属性。

这里介绍一下文件夹的可设置属性。文件夹的可设置属性包括如下。

- 只读：在删除和重命名文件夹时，给出特殊的提示，含有此属性的文件夹通常不易被误删。

- 隐藏：将文件夹隐藏起来。除非知道文件夹名称，否则无法看到或使用它，可防止别人看到文件夹。

- 存档：控制一些应用程序的文件夹中哪些文件应该备份。

（2）查看文件的属性。查看文件的属性和查看文件夹的属性的操作基本相同，只不过文件的属性比文件夹的属性多几项而已。如果要查看文件的属性，应执行如下操作：

① 打开资源管理器，右击要查看属性的文件，打开一个快捷菜单。

② 单击“属性”命令，打开文件的“属性”对话框。图 2.60 显示了一个文件的“属性”对话框。

图 2.59 文件夹的属性   图 2.60 文件的属性

在文件“属性”对话框中，可以看到，除了与文件夹一样具有的信息外，文件还有文件的修改时间和访问时间等内容。

2.4 Windows 7 附件中工具的使用

Windows 7 系统内置多个增强功能的附件程序，包括计算器、游戏、记事本等基本应用程序，还包括一些功能强大的系统管理工具。本节简要介绍这些附件工具的使用方法。

2.4.1 记事本

Windows 7 的记事本可以编辑无任何格式的文本文件。如果需要记录一些便条，或者要写一些 HTML 代码，运用记事本将会让用户最方便地解决上述问题。

1．启动记事本

启动记事本应用程序，应执行如下操作：

选择“开始”→“所有程序”→“附件”→“记事本”命令，启动记事本。

启动记事本后，将会出现“记事本”窗口。其中包括标题栏、菜单栏、编辑区等，如图 2.61 所示。

标题栏：标题栏位于“记事本”窗口的顶部，用来显示正在打开文档文件的名称，形式为“文档-记事本”。例如，图 2.61 中显示的为“无标题-记事本”表明了当前使用的应用程序是“记事本”，用户所编辑的内容的名称为“无标题”。

图 2.61　"记事本"窗口

菜单栏：在"记事本"窗口中标题栏的下面包含了一组菜单项。如果选择的菜单命令后面跟着省略号，例如"打开""另存为"命令等，则将打开一个相应对话框。

编辑区：在菜单栏下方的空白区域是编辑区。编辑区中有一个不停闪烁的竖直线，称为插入点，用来指定下一个要输入的字符的位置。

2. 新建一个文档

使用记事本创建一个简单的文档，应执行如下操作：

- 启动记事本应用程序。
- 按键盘的 Ctrl+Shift 快捷键，选择输入法。
- 输入文档的内容。

3. 保存新建的文档

用户创建了一个文档之后，一定要将它保存起来，以便今后查看和继续编辑。要保存上面创建的文档，应执行如下操作：

- 单击"文件"菜单中的"保存"命令，打开"另存为"对话框。
- 在"另存为"编辑框中选择文件的保存位置，默认位置为"库"下的"文档"库。
- 在"文件名"编辑框中输入文件的名称，例如"创建文档"。
- 在"保存类型"编辑框中选择文件的类型，例如"文本文档"，如图 2.62 所示。
- 单击"保存"按钮，保存这个文档。

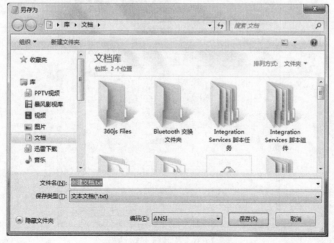

图 2.62　"另存为"对话框

Windows 7 中的"记事本"允许以多种不同的格式创建或打开文件，如 ANSI、Unicode、Unicode big endian 或 UTF-8 等格式。这些格式允许用户使用具有不同字符集的文件。

默认情况下，文档将保存为标准的 ANSI 文本。

值得注意的是，由于用户在"记事本"中输入文字后，文档没有保存过，那么第一次单击"保存"命令就会打开"另存为"对话框，要求用户输入保存的各种信息（例如文件保存的位置、名称和类型等）。以后再单击"保存"命令就不会再打开"另存为"对话框了，而是直接保存到已保存的文件中。

如果用户想要更改文档的保存位置或名称，可以单击"文件"菜单中的"另存为"命令，打开"另存为"对话框，重新输入保存的文件信息。

如果用户想要打开一个已经保存的文档，只需单击"文件"菜单中的"打开"命令，打开"打开"对话框，然后选择相应的文件就可以了。

4．退出"记事本"应用程序

结束文档编辑后可以退出"记事本"应用程序。要退出"记事本"应用程序只需单击"文件"菜单中的"退出"命令，或者直接单击标题栏右侧的"关闭"按钮。

如果当前正打开的文档没有保存过，那么在退出"记事本"时将出现一个对话框，询问是否保存当前的文档。

选择"是"按钮，将保存当前的文档；选择"否"按钮，将放弃对当前文档的修改；选择"取消"按钮，将取消本次退出"记事本"的操作，回到原来的编辑状态。

5．其他操作技巧

当熟悉以上基本操作后，下面再为用户介绍记事本的其他一些操作技巧，以方便用户使用"记事本"来丰富文档的编辑格式。

首先介绍设置字体的操作方法。单击记事本中"格式"菜单中的"字体"命令，打开"字体"对话框，如图 2.63 所示。

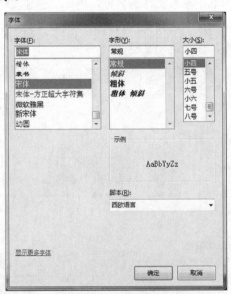

图 2.63   "字体"对话框

在这个对话框中可以设置所编辑文档的字体、字体样式和大小等。选择好用户需要的设置后，单击"确定"按钮，将确定当前文档的字体设置；选择"取消"按钮，将取消本次设置操作，回到上一次的设置状态。

接下来介绍一下在文档中查找或替换的方法。例如，查找文档中 Computer，应执行如下操作：

- 单击记事本中"编辑"菜单中的"查找"命令，打开"查找"对话框。
- 在"查找内容"编辑框中输入需要查找的内容 Computer。
- 选择是否要区分大小写，并选择查找的方向，如图 2.64 所示。

图 2.64　"查找"对话框

- 单击"查找下一个"按钮，进行查找。

完成后将显示提示信息。如果没有查找到需要查找的内容，将出现找不到的信息提示。

2.4.2　写字板

"写字板"是 Windows 7 附件中提供的文字处理类的应用程序，在功能上较一些专业的文字处理软件来说相对简单，但比"记事本"要强大一些。利用它可以完成大部分的文字处理工作，如格式化文档，能够对图形进行简单的排版，并且与微软销售的其他文字处理软件兼容。总的来说，写字板是一个能够进行图文混排的文字处理程序。

"写字板"的默认文件格式为 RTF 格式（Rich Text Format），但是它也可以读取纯文本文件（*.txt）、书写器文件（*.wri）以及 Word 6.0（*.doc）的文档。

纯文本文件是指文档中没有使用任何格式。RFT 文件则可以有不同的字体、字符格式及制表符，并可在各种不同的文字处理软件中使用。Word 6.0 格式的文件可直接在 Word 6.0 中文版中打开及编辑，不需要经过转换。

下面将讲述"写字板"的功能和使用方法。

现在，如果用户需要临时编辑一份会议通知，可以运用"写字板"应用程序来解决这个问题。

1．"写字板"窗口简介

选择"开始"→"所有程序"→"附件"→"写字板"命令，启动"写字板"。

启动"写字板"后，会出现"写字板"窗口，包括标题栏、快速访问工具栏、选项卡、选项功能区、编辑区、标尺和状态栏，如图 2.65 所示。

选项卡：选项卡替代了菜单，包含一些常用的命令组功能按钮。

选项功能区：由一些带图标的按钮组成，当用户需要时只需单击相应的按钮即可完成任务。

标尺：在默认情况下，水平标尺位于选项功能区的下方。标尺用于缩进段落、调整页边距以及设置制表位等。

状态栏：位于窗口下方，用来显示缩放等信息。

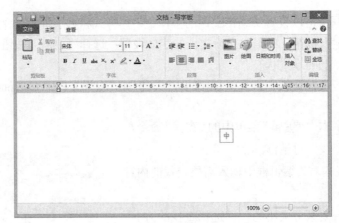

图 2.65　"写字板"窗口

2．创建"通知"文档

与"记事本"相比，"写字板"具有更多的编写排版功能。它除了在字体设置上可以设置字体类型、大小、样式外，还可以给文字加上下划线、让文字变为斜体或加粗等，还可以在编辑中加入项目符号、改变字体颜色或采用多种对齐方式等。

现在就开始编写需要的"通知"文档。首先，输入"通知"文档的内容，请执行如下操作：

● 启动"写字板"。

● 按键盘 Ctrl+Shift 键，选择输入法。

● 输入通知内容。如果在输入时产生错误，可以单击"快速工具栏"中的"撤消"按钮 取消上一步的操作。

其次，更改标题"通知"的格式，请执行如下操作：

● 用鼠标拖拽选定"通知"两个字，这时"通知"两个字变成了反白显示。

● 单击"主页"选项卡中"字体"组的"粗体"按钮，使"通知"变为粗体。

● 单击"主页"选项卡中的"下划线"按钮，为"通知"加下划线。

● 单击"主页"选项卡中的"字体大小"下拉按钮，选择 28，将"通知"字体大小变为 28。

● 单击"主页"选项卡中"段落"组的"居中"按钮，将"通知"居中对齐。

接着设置需要准备的材料的项目符号，请执行如下操作：

● 拖拽选择要使用项目符号的内容。

● 单击"主页"选项卡中"段落"组的"项目符号"按钮，设置项目符号。

最后，设置日期的对齐方式，可执行如下操作：

● 拖拽选定日期"2013-12-10"。

● 单击"主页"选项卡中"字体"组的"斜体"按钮，使日期变为斜体。

● 单击"主页"选项卡中"段落"组的"右对齐"按钮，使日期向右对齐。

对于编辑中的文档，用户应该养成经常保存文档的习惯，以免由于发生某种意外导致编辑文档的丢失，前功尽弃。在"写字板"中的保存与打开操作与在"记事本"中是一样的。

3．利用"替换"命令修改文档

"写字板"与"记事本"同样有"查找""替换"命令。例如，"通知"文档中的开会地点由会议室改为二楼会议室，修改通知可以执行如下操作：

- 单击"主页"选项卡中"编辑"组的"替换"按钮，打开"替换"对话框。
- 在"查找内容"编辑框中输入要替换的词"会议室"。
- 在"替换为"编辑框中输入要替换为的词"二楼会议室"，如图 2.66 所示。
- 单击"全部替换"按钮，完成替换操作。

4．打印

用户经常要将编辑的文档进行打印，为了避免打印的时候出现错误，可以在打印前进行页面设置和打印预览。

首先，设置"通知"文档的页面大小，可执行如下操作：

- 单击选项卡栏左边的"写字板"按钮 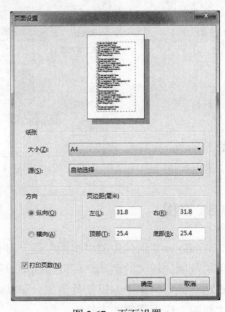，选择菜单中的"页面设置"命令，打开"页面设置"对话框。
- 在对话框中进行相应的设置，如图 2.67 所示。

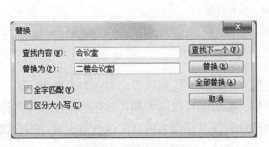

图 2.66　"替换"对话框　　　　　图 2.67　页面设置

- 单击"确定"按钮，完成页面设置。

接着，可以进行打印预览，看看即将打印的通知是什么样子。要进行打印预览，只需执行如下操作：单击选项卡栏左边的"写字板"按钮 ，选择菜单中的"打印预览"命令，就可以打开一个窗口显示打印的状态。

最后就可以打印文档了，只需执行如下操作：单击选项卡栏左边的"写字板"按钮 ，选择菜单中的"打印"命令进行打印通知。

5. 退出"写字板"应用程序

在用户编辑完文档并保存后，便可以退出"写字板"了。要退出写字板，只需执行如下操作：单击选项卡栏左边的"写字板"按钮 ⊞▼ ，选择菜单中的"退出"命令退出"写字板"程序，或单击标题栏右侧的"关闭"按钮，也可以双击标题栏左侧的"控制图标"退出。

6. 其他操作技巧

当掌握以上基本操作后，编辑普通的文档将已经变得没有任何问题。下面再为用户介绍写字板的一些其他操作，让用户在编辑文档时具有更高的效率。

- 通过"查看"选项卡，用户可以根据自己喜好来选择"写字板"窗口内的选项布局，如是否显示标尺、状态栏等。
- 要对全部文档进行编辑，可以选择"编辑"菜单中的"全选"命令。
- 在"写字板"的文档中可以插入其他一些对象，例如图片、Excel 工作表、PowerPoint 幻灯片等。只需执行如下操作：单击"主页"选项卡中"插入"功能区"插入对象"按钮，打开"插入对象"对话框，然后在该对话框中选择需要插入的对象类型就行了，如图 2.68 所示。

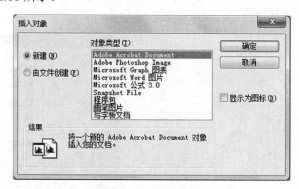

图 2.68　插入对象

2.4.3　画图

Windows 7 附件中的"画图"是一种位图（Bitmap）绘制程序，有一整套绘制工具，可以使用范围比较大的色彩，可以绘制简单图形、编辑图片以及为图片着色。画图程序的图形编辑功能比专门图形编辑软件简单，但基本操作有很多相似之处。在这一节中将详细介绍使用"画图"应用程序的方法。

1. "画图"窗口简介

启动"画图"程序，应执行如下操作：

选择"开始"→"所有程序"→"附件"→"画图"命令，启动"画图"应用程序。

启动画图后，会出现"画图"窗口。绘图和涂色工具位于窗口顶部的功能区中。其中包括以下一些组成部分：标题栏、快速访问工具栏、选项卡、选项功能区、画布以及状态栏等，如图 2.69 所示。

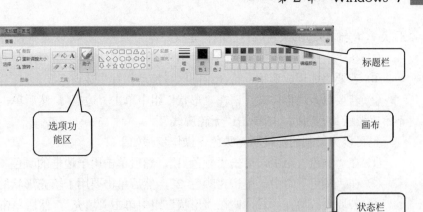

图 2.69　"画图"窗口

标题栏：位于"画图"窗口的顶部。标题栏上的显示格式为"文件名-画图"。其中，"画图"表明了当前使用的应用程序是"画图"程序，"文件名"为绘图内容的名称，在这里为"无标题"。

选项卡：在应用程序标题栏的下面包含了一组功能选项。

选项功能区：包含绘图工具、涂色工具等功能选项按钮。绘图工具由一组用来在画布上进行绘图的工具按钮组成。涂色工具用来设置当前使用的前景色和背景。

画布："画图"窗口中的工作区部分称为画布。可以用鼠标拖放画布的边角处来改变画布的大小。画布的大小一旦确定，所能绘制的图形的范围就一定了，画布之外的区域便不再能进行操作。

状态栏：位于窗口的下方，用来显示当前状态。

2. 编辑图形

画图中的功能区包括绘图工具的集合，使用起来非常方便。可以使用这些工具创建徒手画并向图片中添加各种形状。

（1）绘制直线。使用某些工具和形状（如铅笔、刷子、直线和曲线）可以绘制多种直线和曲线。所绘制的内容取决于绘图时移动鼠标的方式。例如，使用直线工具可以绘制直线。

① 在"主页"选项卡的"形状"组中，单击"直线"。

② 在"颜色"组中，单击"颜色 1"，然后单击要使用的颜色。

③ 若要绘图，请在绘图区域拖动指针。

（2）绘制曲线。图画并非仅包含直线。铅笔和刷子可以用于绘制完全随机的自由形状。

① 在"主页"选项卡的"工具"组中，单击"铅笔"工具 。

② 在"颜色"组中，单击"颜色 1"，然后单击要使用的颜色。

③ 若要绘图，请在绘图区域拖动指针并生成曲线。

💡 **注意**

如果希望生成具有不同外观的线条，请使用其中一个刷子。

（3）绘制形状。使用画图可以绘制很多不同的形状。例如，可以绘制已定义的现成形状，如矩形、圆形、正方形、三角形和箭头（仅举几例）。此外，还可以通过使用"多边形"

形状 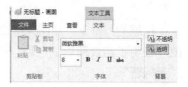 绘制多边形来生成自己的自定义形状，该多边形可以具有任何数目的边。

① 在"主页"选项卡的"形状"组中，单击现成的形状，如"矩形" 。

② 若要添加现成形状，请在绘图区域拖动指针生成该形状。

③ 若要更改边框样式，请在"形状"组中单击"边框"，然后单击某种边框样式。如果不希望形状具有边框，则单击"无轮廓线"。

也可以为绘制的形状填充颜色。操作步骤如下：

① 在"颜色"组中，单击"颜色 1"，然后单击用于边框的颜色。

② 在"颜色"组中，单击"颜色 2"，然后单击要用于填充形状的颜色。

③ 若要更改填充样式，请在"形状"组中单击"填充"，然后单击某种填充样式。如果不希望填充形状，则单击"无填充"。

（4）添加文本。使用文本工具，可以将文本添加到图片中。

① 在"主页"选项卡的"工具"组中，单击"文本"工具 **A**。

② 在希望添加文本的绘图区域拖动指针。

③ 在"文本工具"下，在"文本"选项卡的"字体"组中选择字体、大小和样式，如图 2.70 所示。

图 2.70 "字体"组

④ 在"颜色"组中，单击"颜色 1"，然后选择某种颜色。此为文本颜色。

⑤ 输入要添加的文本。

（5）擦除图片中的某部分。如果有失误或者需要更改图片中的部分内容，请使用橡皮擦。默认情况下，橡皮擦采用背景色，即将所擦除的任何区域更改为白色，可以更改橡皮擦的颜色。例如，如果将背景颜色设置为黄色，则所擦除的任何部分都将变成黄色。

① 在"主页"选项卡的"工具"组中，单击"橡皮擦"工具 。

② 在"颜色"组中，单击"颜色 2"，然后单击要在擦除时使用的颜色。如果要在擦除时使用白色，则不必选择颜色。

③ 在要擦除的区域内拖动指针。

3．保存图形

经常保存图片，这样就不会意外丢失所绘制的图形。要进行图片保存，请单击"画图"按钮 ，然后单击"保存"命令。这将保存上次保存之后对图片所做的全部更改。

首次保存新图片时，需要给图片指定一个文件名。请执行下列步骤：

- 单击"画图"按钮 ，然后选择"保存"命令，或单击"快速工具栏"中的"保存"按钮。如果此时该图形文件还没有被保存过，则将出现"保存"对话框。

- 在"保存类型"框中，选择需要的文件格式。

- 在"文件名"框中输入名称，然后单击"保存"按钮。

4．退出"画图"程序

绘制完图形之后，应该退出"画图"程序。要退出"画图"程序，单击"画图"按钮 ，然后选择"退出"命令即可。

如果用户忘记保存正在使用的文件，将出现一个提示对话框，询问是否保存当前的文件。选择"是"按钮，将保存当前的图形文件；选择"否"按钮，将放弃对当前图形文件的修改；如果选择"取消"按钮，将取消本次退出画图的操作，回到原来的绘图状态。

2.4.4　计算器

计算器是 Windows 7 自带的一个小程序，它既可以进行简单的运算，也可以进行科学计算和统计计算。

启动"计算器"程序，应执行如下操作：

选择"开始"→"所有程序"→"附件"→"计算器"命令，启动计算器。

启动计算器后，会出现"计算器"窗口。Windows 7 的计算器分为标准型和科学型两种窗口，所以计算器的窗口，如图 2.71 和图 2.72 所示。

图 2.71　标准型"计算器"窗口

图 2.72　"科学型计算器"窗口

2.5　定制 Windows 7

2.5.1　设置快捷方式

快捷方式是指置于桌面上的对象图标，通过这个对象图标，用户能方便快速地找到并打开某一个程序或文档。双击快捷方式即可启动它，因而加快了操作。很多对象都可设置成桌面上的快捷方式，例如文件夹、应用程序、文件、打印机等。

1．在桌面上创建快捷方式

在 Windows 7 初始安装时，只显示"回收站"这一个快捷方式。用户可以通过自行添加一些快捷方式，以方便工作。其操作方法如下：

（1）右键单击要创建快捷选择方式的项目，例如文件、程序、文件夹或打印机。

（2）在弹出的菜单中，选择"发送到"→"桌面快捷方式"命令，即可在桌面创建该项目的快捷方式，如图 2.73 所示。

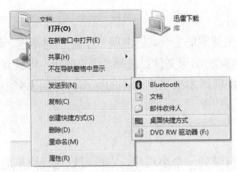

图 2.73　创建快捷方式

当然，用户也可以在桌面上直接创建快捷方式，操作方法如下：

（1）在桌面空白位置单击鼠标右键，弹出快捷菜单。

（2）从中选择"新建"→"快捷方式"命令。

（3）根据弹出的"创建快捷方式"向导提示，选择想要建立的项目。

（4）单击"下一步"按钮，输入该快捷方式的名称。

（5）然后单击"完成"按钮，结束快捷方式的创建。

2．改变快捷方式图标的名称

默认建立的快捷方式的名称都叫"快捷方式到……"，不过用户可以根据自己的喜好来对它们进行重新命名，重命名的方式同文件重命名。

3．排列桌面上的快捷图标

当桌面上的快捷方式越来越多的时候，排列图标显得就非常必要，这一点在 Windows 7 中实现起来非常方便，具体操作方法如下：

（1）用鼠标右键在桌面空白处单击。

（2）在弹出的快捷菜单中选择"排列方式"命令。

（3）再从子菜单里选择一种排列方式。

执行完以上操作之后，桌面上的全部图标就按照相应的顺序排列，如果在查看子菜单中选择了"自动排列图标"命令，如图 2.74 所示，无论用户把一个图标拖到什么位置，或者在桌面上新建了一个项目，它都会自动地按照一定的顺序与其他项目排列在一起。当然用户也可以取消各种排列顺序，通过直接拖动桌面上的图标，将它移动到自己喜欢的位置。

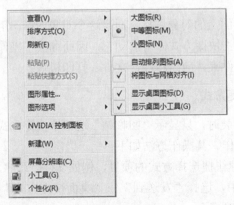

图 2.74　排列图标

2.5.2　设置任务栏和开始菜单

在 Windows 7 中，用户的很多操作都是在任务栏和"开始"菜单中进行的，个性化设置任务栏和开始菜单可以方便用户操作，因此也非常有必要。设置任务栏和开始菜单，都需要打开"任务栏和开始菜单属性"对话框，其具体操作方法如下：

- 鼠标右键单击"开始"按钮。
- 在弹出的子菜单里选择"属性"命令，弹出"任务栏和开始菜单属性"对话框，如图 2.75 所示。

1. 开始菜单的设置

（1）自定义开始菜单。Windows 7 的开始菜单设置操作步骤如下：

① 在"任务栏和开始菜单属性"对话框中单击"自定义"按钮，弹出"自定义开始菜单"对话框，如图 2.76 所示。

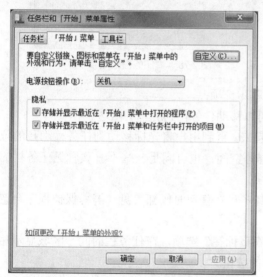
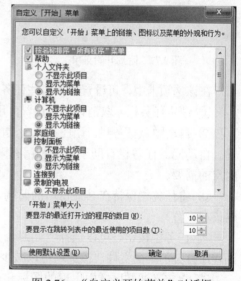

图 2.75　"任务栏和开始菜单属性"对话框　　　图 2.76　"自定义开始菜单"对话框

② 在列表框中，用户可设置图标的大小、开始菜单上程序数目和在开始菜单上显示的 Internet 浏览器和电子邮件程序。

③ 可自定义开始菜单中的显示效果、菜单项目或清除最近使用的文档。

④ 设置完成后单击"确定"按钮使设置生效。

（2）在开始菜单顶部显示程序。"开始"菜单可以自动地将使用最频繁的程序添加到菜单顶层，用户也可以手工将所需的任何程序移动到"开始"菜单中。具体的操作步骤如下：

① 右键单击要在"开始"菜单顶部显示的程序，例如可以用右键单击"开始"菜单、Windows 资源管理器中或桌面上的程序，如图 2.77 所示。

② 单击"附到开始菜单"命令。该程序即显示在"开始"菜单上的分隔行上方区域中的固定项目列表内。

2. 任务栏的设置

（1）设置任务栏的基本选项。在"任务栏和开始菜单属性"对话框中，选择"任务栏"选项卡，如图2.78所示。

图 2.77　附到开始菜单

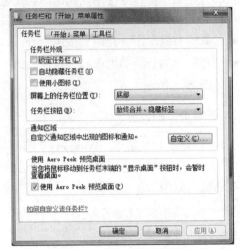

图 2.78　"任务栏"选项卡

在该选项卡中，可设置如下一些任务栏的基本选项：

① 锁定任务栏。取消该默认设置，用户可以移动任务栏到屏幕的四边。

② 自动隐藏任务栏。让任务栏自动隐藏起来，直到用户将光标移动到任务栏隐藏的位置。自动隐藏任务栏有助于充分利用有限的屏幕空间，也可满足一些不喜欢看见任务栏的用户的需要。

③ 将任务栏保持在其他窗口的前端。使任务栏在任何时候都可见（屏幕保护程序会忽略该项设置）。

④ 任务栏按钮。可以选择"始终合并，隐藏标签"选项，在任务栏的同一区域显示相同程序打开的不同文件，该选项可以减少显示的按钮。

⑤ 自定义通知区域中出现的图标和通知。可以添加或删除在任务栏中显示的图标，可以设置某一项目的通知行为。

（2）在任务栏上添加工具栏。在任务栏上直接添加工具栏可以加快用户访问的速度，操作方法如下：

① 用鼠标右键单击任务栏空白处，显示任务栏快捷菜单。

② 选择"工具栏"，在弹出的子菜单里显示可选的工具栏，如图2.79所示。

图 2.79　添加快捷工具栏

③ 选择相应的工具栏，选中后就把该工具栏添加到任务栏了，反之取消选中则删除该工具栏。

标准工具栏分别有：

"地址"工具栏，它显示一个列表框，在其中可以输入想要查看的内容地址（用户还可以把本机或网络驱动器上的一个文件输入为Internet上的一个位置）。这个列表框记录用户最近的请求，因此用户可以从中进行选择，而不必输入它们。

"链接"工具栏，显示用户已经为Internet Explorer定义的链接列表，一次单击就可以把用户带到想要去的位置。

"语言栏"工具栏，显示当前可用的输入方法，单击输入法图标可快速进行切换。

"桌面"工具栏，它复制桌面上所有图标，以使用户可以访问它们，而不必最小化当前应用程序，只需从该工具栏中选择用户想要看到的图标，Windows 7 将显示它。

2.5.3　设置桌面

桌面背景（也称为壁纸）可以是个人收集的数字图片、Windows 提供的图片、纯色或带有颜色框架的图片。用户可以选择一个图像作为桌面背景，也可以显示幻灯片图片作为桌面背景。进行桌面显示设置，主要在"外观和个性化"属性中进行。设置桌面显示的方法如下：

- 单击"开始"按钮，打开"控制面板"，选择"外观和个性化"，再选择"个性化"选项，在打开的"个性化"窗口中选择"桌面背景"。

- 也可以在桌面空白处，单击鼠标右键，在弹出的子菜单中选择"个性化"命令。

1. 桌面背景

桌面背景设置的操作步骤如下：

（1）在如图 2.80 所示的"个性化"窗口中选择"桌面背景"，从"图片位置（L）"列表中选择背景图片，如图 2.81 所示。也可通过单击"浏览"按钮搜索计算机上的图片，找到所需的图片后，双击该图片，将它设为桌面背景。

图 2.80　"个性化"窗口

（2）单击"图片位置（P）"下方的按钮，可以选择图片的显示方式，包括"居中""平铺""拉伸""适应"和"填充"五种方式，如图 2.81 所示。

- 平铺：用多个原始大小的墙纸图片平铺排满整个屏幕。
- 拉伸：将单个原始大小的墙纸图片横向和纵向拉伸，以排满整个屏幕。
- 居中：将单个原始大小的墙纸图片置于屏幕中心位置。

用户还可以进行桌面图标的显示与隐藏和更改等操作。

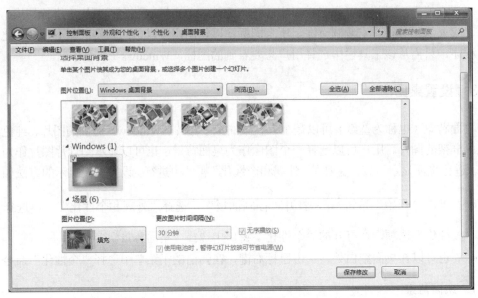

图 2.81　桌面背景

在 Windows 系统里，不同类型的文件对应有不同的图标显示，而且许多应用程序还提供自己独特的图标。例如要改变"计算机"的图标，应执行如下操作：

（1）在"个性化"窗口中选择"更改桌面图标"选项，打开"桌面项目"对话框，选择要更改图标的项目，例如"计算机"。

（2）单击"更改图标"按钮，打开"更改图标"对话框，如图 2.82 所示。

（3）在列出的各种图标中单击选择一种。

（4）单击"确定"按钮，完成图标的修改。

如果用户对修改后的图标感到不满意而又不记得原来的图标的式样，那么只需在"桌面项目"对话框中单击该图标，然后单击"还原默认图标"按钮就可以改成原来的图标了。

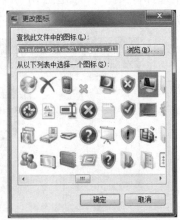

图 2.82　"更改图标"对话框

2. 屏幕保护

当用户长时间没有对计算机进行任何操作时，Windows 7 可以启动屏幕保护程序，以保护计算机的显示屏幕，延长计算机显示器的寿命，当然要实现屏幕保护程序，用户需要设置"屏幕保护程序"的自动启动。设置计算机屏幕保护程序的操作方法如下：

（1）单击"个性化"窗口中的"屏幕保护程序"按钮，打开"屏幕保护程序设置"对话框，如图 2.83 所示。在设置屏幕保护程序之前，屏幕保护程序为"无"，在显示器形状的窗口中仅仅显示桌面背景，同时"设置"和"预览"按钮是不能使用的。

（2）在"屏幕保护程序"列表框中选择一个想要使用的屏幕保护程序，例如"彩带"。

这时，在显示器形状的窗口中就显示出这个屏幕保护程序的外貌，如图 2.84 所示。

 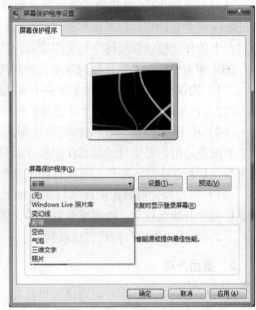

图 2.83 "屏幕保护程序设置"对话框　　　　图 2.84 设置屏幕保护程序

（3）在"等待"编辑框中输入启动屏幕保护程序需要的等待时间，如 5 分钟。用户也可以通过单击编辑框右侧的微调按钮，以 1 分钟为步长来调节等待时间。所谓等待时间就是指计算机系统在用户没有进行任何操作后启动屏幕保护程序需要等待的时间。

（4）如果选择"三维文字"，可以单击"设置"按钮，打开"三维文字设置"对话框，如图 2.85 所示。

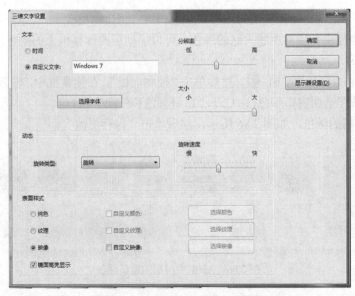

图 2.85 "三维文字设置"对话框

（5）在"三维文字设置"对话框中可以具体设置三维文字屏幕保护程序的细节。设置完毕后单击"确定"按钮，关闭"三维文字设置"对话框。

（6）单击"确定"按钮，确定屏幕保护程序的设置，关闭"屏幕保护程序设置"对话框。

执行上述操作后，就设置了屏幕保护程序。当用户停止任何操作达到设定的等待时间后，Windows 就会自动启动屏幕保护程序。在运行屏幕保护程序的时候，用户只需移动鼠标或按下键盘上的任何按键都能够立刻关闭屏幕保护程序，进入工作状态。

如果想要使用个人图片作为屏幕保护程序，可执行如下操作：

（1）确保在计算机的一个文件夹中有两张或更多的图片。

（2）在如图 2.84 所示的"屏幕保护程序"下拉列表中，选择"照片"。

（3）单击"设置"按钮来指定包含图片的文件夹，定义图片大小以及其他选项。

有时候，用户希望启动屏幕保护程序后只有自己才能使计算机进入工作状态，这就需要在屏幕保护程序中加入密码，可执行如下操作：

（1）在选择完屏幕保护程序后，选中"在恢复时使用密码保护"复选框，则当指定屏幕保护程序开始运行后，如果要恢复使用计算机时将显示登录窗口，必须先输入密码。

（2）单击"确定"按钮完成设置。

3．桌面外观

在 Windows 7 中，用户可对桌面以及窗口的外观进行设置，可以更改桌面、窗口、窗口边框、标题栏、菜单、"开始"菜单和任务栏等的颜色，这种设置可以选用现成的方案，也可以自己来定义。

（1）更改计算机上的颜色。单击某个新主题后，会更改计算机上的图片、颜色和声音组合。每个主题都包含不同的窗口颜色。通过更改主题来更改颜色的步骤如下：

① 通过单击"开始"按钮 ，然后单击"控制面板"，选择"外观和个性化"，打开"外观和个性化"窗口。在搜索框中，输入"个性化"，然后单击"个性化"，打开"个性化"窗口。

② 单击某个主题。计算机上的图片、颜色和声音将自动更改。

如果不希望使用与当前主题关联的颜色，可以手动更改计算机上的颜色。手动更改颜色的操作步骤如下：

① 通过单击"开始"按钮 ，然后单击"控制面板"，在搜索框中，输入"窗口颜色"，然后单击"更改半透明窗口颜色"，打开"窗口颜色和外观"窗口。

② 单击所需的颜色，如图 2.86 所示，然后单击"保存更改"。

图 2.86　Aero 中可用的窗口颜色

⚙ 注意

　　如果看到的是"窗口颜色和外观"对话框，而不是"窗口颜色和外观"窗口，则可能没有使用 Aero 主题，或计算机可能不满足运行 Aero 的最低硬件要求。

也可以通过更改配色方案来更改计算机的颜色，具体步骤如下：

① 单击"开始"按钮 ⬤，然后单击"控制面板"。

② 在搜索框中，输入"配色方案"，然后单击"更改配色方案"选项。

③ 单击"高级"。

④ 在"项目"列表中，选择要更改其颜色的 Windows 部分。

⑤ 在"项目"列表旁边的"颜色"列表中，选择所需的颜色。

⑥ 对 Windows 中要更改其颜色的每个部分重复步骤④和⑤，单击"确定"按钮，然后再次单击"确定"按钮。

> 💡 **注意**
>
> 　如果是从以前的 Windows 版本升级到 Windows 7 家庭普通版或者 Windows 7 简易版，则无法再通过右键单击桌面来对颜色和其他外观设置进行更改。

（2）显示、隐藏桌面图标或调整桌面图标的大小。桌面上的图标使用户可以快速访问快捷方式。可以显示所有图标，但如果更喜欢干净的桌面，也可以隐藏所有图标，还可以调整它们的大小。

- 显示桌面图标：右键单击桌面，选择"视图"命令，然后单击"显示桌面图标"命令。

- 隐藏桌面图标：右键单击桌面，选择"视图"命令，然后单击"隐藏桌面图标"命令，以清除复选标记。

> 💡 **注意**
>
> 　隐藏桌面上的所有图标并不会删除它们，只是隐藏它们，直到再次选择显示它们。

调整桌面图标的大小：右键单击桌面，选择"视图"命令，然后单击"大图标"或"中等图标"或"小图标"命令。

> 💡 **提示**
>
> 　也可使用鼠标上的滚轮调整桌面图标的大小。在桌面上，滚动滚轮的同时按住 Ctrl 可放大或缩小图标。

显示或隐藏常用桌面图标的步骤如下：

① 通过单击"开始"按钮 ⬤，然后单击"控制面板"，选择"外观和个性化"，打开"外观和个性化"窗口。在搜索框中，输入"个性化"，然后单击"个性化"，打开"个性化"窗口。

② 在左窗格中，单击"更改桌面图标"。

③ 在打开的对话框中"桌面图标"下，选中要在桌面上显示的每个图标对应的复选框。取消选中不想要显示在桌面上的图标对应的复选框，然后单击"确定"按钮。

（3）使用桌面透视临时预览桌面

可以使用桌面透视临时查看桌面。若要快速查看桌面小工具和文件夹，或者不希望最小化所有打开窗口，然后必须还原它们时，此功能将非常有用。临时预览桌面的步骤如下：

① 指针指向任务栏末端的"显示桌面"按钮。此时打开的窗口将会淡出视图，以显示桌面。

② 若要再次显示这些窗口，只需将指针移开"显示桌面"按钮。

💡 提示

① 按住"Windows 徽标键 ⊞ + 空格"组合键可以临时预览桌面。若要还原桌面，请释放"Windows 徽标键 ⊞ + 空格"组合键。

② 若要最小化打开的窗口，以使其保持最小化状态，请单击"显示桌面"按钮，或按"Windows 徽标键 ⊞+D"组合键。若要还原打开的窗口，请再次单击"显示桌面"按钮或按"Windows 徽标键 ⊞+D"组合键。

如果不希望桌面在指针指向"显示桌面"按钮时淡出，可以关闭此"桌面透视"功能。关闭桌面预览的步骤如下：

① 通过依次选择"开始"按钮 ⚫→控制面板→"外观和个性化"命令，然后单击"任务栏和「开始」菜单"，打开"任务栏和「开始」菜单属性"对话框。

② 在打开的对话框中"使用 Aero 桌面透视预览桌面"下，取消选中"使用 Aero 桌面透视预览桌面"复选框，然后单击"确定"按钮。

💡 提示

还可以使用 Peek 预览桌面上的打开窗口（并使其他打开的窗口临时淡出）。

4. 显示属性

对于某些应用程序，要求用户使用一定的屏幕分辨率来显示，这一点在浏览 Web 页时尤其常见。

屏幕分辨率指的是屏幕上显示的文本和图像的清晰度。分辨率越高（如 1600×1200 像素），项目越清楚。同时屏幕上的项目越小，因此屏幕可以容纳越多的项目。分辨率越低（例如 800×600 像素），在屏幕上显示的项目越少，但尺寸越大。改变屏幕分辨率的步骤如下：

① 通过依次单击"开始"按钮 ⚫→控制面板→"外观和个性化"命令，单击"调整屏幕分辨率"，打开"屏幕分辨率"对话框，如图 2.87 所示。

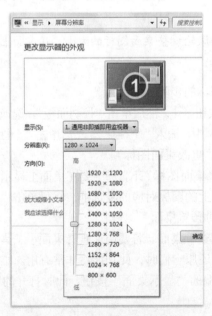

图 2.87　"屏幕分辨率"对话框

② 单击"分辨率"旁边的下三角按钮，打开下拉列表，将滑块移动到所需的分辨率，然后单击"应用"按钮。

③ 单击"保持"按钮使用新的分辨率，或单击"还原"按钮回到以前的分辨率。

注意

更改屏幕分辨率会影响登录到此计算机上的所有用户。

如果将监视器设置为不支持的屏幕分辨率，那么该屏幕在几秒钟内将变为黑色，监视器则还原至原始分辨率。

5. 桌面主题

主题是计算机上的图片、颜色和声音的组合，包括桌面背景、屏幕保护程序、窗口颜色和声音方案。某些主题也可能包括桌面图标和鼠标指针。Windows 7 为用户提供了一系列桌面主题，选择它们就可以配套改变桌面的显示方案。要使用桌面主题，应执行如下操作：

① 打开"控制面板"，选择"外观和个性化"。

② 单击"更改主题"，如图 2.88 所示。

③ 选择要应用于桌面的主题。

图 2.88　主题

提示

在 Windows 网站上的个性化库中可以找到要添加的更多主题。还可以分别更改主题的图片、颜色和声音来创建自定义主题。

2.5.4　设置鼠标

鼠标是在 Windows 中使用频率很高的设备，让鼠标的操作满足用户的使用习惯更是非常必要的。所有关于鼠标的设置都可以通过双击控制面板中的"鼠标"，在打开的"鼠标属性"对话框中改变参数来实现，如图 2.89 所示。

1. 鼠标键配置

打开"按钮"选项卡在"鼠标键配置"区域中选中"习惯右手"或"习惯左手"选项之一，可将鼠标左右两键的作用相互调换。

2. 设置鼠标指针

每一个的特殊事件都可以分别由不同的鼠标指针光标来代表，并且这些类型也可以通过设置来调整，操作方法如下：

打开"指针"选项卡，这里列出了当前各个事件的鼠标指针，如图 2.90 所示。

在"方案"列表框的下拉列表中选择一种现成的方案。

图 2.89 "鼠标属性"对话框

图 2.90 "指针"选项卡

用户也可以自定义各事件的鼠标光标，操作方法如下：

（1）打开"自定义"下拉列表，选定"自定义"列表里的某项事件。

（2）单击"浏览"按钮，弹出"浏览"对话框，如图 2.91 所示。

（3）在列表中选择一种喜欢的光标。

（4）更改完成，单击"确定"按钮使设置生效。

3. 指针选项

在 Windows 7 操作系统中，用户还可以设置鼠标指针的一些特殊使用方法，如图 2.92 所示。

图 2.91 "浏览"对话框

图 2.92 "指针选项"选项卡

（1）在"移动"区域拖动滑块，可以调整鼠标移动的速度。

（2）在"对齐"区域，选择"自动将指针移动到对话框中的默认按钮"复选框，可以自动将指针移动到对话框中的默认按钮。

（3）在"可见性"区域，可以设置鼠标指针的显示踪迹。

（4）设置完成，单击"确定"按钮使设置生效。

2.5.5 设置日期和区域

Windows 7 支持用户在任何时间、任何地点工作将计算机的时钟、日历、货币和数字设置更改成与当前国家（地区）和时区匹配的设置。

1. 日期和时间

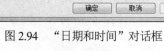

图 2.93　显示时间

Windows 系统能够自动记录时间并在任务栏中显示出来，如图 2.93 所示。有时候时间会出现误差，或者用户为了避开某个日子，例如 CIH 病毒发作的时间，需要调整时间和日期。

双击任务栏中显示时间的位置，在时间和日期中可以看到时间、日期等信息。进行时间和日期的设置操作如下：

① 打开"控制面板"，选择"时钟、语言和区域"，打开"时间、日期、语言和区域选项"对话框。

② 在该对话框中单击"时间和日期"，打开"日期和时间"对话框，如图 2.94 所示。

③ 单击"更改日期和时间"按钮，进行日期、时间设置，如图 2.95 所示。要更改时区，单击"更改时区"按钮，如图 2.96 所示。单击时区下拉列表选择当前所在的时区。

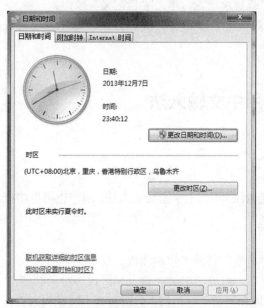

图 2.94　"日期和时间"对话框

图 2.95　"日期和时间设置"对话框

如果要使计算机时钟与 Internet 时间服务器同步，可以在"Internet 时间"选项卡中设置，这样计算机时钟就会和 Internet 时间服务器进行一次同步，以校正本机的时间设置。

如果计算机具有连续的 Internet 连接，当选中"Internet 时间"选项卡中"自动与 Internet 时间服务器同步"复选框后，则时钟同步会正常发生；而如果只是偶尔连接 Internet，可以通过单击"Internet 时间"选项卡中的"立即更新"按钮来执行立刻同步。

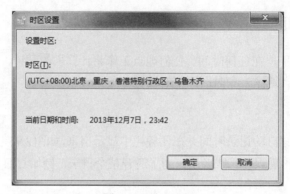

图 2.96　时区设置

2．区域和语言

通过"控制面板"中的"时钟、语言和区域"选项，可以更改 Windows 用来显示日期、时间、货币量、大数字和带小数点数字的格式。也可以从多种输入语言和文字服务中进行选择，例如不同的键盘布局，输入法编辑器以及语音和手写体识别程序。

更改数字、货币、时间和日期设置的步骤如下：

① 在"控制面板"中单击"时钟、语言和区域"选项。

② 如果想要更改单独的日期、时间、数字或货币设置，单击"自定义"按钮。

③ 在"自定义区域选项"对话框中，可对数字、货币、时间、日期、排序等项目进行修改。

2.6　安装、使用中文输入法

2.6.1　安装中文输入法

Windows 7 在安装时预装了微软拼音、智能 ABC 和五笔字型等输入法。用户也可以根据自己的需要安装或删除其他输入法。

要安装新的输入法，应执行如下操作：

（1）单击"开始"菜单中的"控制面板"命令，打开"控制面板"窗口。

（2）单击其中的"时钟、语言和区域"选项，打开"时钟、语言和区域"对话框。

（3）单击"区域和语言"选项，打开"区域和语言"对话框，然后打开"键盘和语言"选项卡，如图 2.97 所示。

（4）单击"更改键盘"按钮，打开"文本服务和输入语言"对话框，如图 2.98 所示。

（5）单击"已安装的服务"区域中的"添加"按钮，打开"添加输入语言"对话框，如图 2.99 所示。

（6）在"添加输入语言"下拉列表中选择需要添加的输入语言，然后选择"键盘布局/输入法"中的输入方法，接着单击"确定"按钮就能够添加这个输入法了。

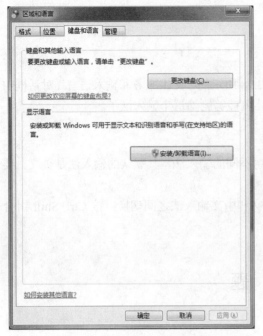

图 2.97　"区域和语言"对话框　　　　　图 2.98　"文本服务和输入语言"对话框

自定义输入语言的按键顺序，操作步骤如下：

- 在如图 2.97 所示"键盘和语言"选项卡中单击"更改键盘"按钮。
- 在"文本服务和输入语言"对话框中，选择"高级键设置"选项卡，如图 2.100 所示。

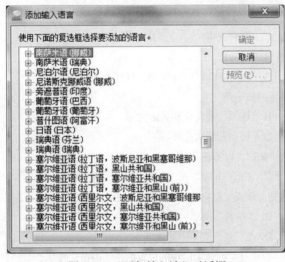
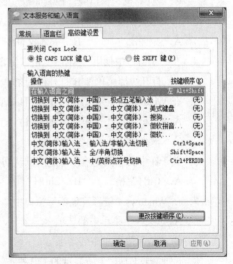

图 2.99　"添加输入法"对话框　　　　　图 2.100　"高级键设置"选项卡

- 在"高级键设置"选项卡的"输入语言的热键"列表中，单击要为其更改按键顺序的操作，然后单击"更改按键顺序"按钮。
- 如果需要，选中"启用操作"复选框，然后单击"要使用的按键顺序"。
- 单击"确定"按钮四次，完成设置。

2.6.2 删除、切换中文输入法

1．删除中文输入法

如果用户要删除某个输入法，只需在如图 2.98 所示的"文本服务和输入语言"对话框中选择已经安装的输入法，再单击"删除"按钮，就能够删除这个输入法了。

2．中、英文输入法的切换

在 Windows 7 中，对应不同的窗口可以使用不同的输入法，其默认的输入法是英文。要切换输入法，可执行如下操作：

在键盘上按 Ctrl+Space 组合键，可以在英文和中文输入法之间切换；按 Ctrl+Shift 组合键，可以依次在各种输入法之间切换。

习　题

一、选择题

1. 在 Windows 资源管理器的右窗格中，要显示出对象的名称大小等内容应选择（　　）显示方式。

　　A．小图标　　　　　B．大图标　　　　　C．列表　　　　　　　D．详细资料

2. 在 Windows 中，对文件和文件夹的管理可以使用（　　）。

　　A．"资源管理器"或"控制面板"窗口　　B．"资源管理器"或"计算机"窗口

　　C．"计算机"窗口或"控制面板"窗口　　D．快捷菜单

3. 可以放置快捷方式的位置有（　　）。

　　A．桌面上　　　　　B．文本文件中　　　C．文件夹中　　　　　D．"控制面板"窗口中

4. 在一个窗口中使用"ALT+空格"组合键可以（　　）。

　　A．打开快捷菜单　　B打开控制菜单　　　C．关闭窗口　　　　　D．打开"开始"菜单

5. 在 Windows 7 主窗口的右上角可以同时显示的按钮是（　　）。

　　A．最小化、还原和最大化按钮　　　　　B．还原、最大化和关闭按钮

　　C．最小化、还原和关闭按钮　　　　　　D．还原和最大化按钮

6. 关于在中文和西文输入法之间默认切换的快捷键，以下正确的是（　　）。

　　A．Ctrl+空格　　　　B．Shift+空格　　　C．Ctrl+Shift　　　　D．Ctrl+Shift+Alt

7. 在 Windows "资源管理器"窗口中，要改变文件或文件夹的显示方式，应执行（　　）。

　　A．"文件"菜单中的选项　　　　　　　　B．"编辑"菜单中的选项

　　C．"查看"菜单中的选项　　　　　　　　D．"工具"菜单中的选项

8. 下列关于工具栏上所显示的工具栏按钮文字说明及文字说明出现的位置的说法中错误的是（　　）。

　　A．若在文字选项下拉列表中选择"选择性地将文字置于左侧"，则将显示工具栏按钮的文字说明，并有选择地显示在图标的左侧

　　B．若在文字选项下拉列表中选择"选择性地将文字置于右侧"，则将显示工具栏按钮的文字说明，并有选择地显示在图标的右侧，这是缺省的属性

　　C．若在文字选项下拉形表中选择"显示文字标签"，则在工具栏按钮图标的下面显示该按钮的文字说明

D．若在文字选项下拉列表中选择"无文字标签"，则不显示工具栏按钮的文字说明

9．桌面是由桌面图标、背景、及（　　）组成。

　　A．任务栏　　　　　B．标题栏　　　　　C．"开始"菜单　　　D．日期时间

10．下面不属于 Windows 7 附件的是（　　）。

　　A．画图　　　　　　B．WPS 2013　　　　C．计算器　　　　　D．记事本

11．"复制"命令的快捷键是（　　）。

　　A．Ctrl+A　　　　　B．Ctrl+C　　　　　C．Ctrl+V　　　　　D．Ctrl+X

12．在 Windows 7 资源管理器中，不能按（　　）排列文件和文件夹。

　　A．名称　　　　　　B．类型　　　　　　C．大小　　　　　　D．新旧

13．在 Windows 7 的资源管理器中，图标的显示方式没有（　　）。

　　A．列表　　　　　　B．大纲　　　　　　C．超大图标　　　　D．详细信息

14．在 Windows 7 中窗口排列方式不包含（　　）。

　　A．层叠　　　　　　　　　　　　　　　B．堆叠显示

　　C．始终显示　　　　　　　　　　　　　D．并排显示

二、填空题

1．在管理文件或文件夹时，选择文件或文件夹可以拖动鼠标选、按＿＿＿＿＿选择连续的、按＿＿＿＿＿选不连续的文件，全选的快捷键为＿＿＿＿＿。

2．在 Windows 7 中，用户文件的属性包括＿＿＿＿＿、只读、隐藏。

3．Windows 7 可以按不同的方式排列桌面图标，除了自动排列方式外，其他四种方式是按名称、类型、大小、＿＿＿＿＿排列。

4．一旦在回收站内的文件被选中，然后单击"文件"菜单的"删除"或单击"清空回收站"命令，选中的文件则＿＿＿＿＿。

5．要将图片作为桌面的背景墙纸，＿＿＿＿＿该图片后从弹出的快捷菜单中选择"设置为背景"命令即可改变原有的桌面墙纸。

6．在 Windows 中，菜单名后带＿＿＿＿＿符号的菜单命令，表示打开这种命令会弹出一个对话框。

7．在资源管理器中，单击一个文件名后，按住＿＿＿＿＿键，再单击另一个文件，可以选中一组连续的文件。

8．在 Windows 中，菜单栏为灰色时，是指当前命令＿＿＿＿＿。

9．Windows 7 中，库是用于管理＿＿＿＿＿、＿＿＿＿＿、＿＿＿＿＿和其他文件的位置。

10．桌面上的图标实际就是某个应用程序的快捷方式，如果要启动该程序，只需＿＿＿＿＿该图标即可。

三．简答题

1．Windows 中"计算机"窗口中主要包含什么？

2．窗口与对话框有何不同？

3．什么是 Windows 的附件？通常 Windows 的附件中都有哪些应用程序？它们各自有什么功能？

4．怎样设置 Windows 的桌面背景。

第3章　Word 2010

学习目标

- 了解 Word 2010 的启动、退出；
- 了解 Word 2010 工作窗口的组成及各部分作用；
- 掌握 Word 文档的录入、编辑及格式化功能；
- 掌握 Word 文档的图文混排及表格编排功能；
- 掌握 Word 文档的高级编排功能；
- 掌握 Word 文档的视图阅览及打印功能。

现代办公软件种类繁多，常用的有微软公司的 Office 和金山公司的 WPS Office 等。2010年，微软公司推出一套高效、实用的综合办公软件 Microsoft Office 2010，利用 Office 可以创建更具专业水准的动态的业务文档、电子表格、演示文稿和数据库系统。

本章主要介绍 Microsoft Office 2010 的核心组件字处理软件 Word 2010 的主要功能和使用方法。

3.1　Word 2010 概述

3.1.1　Word 2010 的功能特点

Word 2010 具有强大图文混排、"所见即所得"的文档编辑和表格处理功能，提供了一套完整的工具，供用户创建文档并设置文档格式，从而轻松创建出具有专业水准的文档。在 Word 2010 中，增强了丰富的文档审阅、批注和对比等功能，有助于快速收集和管理来自其他人员反馈的信息。高级的数据集成可确保文档与重要的业务信息源时刻相连。此外，利用 Word 2010 还可以快速生成精美的图示，快速美化图片和表格，甚至还能把文档直接发布为博客、创建书法字帖。Word 2010 主要新增功能如下：

（1）创建具有专业水准的文档。Word 2010 提供的编辑和审阅工具，使用可户能更轻松地创建精美的文档。具体体现在以下几方面：

- 用户在编辑过程中，Word 2010 提供了多种工具，从收集了预定义样式、表格格式、列表格式、图形效果等内容的库中进行挑选，并预览文档中的格式，从而减少格式设置的时间。
- Word 2010 引入了构建基块，可快速添加预设格式的元素，供用户将预设格式的内容添加到文档中。在处理特定模板类型的文档时，用户可以从预设格式的封面、重要引述、页眉和页脚等内容的库中选择，来创建自己的构建基块。

- 提供极富视觉冲击力的图形，包含三维效果、透明度、阴影及其他效果的图表和绘图功能。
- 对文档即时应用"快速样式""文档主题"，以便与首选的样式和配色方案相匹配。
- 轻松运用拼写检查，避免拼写错误。
- 放心地共享文档。有效地收集和管理用户的修订和批注。
- 快速找出对文档所作的插入、删除和移动等修改，比较合并文档时的两个版本。
- 查找和删除文档中的隐藏元数据和个人信息。
- 具有 Office 文档的数字签名捕获功能，对文档的身份验证、完整性和来源提供保证。
- 能实现 Word 文档与其他格式文档（如可移植文档格式 PDF、XML 纸张规范 XPS）的相互转换。
- 能即时检测包含嵌入宏的文档，有效地防止更改最终版本的文档。

（2）基于 XML 的超越文档格式，使 Word 2010 文件更小、更可靠，易于与信息系统和外部数据源深入地集成。

（3）Word 崩溃时，文档具有恢复功能。

（4）提供了多种帮助功能，如在线帮助、按 F1 键获得帮助、通过单击菜单栏右侧的 ![图标] 按钮获得帮助、在弹出的 Word 帮助对话框中获得帮助。

3.1.2　Word 2010 的启动与退出

1. 启动 Word 2010

启动 Word 2010 的常用方法有 3 种：从"开始"菜单启动、利用快捷方式启动、利用现有 Word 文档启动。

从"开始"菜单启动的步骤如下：在安装好 Word 2010 软件后，启动计算机进入桌面，选择屏幕左下角的"开始"→"所有程序"→Microsoft Office→Microsoft Office Word 2010 命令，即可进入 Word 2010 环境。启动成功后，Word 2010 界面如图 3.1 所示。

Word 2010 界面由 Microsoft Office 文件按钮、标题栏、快速访问工具栏、功能选项卡和功能区、文件编辑区、滚动条等组成。

标题栏用于显示当前正在编辑的文档名称，默认文档名称为：文档 1、文档 2、……。右端为最小化、最大化或还原、关闭按钮。

Microsoft Office 文件按钮（简称 office 按钮）位于窗口左上角。单击该按钮打开一个下拉菜单，其中包括一些常用命令，如新建、打开、保存、关闭等。

快速访问工具栏是 Word 2010 为了方便用户的快速操作，将最常用的命令以小图标的形式排列在一起的工具按钮。默认有 3 个按钮：保存、恢复和撤消。

功能选项卡和功能区具有对应的关系，选择某个功能选项卡即可打开相应的功能区。功能选项卡代替了传统的下拉式菜单，功能区中有许多自动适应窗口大小的工具组，包含了可用于文档编辑、排版的所有命令。Word 2010 窗口默认主要有开始、插入、页面布局、引用、邮件、审阅、视图等 7 个选项卡。

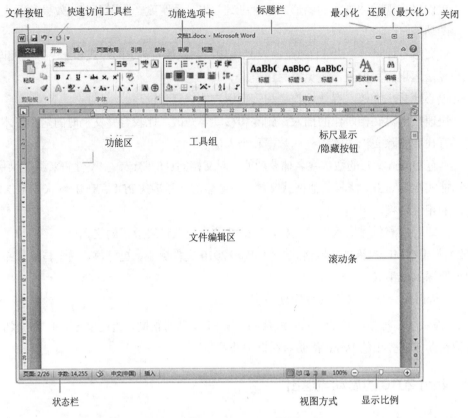

图 3.1　Word 2010 界面

文本编辑区是用来输入与编辑文本的区域。在此区域内显示的一个闪烁的竖线称为插入点，是用来确定输入字符、插入的图形和表格的起始位置。

滚动条是用于移动窗口显示的文档。

2．退出 Word 2010

退出 Word 2010，可以单击 Microsoft Office 文件按钮，在弹出的菜单中选择"退出"命令即可，也可以双击 Microsoft Office 文件按钮或者单击 Word 2010 窗口右上角"关闭"按钮退出 Word 2010。

3.2　文档的创建与编辑

3.2.1　文档的创建、保存、打开及设置

1．文档的创建

创建新文档的方法有 3 种：一是启动 Word 2010 直接创建新文档，系统自动命名为"文档 1"；二是在编辑文档时单击 Microsoft Office 文件按钮，在弹出的菜单中选择"新建"命令，创建新文档；三是按快捷键 Ctrl+N 创建文档。

2．保存文档

对于新建的文档或编辑修改的文档，要及时地保存，防止因死机、断电等意外情况造成文档丢失。

保存文档分为 3 种情况：新建文档的保存、保存已保存过的文档、文档的另存。

新建文档的保存方法为：单击 Microsoft Office 文件按钮，选择"保存"或"另存为"命令或者单击保存快速访问工具栏上的■按钮，第一次保存文档时将出现如图 3.2 所示的"另存为"对话框，选择文档的保存位置和类型后单击保存即可。下次保存文档时将不再提示。

图 3.2　"另存为"对话框

保存的文件类型可以为 Word 文档、RTF、网页、模板、Word XML 文档、纯文本（.txt）等格式。默认为 Word 文档，文件扩展名为.docx。

保存已保存过的文档只需单击快速访问工具栏上的■按钮，或者按 Ctrl+S 键即可。

对于需要更改文档的保存位置、类型或更换保存的文档名，选择"另存为"命令保存文档，其操作与首次保存文档类似。

3．定时自动保存

编辑过程中，为确保文档安全，可以设置定时自动保存功能，Word 2010 将按用户事先设定的时间间隔自动保存文档。

具体方法是：单击 Microsoft Office 文件按钮，选择"Word 选项"命令，在弹出"Word 选项"对话框左侧选择"保存"选项，在"自定义文档保存方式"对话框的"保存文档"区域中选取"保存自动恢复信息时间间隔"复选框，然后在编辑框中输入需要的时间间隔（它以分钟为单位），单击"确定"按钮。

4．打开文档

打开文档的方法有：单击 Microsoft Office 文件按钮，选择"打开"命令，或按快捷键 Ctrl+O。在弹出的"打开"对话框中单击"查找范围"下拉按钮，从下拉列表中选择磁盘文件夹，选择文档，单击"打开"按钮。

也可以双击需要打开的文档，即可打开文档。

5．设置视图方式

针对不同的需要，Word 2010 提供了 5 种文档视图方式：页面视图、阅读版式视图、Web 版式视图、大纲视图、草稿视图。

切换视图方式的方法有以下几种：

（1）在功能区切换。步骤是：单击"视图"选项卡，在"文档视图"组中单击视图方式按钮。

（2）在视图指示区。步骤是：在状态栏上的视图指示区中，单击视图方式按钮。

页面视图是最常用的视图，其浏览效果与打印效果一致，即"所见即所得"方式，主要用于编辑页眉和页脚、调整页边距和图形对象。

阅读版式视图是便于在计算机上阅读文档的一种视图方式，文档页面在屏幕上得到充分显示，大多数工具都被隐藏，只保留导航、批注和查找字词的命令，用户可以设置阅读版式视图的显示方式。退出阅读版式视图只需单击窗口右上角的"关闭"按钮或按 Esc 键。

Web 版式视图是文档在 Web 浏览器中的显示效果，显示为不带分页符的长页，文本、表格和图形将自动调整以适应窗口的大小。

大纲视图以缩进文档标题的形式来显示文档结构的级别，并显示大纲工具，方便用户查看重新组织文档结构。此外，还可以通过单击或双击标题前的"−"或"+"来展开或折叠标题，进行查看文档主要标题或正文内容。

草稿视图只显示文本格式，文档中的页边标记、页眉、页脚、页码、脚注、尾注、背景及文档的包装都无法显示。在草稿视图中可以输入和编辑文本、设置文本格式，适合于日常的文档处理。

6．页面设置

页面设置主要包括设置纸张大小、纸张方向、页边距、文档网格等。对文档进行页面设置的步骤如下：单击"页面布局"选项卡，在"页面设置"组中选择纸张大小、纸张方向或页边距。

例如：设置纸张大小为 16 开，则在"纸张大小"下拉列表选择 16 开。此时也可以单击"页面设置"组中对话框启动器按钮，打开"页面设置"对话框，如图 3.3 所示，再单击"纸张"，选择纸张大小为 16 开。

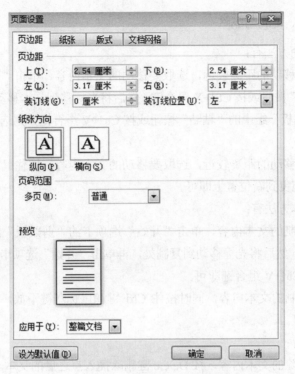

图 3.3　"页面设置"对话框

3.2.2　文档的编辑

1．文本内容的选取

若对文本内容进行复制、移动或删除，首先要选取文本内容。根据所需，对不同部分文本的选取方法有：

（1）任意选取某一部分，首先将光标移到选取文本内容的起始处，而后按住鼠标左键进行拖动，直到选取文本内容的结束处，此时被选取文本内容以淡淡的阴影显示。

（2）选取某一词，可以双击词的任意一个字即可选中该词。

（3）选取某一行字符，可将鼠标移到该行前面的选择区，鼠标形状变成 ⤢，然后单击鼠标左键，则该行被选取并以淡淡的阴影显示。

（4）选取某一段落，可将鼠标移到该段落前面的选择区，鼠标形状变成 ⤢，然后双击鼠标左键，则该段落被选取并以淡淡的阴影显示。也可以按住 Ctrl 键然后单击段落的任意位置或者连续三次单击段落的任意位置。

（5）选取长文本，首先单击需选择的文本起始处，再翻屏到文本结束处，最后按 Shift 键单击文本结束位置。

（6）选择不连续文本，首先选择部分文本，再加按 Ctrl 键选择其他任意多处不相邻文本。

（7）选取全文，单击"开始"选项卡的"编辑"组中"选择"下拉按钮，选择"全选"命令或按 Ctrl+A，则全文被选取。

（8）如果要垂直方向选取，可以按住 Alt 键后用鼠标拖动选取。

（9）如果要取消选取文本操作，只要将光标放在任意位置上单击鼠标左键即可。

2．文本的移动、复制与删除

常用的文本移动方法有：

（1）如果文本移动的距离较远，选取要移动的文本内容，单击"开始"选项卡的"剪贴板"组中的"剪切"按钮或按 Ctrl+X 组合键，然后将光标移到文本移动的新位置，单击"开始"选项卡的"剪贴板"组中的"粘贴"按钮或按 Ctrl+V 组合键，则选取的文本内容就移动到新位置上。

（2）如果文本移动的距离较近，选取要移动的文本内容，按住鼠标左键，将加淡淡的阴影的文本内容，拖曳到新位置上即可。

常用的复制文本方法有：

（1）选取要复制的文本内容，单击"开始"选项卡的"剪贴板"组中的"复制"按钮或按 Ctrl+C 组合键，然后将光标移动到复制处，再单击"开始"选项卡的"剪贴板"组中的"粘贴"按钮或按 Ctrl+V 组合键即可。

（2）选取要复制的文本内容，同时按住 Ctrl 键和鼠标左键不放，将加淡淡的阴影的内容拖曳到复制处即可。

删除文本方法有：

（1）选取要删除的文本内容，按 Delete 键删除插入点之后的文本。

（2）按退格键（Backspace）删除插入点之前的文本。

【例 3.1】将下面的"人贵自然——中医的文化特点"文档中第一段落的内容移到第二段之后。

（1）选取第一段落的内容。

（2）单击常用工具栏中的"剪切"按钮或按 Ctrl+X 组合键，将光标移到第三段的起始处，单击常用工具栏中的"粘贴"按钮或按 Ctrl+V 组合键。

文档内容如下：

人贵自然——中医的文化特点

一、"人命至重，有贵千金"的救死扶伤精神。中医学家在千百年的行医实践中形成了良好的医德医风。他们把不为名利、全力救治、潜心医道、认真负责作为自己的医德标准。对此，唐代名医孙思邈在《千金要方》中作了全面总结。他指出，名利思想"此医人之膏肓也"，是医生最应忌讳的，如果行医以收取绮罗财物，食用珍肴佳酿为目的，那就是一种无视"病人苦楚"的"人所共耻""人所不为"的行为。他认为，医生的首要任务，应当是维护和保障病人的健康与生命，把人的**生命**价值看作是医学的出发点和归宿，把挽救病人的生命，看作是医生的最宝贵的财富。所以，他反复强调，作为一名医生必须"无欲无求""志存救济"，对任何一个病人都要一视同仁，要有高度的同情心，处处为病人着想。对"有疾厄来救者，不得问其贵贱贫富，长幼妍媸，怨亲善友，华夷愚智"，都要把他们看作是自己的亲人；对治疗中的风险，"不得瞻前顾后，自虑吉凶"，考虑个人的利害得失；对病人的痛苦，"若己有之，深心凄怆"，不避"昼夜寒暑，饥渴疲劳，一心赴救"；对"有患疮痍下痢，臭秽不可瞻视，人所恶见者"，要不嫌脏臭。他说："如此，可谓苍生大医，反之，则为含灵巨贼。"这种医学上的人道主义，正是对儒家的"恻隐之心"、道家的"无欲无求"、墨家的"兼爱"、佛家的"慈悲"等人文观念的具体体现。

二、防重于治、未老养生的治未病思想。中医古典医著《黄帝内经》中就提出"不治已病，治未病"的观点。喻示人们从生命开始就要注意保健防衰和防病于未然。《淮南子》说："良医者，常治无病之病，故无病；圣人者，常治无患之患，故无患也。"金元时期朱震亨亦说："与其治疗于有病之后，不如摄养于先病之前。"人不可能长生不老，也不可能"返老还童"，但防止未老先衰、延长生命是可以办到的，这种预防为主的医学思想告诉人们必须自幼注意调养，平时注意调养，尤其在生命的转折关头，尤应高度注意调养。如能持之以恒，即可防衰抗老，预防衰老疾病的发生。这种防病抗衰思想与中国文化中的忧患意识一脉相承，《周易·系辞下》说："安不忘危，存不忘亡。"这种注重矛盾转化、防微杜渐的辩证哲学思想是中国文化的精华。

三、天人合一，形神一体的整体观。中国传统哲学十分强调自然界是一个普遍联系着的整体，提出天人相应，天人感应等思想。认为天地万物不是孤立存在的，它们之间都是相互影响、相互作用、相互联系、相互依存着的。中医文化中亦体现出这种原则。

3. 查找和替换

Word 2010 的查找和替换是文字处理过程中非常有用的功能。利用该功能可以快速在文档中查找和定位到某个符号、词，也可以查找和替换文档中指定内容、词组、格式及特殊字符等。

使用查找和替换功能的方法是：在"开始"选项卡的"编辑"组中选择"查找"或"替换"命令，即可打开"查找和替换"对话框，如图 3.4 所示。

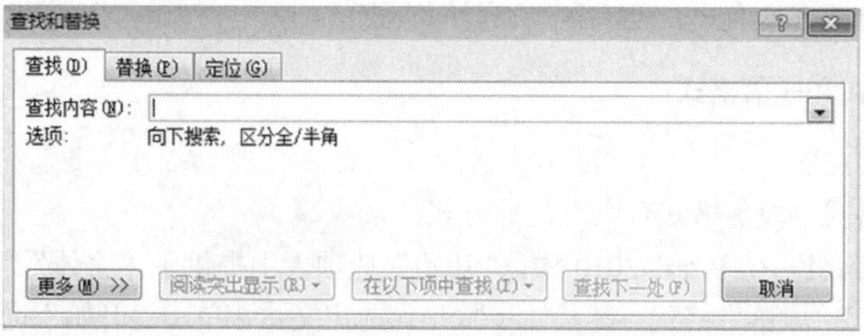

图 3.4　"查找和替换"对话框

也可以按快捷键 Ctrl+F 启动查找功能，按 Ctrl+H 启动替换功能。

Word 2010 还提供了很多特殊字符的查找和替换功能，例如段落标记可以用^p 代替，任意字符用^?代替，任意数字用^#代替，任意字母用^$代替等，利用这些特殊字符可以实现很多特殊的查找和替换功能。

如果需要使用特殊的查找和替换功能，单击"更多"按钮，展开后可以对需要查找或替换的文本进行格式或特殊格式设置。

如果需要使用特殊的查找和替换功能，单击"高级"选项，展开后的界面如图 3.5 所示。

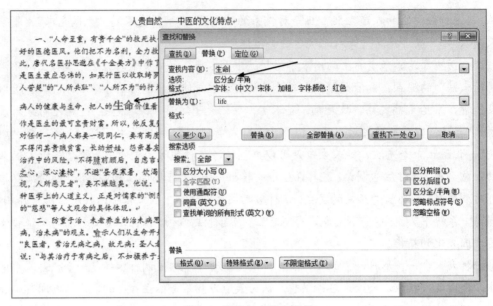

图 3.5　特殊的查找和替换

　　图 3.5 中的查找和替换功能是将"宋体、四号、粗体、红色"的"生命"替换为 life，格式上不符合条件的将不被替换。

3.2.3　规范与美化文档

　　文档编辑后，需要对文档进行规范和美化，如设置字体、字号、字形、颜色、段落间距、行间距、缩进、页面背景、分栏、页眉和页脚等。

　　文档格式包括文本格式、段落格式和页面格式。

1. 文本格式和段落格式

　　（1）设置方式

　　设置文本格式、段落格式有以下几种方式：

　　① 使用工具组。在 Word 2010 中，"开始"选项卡中提供了"字体""段落"工具组，可以设置"字体""段落"格式。其具体步骤是：选定文本，单击"开始"选项卡的"字体"或"段落"工具组中相应的按钮，即可为选定的文本设置格式。

　　② 使用浮动工具栏。在 Word 2010 中，选定文本后，将自动浮出包含常用的文本和段落格式设置按钮的工具栏。在浮动工具栏上单击所需的按钮，即可为选定的文本设置格式。

　　③ 使用对话框。如果要为文本设置比较特殊的格式效果，可以使用"字体"或"段落"对话框。方法是：单击"字体"或"段落"工具组对话框启动器按钮，打开"字体"对话框（如图 3.6 所示）或"段落"对话框（如图 3.7 所示）。

　　"字体"对话框包含"字体"和"高级"两个选项卡。

　　使用"字体"选项卡设置字体、字形、字号、颜色、下划线、着重号、上标与下标等文字显示效果。

　　使用"高级"选项卡设置文字的字符间距、字符缩放和字符位置。

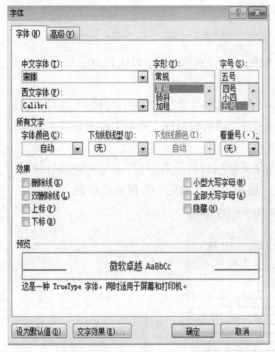

图 3.6　"字体"对话框

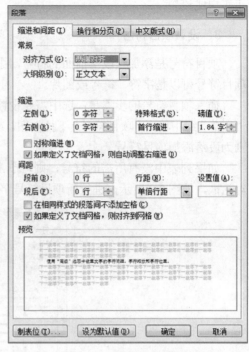

图 3.7　"段落"对话框

"段落"对话框包含"缩进和间距""换行和分页""中文版式"三个选项卡。

"缩进和间距"选项卡设置对齐方式、左右缩进、特殊缩进、段间距和行间距。对齐方式有：左对齐、居中、右对齐、两端对齐和分散对齐。

使用"换行和分页""中文版式"选项卡可以设置特殊的段落格式，如段中不分页、取消行号等。

2. 设置首字下沉

首字下沉有两种样式：下沉和悬挂。设置首字下沉的方法是：单击"插入"选项卡→在"文本"组中单击"首字下沉"按钮，再单击"下沉"或"悬挂"。

如果要进行首字下沉选项设置，则选择"首字下沉选项"，打开如图 3.8 所示"首字下沉"对话框，设置下沉的行数、字体等。

图 3.8　"首字下沉"对话框

【例 3.2】对例 3.1 的标题设置字体为"黑体"、三号、加粗、红色，并加带 1.5 磅阴影边框、其具体的蓝色底纹；第一段首字下沉。

其具体的步骤如下：

选中标题，在"字体"组中单击"字体列表"按钮，选择"黑体"，单击字号列表按钮，选择"三号"，单击加粗按钮，单击字符颜色按钮，选择"红色"，单击"段落"组中边框框线下拉按钮，选择"边框和底纹"，单击"阴影"边框框线下拉按钮，选择"边框和底纹"，单击"边框"选项卡中"阴影"边框，选择"粗细"为 1.5 磅，应用范围为"段落"，单击"底纹"选项卡，在"填充"列表中选择"蓝色"，应用范围为"段落"，单击"确定"按钮，完成设置。

3．设置项目符号

项目符号是添加在段落前面的符号，用于制作一些排列的项目，以达到突出项目的目的。项目符号可以是字符、符号或图片。

插入项目符号的步骤是：选中需要设置项目符号的多个段落，单击"开始"选项卡，在"段落"组中单击"项目符号"下拉按钮，在弹出的"项目符号库"列表中单击需要的符号，则为段落添加项目符号。

如果列表中没有所需的符号，则可单击"定义新项目符号"，打开"定义新项目符号"对话框，如图 3.9 所示，进行新项目符号字义，最后单击"确定"按钮完成设置。

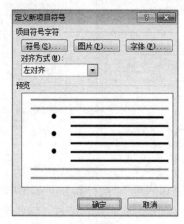

图 3.9　"定义新项目符号"对话框

4．插入编号

编号用于按顺序排列的项目，例如操作步骤等。其操作如下：选中需要插入编号的几个段落，单击"开始"选项卡，在"段落"组中单击"编号"下拉按钮，在弹出的"编号库"列表中单击需要类型的编号。

5．设置边框和底纹

为文档中的文字或段落设置边框和底纹，能起到突出和强调等修饰文档的作用。有以下几种方法：

（1）使用"字体"组。"开始"选项卡的"字体"组中包含了"字符边框" A 和"字符底纹"按钮 A，可以为文本设置简单的黑色细线和灰色底纹边框。

（2）使用"段落"组。使用"段落"组中的按钮，可以为文本设置带颜色的边框和底纹。方法是：选中要添加边框和底纹的文本，单击"开始"选项卡，单击"段落"组的"底纹" 或"下框线"按钮 来设置边框和底纹。

（3）使用"边框和底纹"对话框。如果要设置更多的边框和底纹样式，可以使用"边框和底纹"对话框。其方法如下：

选中要添加边框和底纹的文本，单击"开始"选项卡，单击"段落"组的"下框线"右侧下拉按钮 ，单击"边框和底纹"，打开"边框和底纹"对话框，如图 3.10 所示。"边框和底纹"对话框包含"边框""页面边框"和"底纹"三个选项卡。

图 3.10 "边框和底纹"对话框

在"边框"选项卡中，选择边框样式、边框线型、线条颜色和宽度，并指定应用范围来设置边框。

在"底纹"选项卡中，选择填充颜色、图案样式，来设置底纹。

在"页面边框"选项卡中，可以对整个文档设置边框。

3.2.4 页面格式

在 Word 2010 中，设置页面格式包括分栏、添加页面边框设置页面背景和水印、添加页眉和页脚等，主要是对整个文档进行的操作。

1. 分栏

对文档进行分栏的操作步骤是：选中需分栏的文本，单击"页面布局"选项卡，单击其中的"分栏"按钮，在分栏列表中选择所需栏数。如果需要设置更多的栏数、栏的宽度、应用范围、添加分隔线等，可以单击"更多分栏"命令，在打开的对话框中进行设置，最多可以设置 11 栏。

2. 添加页面边框

添加页面边框是为整个页面添加边框，操作方法是：先将插入点定位在文档中，单击"页面布局"选项卡，在"页面背景"组中单击"页面边框"按钮，打开"边框和底纹"对话框，单击"艺术型"下拉列表，选择合适的页面边框样式，单击"确定"按钮，完成添加页面边框。

3. 设置页面背景和水印

在 Word 2010 中，用户可以为文档设置背景效果和水印，添加的背景可以是单色，也可以是渐变、纹理和图片背景等。

方法是：单击"页面布局"选项卡，在"页面背景"组中单击"水印"，为文档添加水印；单击"页面颜色"按钮，设置背景颜色，如图 3.11 所示。

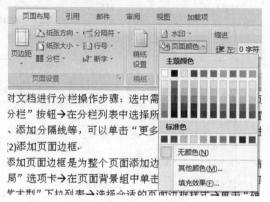

图 3.11　"页面颜色"

如果要设置其他背景效果，则在"页面颜色"列表中单击"填充效果"，打开"填充效果"对话框，如图 3.12 所示。"填充效果"对话框含有渐变、纹理、图案和图片 4 个选项卡，用于设置渐变、纹理、图片等样式的背景。

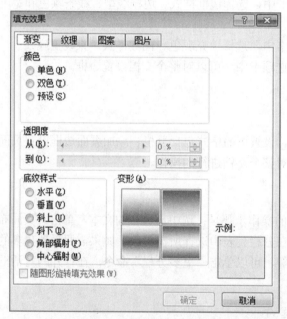

图 3.12　"填充效果"对话框

4．添加页眉和页脚

在 Word 2010 中，页眉是指位于上页边距与纸张上边缘之间的图形或文字，页脚是指下页边距与纸张下边缘之间的图形或文字。Word 2010 的样式库中包含了丰富的页眉和页脚样式，可以帮助用户快速地制作精美的页眉和页脚。其步骤如下。

打开 Word 文档，单击"插入"选项卡，在"页眉和页脚"组中单击"页眉"按钮，在弹出的下拉列表中选择所需"页眉和页脚"的样式，如图 3.13 所示，例如选择空白（三栏）。单击"页眉"区，在"键入文字"文本框中输入页眉内容，单击"设计"选项卡，在"导航"

组中单击"转至页脚"按钮，将插入点移到页脚区，在页脚中输入页脚内容，单击"关闭页眉和页脚"按钮返回文档。

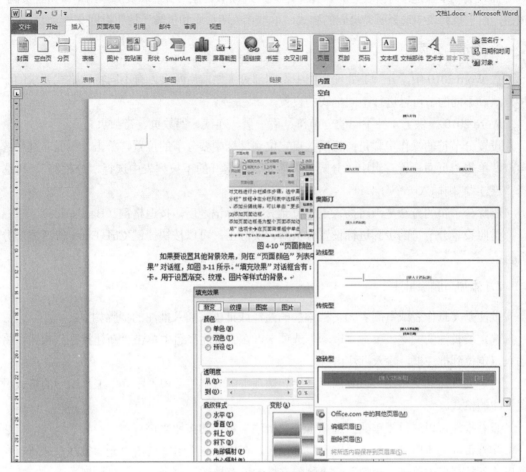

图 3.13　添加页眉和页脚

如果要创建首页不同和奇偶页不同的页眉和页脚，在页眉和页脚的编辑状态，选中"选项"组中的"首页不同"和"奇偶页不同"复选框，然后在"导航"组中单击"上一节"或"下一节"按钮，将插入点移到相应页眉和页脚编辑区，输入所需内容即可，如图 3.14 所示。

图 3.14　页眉和页脚工具

如果要编辑页眉和页脚，有两种方法：一是在"插入"选项卡的"页眉和页脚"组中单击"页眉"按钮，在下拉列表中选择"编辑页眉"；二是双击已经添加的页眉或页脚。

若要删除页眉和页脚，在"页眉"或"页脚"的下拉列表中选择"删除页眉"或"删除页脚"。

5．插入页码

插入页码步骤是：打开文档，单击"插入"选项卡，在"页眉和页脚"组中单击"页码"按钮，在下拉列表中选择所需页码的样式，单击"关闭页眉和页脚"按钮返回文档。

6．分节与分页

在 Word 2010 中，分节是处理文档中不同部分（如前后两页）有不同特殊格式要求的一种方法，不同的节可以进行不同格式的设置。

Word 2010 提供了 4 种不同的分节符：下一页、连续、偶数页、奇数页。

设置分节符的操作步骤是：将插入点定位到文档中要分节的位置，单击"页面布局"选项卡，单击"页面设置"组中"分隔符"按钮，在展开的下拉列表中选择"分栏符"，再选择"连续"，则插入一个分节符。

删除分节符的方法是：将插入点定位到分节符标记之后，按退格键（Backspace）。

仿照设置分节符的步骤进行设置分页符。实际上，可以按快捷键 Ctrl+Enter 快速添加分页符。

7．添加与删除批注

批注是文章作者或审阅者为文档添加的注释或批语。插入批注的步骤如下：

选定要批注的文本，单击"审阅"选项卡，在"批注"组中单击"新建批注"按钮，将插入点定位到批注框，输入批注内容。

选定要批注的文本还可以利用"开始"选项卡的"字符"和"段落"工具组中的格式设置批注的格式。

查看批注可以通过"审阅"选项卡中"批注"组中的按钮来进行。

删除批注的步骤是：单击"审阅"选项卡，在"批注"组中单击"删除批注"按钮，在弹出的下拉列表中单击"删除"或"删除文档中所有批注"命令。

8．添加与删除脚注、尾注

脚注和尾注用于对文档进行补充说明，起到注释的作用。由文档中的注释引用标记和注释内容两部分组成。通常脚注放在本页底部，用于解释本页内容；尾注放在文档末尾，用于标明引用的文献来源。

插入脚注的步骤如下：将插入点定位于要插入脚注的文本处，单击"引用"选项卡，在"脚注"组中单击"插入脚注"按钮，切换到页面底部，在脚注栏中输入脚注的内容。

插入尾注的步骤如下：将插入点定位于要插入尾注的文本处，单击"引用"选项卡，在"脚注"组中单击"插入尾注"按钮，切换到文档末尾，输入尾注信息。

当鼠标指向脚注或尾注编号时，则显示脚注或尾注内容。

若要删除脚注或尾注，选中脚注和尾注编号时，则按删除键（Delete）或退格键（Backspace）。

3.3　插图、对象及表格

Word 2010 具有强大的图文混排功能，为了使文档增强感染力，生动有趣，更加美观，允许在文档中插入图片、艺术字、图形及对象等。

3.3.1　插入图片和剪贴画

Word 2010 文档中的图片有 Word 自带的剪贴画和用户插入的其他图片。插入图片的文件类型包括 BMP、JPEG、GIF、PNG、TIF、PCX、WMF 等多种格式。

1. 插入剪贴画

Word 2010 提供了丰富、精美的各种剪贴画。插入剪贴画的步骤如下：

将插入点定位于要插入剪贴画的位置，单击"插入"选项卡，单击"插图"组中的"剪贴画"按钮，打开"剪贴画"任务窗格，在任务窗格"搜索"框中输入所需剪贴画类型，单击"检索"按钮，搜索 Word 提供的剪贴画，双击"剪贴画"列表中所需的剪贴画，则将剪贴画插入到文档。

2. 插入图片

如果要插入其他格式的图片，步骤如下：

将插入点定位于要插入图片的位置，单击"插入"选项卡，单击"插图"组中的"图片"按钮，打开"插入图片"对话框，如图 3.15 所示，在"查找范围"下拉列表中选择所需图片文件所在的磁盘和文件夹，在图片文件列表中双击所需的图片，或选中图片后单击"插入"按钮，则图片插入到文档中。

图 3.15　"插入图片"对话框

当然，也可以利用剪贴板复制图片，再粘贴到文档中以实现插入图片。

3. 设置图片格式

通常情况下，插入的图片并不能满足用户的排版需求，还需要设置图片格式，如图片的大小、排列、亮度、阴影等。

（1）设置图片大小和样式。设置图片大小的操作步骤是：选择需要设置的图片，打开"图片工具-格式"选项卡，在"大小"组中可改变图片的高度和宽度。

也可以选中图片后，用鼠标拖动图片边缘和角上的 8 个调节点来调整图片的大小。

设置图片样式的操作步骤是：选择需要设置的图片，在"图片工具-格式"选项卡的"图片样式"组中单击对话框启动器按钮，从"图片样式"列表中选择所需的图片样式。

（2）图片的剪裁。当插入到文档中的图片带有多余部分时，可以使用图片的"剪裁"工具按钮 将多余部分删除。操作步骤是：选中图片，单击"格式"选项卡，在"大小"组中单击"剪裁"按钮 ，图片四周将会出现 8 个裁剪标志，将鼠标指向剪裁标志之一，按住鼠标左键不放，拖动到需要剪裁的位置再放开鼠标，即可完成剪裁。

（3）图片的文字环绕。在文档中插入了多个图片后，图片和文字之间、图片与图片之间的排列关系需要重新设置。

设置图片的文字环绕操作步骤如下：选中图片，单击"格式"选项卡，单击"排列"组中"文字环绕"按钮，如图 3.16 所示，在下拉列表中选择所需的文字环绕方式。

（4）图片的排列顺序。图片的排列顺序有置于顶层、上移一层、下移一层、浮于文字上方、衬于文字下方。设置排列顺序操作方法是：选中图片后，在"排列"组中单击置于顶层、上移一层、下移一层、浮于文字上方或衬于文字下方按钮。

也可以单击"位置"按钮，在位置列表中选择相应的排列方式。

对于插入的多张图片可以将其边缘进行对齐，以实现版面整洁。方法是：选中多张图片后，在"排列"组中单击"对齐"按钮进行简单的编辑。

（5）插入图形。Word 2010 提供了矩形、圆形、流程图符号、星形和标注等 100 多种形状样式。插入这些图形的方法是：单击"插入"选项卡，在"插图"组中单击"形状"按钮，在展开的列表中选择所需的形状，如图 3.17 所示。

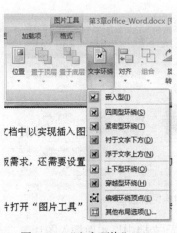

图 3.16　"文字环绕"按钮

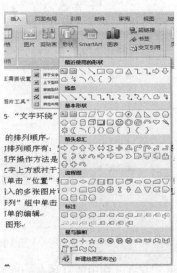

图 3.17　形状

3.3.2　对象

Word 2010 提供了多种类型的对象，如文本框、艺术字、图表、音频、视频等。

1．插入文本框

插入文本框的操作步骤如下：单击"插入"选项卡，在"文本"组中单击"文本框"按钮，在"文本框"库中选择文本框的样式，在插入的文本框中输入具体内容。

如果在"文本框"下拉列表中单击"绘制文本框"命令，则按住鼠标左键拖动绘制一个空白文本框，再输入内容即可。

2．插入艺术字

插入艺术字操作步骤如下：单击"插入"选项卡，在"文本"组中单击"艺术字"按钮，在"艺术字"样式库中选择所需的样式，如图 3.18 所示，在"编辑艺术字文字"对话框中输入艺术字内容，设置字体、字形、字号，单击"确定"按钮。

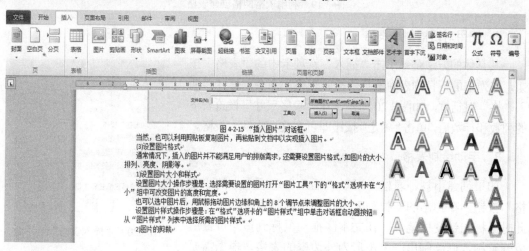

图 3.18　"艺术字"样式库

设置艺术字格式，单击要设置的艺术字激活"艺术字工具"选项卡，通过"艺术字工具"选项卡单击各组中相应的工具按钮，可对艺术字进行格式设置，在此不赘述。

3．插入对象

插入对象的步骤是：单击"插入"选项卡的"文本"组中"对象"按钮，利用"对象"对话框选择对象类型或由文件创建的对象，单击"确定"按钮即可完成对象插入。

3.3.3　表格

1．用表格网格框制作表格

其具体的步骤是：将插入点定位到绘制表格处，单击"插入"选项卡中的"表格"按钮，将鼠标移到插入表格网格并选择适当的行、列数，如图 3.19 所示，单击完成表格插入。

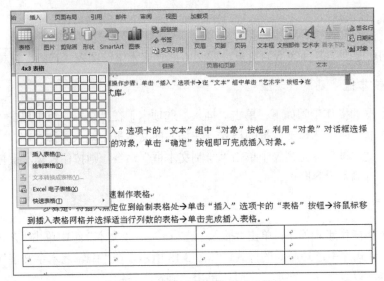

图 3.19　利用表格网格创建表格

2．使用对话框创建表格

其具体的方法是：单击"插入"选项卡中的"表格"按钮，在弹出的下拉列表中选择"插入表格"命令，打开"插入表格"对话框，如图 3.20 所示，在"表格尺寸"设置表格的列数和行数后，单击"确定"按钮即可在文档中插入表格。

3．手动绘制表格

如果创建不规则表格，可以"插入"选项卡中的"表格"按钮，在弹出的下拉列表中选择"绘制表格"命令，此时鼠标指针变成笔形，在文本区拖动鼠标到适当位置后放开鼠标，则绘制出一个矩形为外边框的表格，根据需要再添加线条即可。

图 3.20　"插入表格"对话框

4．修改表格

修改表格的方法有：利用"表格工具-设计"选项卡或"表格工具-布局"选项卡。"表格工具-设计"与"表格工具-布局"选项卡分别如图 3.21、图 3.22 所示。

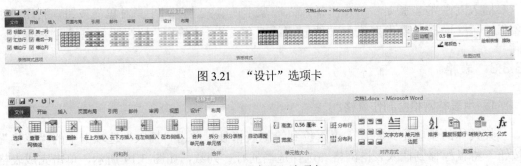

图 3.21　"设计"选项卡

图 3.22　"布局"选项卡

利用"表格工具-设计"选项卡，在选中表格后，在"设计"选项卡的"绘图边框"组中单击"擦除"按钮 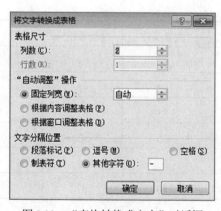，可删除线条；单击"绘制表格"按钮 绘制表格，添加线条。修改表格样式，则单击"表格样式选项"组中的复选框选项；在"表格样式"组中选用表样式库中提供的表样式，对表格添加边框和底纹。

利用"表格工具-布局"选项卡，可以绘制斜线表头、插入或删除单元格或行列、合并或拆分单元格、修改表格属性等。

5. 文本与表格的互相转换

文本转换为表格的操作方法是：选中要转换的文本，单击"插入"选项卡，单击"表格"按钮，选择"文本转换成表格"命令，在弹出的"将文字转换成表格"对话框中设置所需的列数，单击"确定"按钮，完成转换。

表格转换为文本的操作方法是：选中要转换的表格，单击"表格工具-布局"选项卡，单击"数据"组中"转换为文本"命令，在弹出如图 3.23 所示的"表格转换成文本"对话框中单击"文字分隔位置"中所需的选项，单击"确定"按钮，完成转换。

6. 表格属性

利用"表格属性"对话框设置步骤如下：选中表格，单击"表格工具-布局"选项卡，单击"表"组中"属性"命令，在弹出如图 3.24 所示的"表格属性"对话框中，单击"表格""行""列""单元格"选项卡，设置表格的宽度、对齐方式、文字环绕、行高、列及单元格宽度等，单击"确定"按钮，完成设置。

图 3.23 "表格转换成文本"对话框

图 3.24 "表格属性"对话框

7. 表格中数据的排序与计算

● 排序

现以"成绩表"为例，按"性别"升序排序来说明排序的操作步骤。其具体步骤如下：将插入点定位到表格"成绩表"，单击"表格工具-布局"选项卡，单击"数据"组中的"排序"按钮，打开"排序"对话框，在"主要关键字"下拉列表中选择需要排序的列，如列 2（性别），确定排序方式为"升序"或"降序"，有标题行时选定"有标题行"选项，如图 3.25 所示，单击"确定"按钮，完成排序。

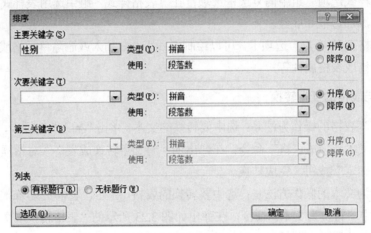

图 3.25　"排序"对话框

排序最多可以设置 3 个关键字，当主要关键字值相同时，才考虑按次要关键字排序，依次类推。对汉字按拼音排序。

● 数据计算

Word 2010 提供了一些常用函数，如 SUM、AVERAGE、COUNT、ABS、INT、IF 等，用于数据计算。

【例 3.3】制作如表 3.1 所示的"成绩表"，利用 Word 提供的函数进行数据计算，如在"成绩表"中计算每个学生各科成绩总分。

表 3.1　成绩表

学号	性别	医古文	高等数学	大学英语	计算机	总分
20110001	女	85	78	98	88	
20110002	男	76	85	92	92	
20110004	男	79	80	83	85	
20110005	男	85	78	75	83	
20110006	男	78	83	98	72	
20110003	女	85	69	86	87	

其具体方法是：将插入点定位到需要填入计算结果的单元格，单击"表格工具-布局"选项卡，单击"数据"组中的"公式"按钮，弹出"公式"对话框，在"公式"文本框中输入计算所需的函数：=SUM(LEFT)，也可以在"粘贴函数"列表选择所需的函数，如图 3.26 所示，单击"确定"按钮，计算完成。

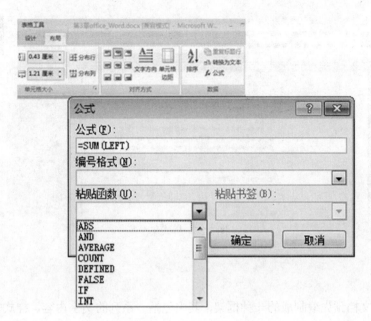

图 3.26　"公式"对话框

3.4　文档样式与排版

3.4.1　样式

样式是各种格式的集合，包括字体类型、字号、字符颜色、对齐方式、制表位和边距等格式。在 Word 2010 中可以一次应用多种格式，也可以反复使用样式。利用样式功能可以快速创建样式一致、整齐美观的文档。

Word 2010 预设一些默认的样式，如正文、标题 1、标题 2、副标题等，利用这些内置样式可以快速格式化文档。

（1）使用"快速样式"列表。在"开始"选项卡的"样式"组样式列表中包含了许多内置的样式，使用内置样式可以快速为文档中标题类文本设置标题级别，并能快速新建目录。其具体的方法是：将插入点定位到需要使用样式的段落，单击"开始"选项卡，在"样式"组单击"快速样式"按钮，在弹出的下拉列表中单击所需的样式。

（2）使用"样式"任务窗格。如果要查看文档中所有样式，可以使用"样式"任务窗格。其具体的方法是：将插入点定位到需要使用样式的段落，单击"开始"选项卡，在"样式"组单击右下角的对话框启动器按钮，从样式窗格中单击需要应用的样式。

（3）使用"样式集"。Word 2010 的样式集中集成了多种具体样式不同的样式集合，使用"样式集"的方法是：将插入点定位到需要使用样式的文本，单击"开始"选项卡，在"样式"组单击"更改样式"按钮，选择"样式集"命令，在弹出的下拉列表中单击需要应用的样式集，如图 3.27 所示。

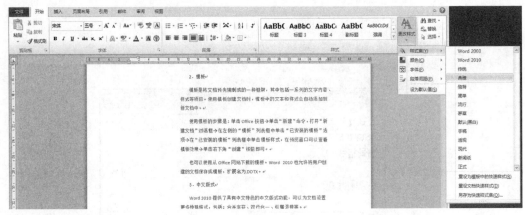

图 3.27　样式集

3.4.2　模板

模板是将文档预先编制成的一种框架，其中包括一系列的文字内容、样式等项目。使用模板创建文档时，模板中的文本和样式会自动添加到新文档中。

使用模板的步骤是：单击 Office 按钮，单击"新建"命令，打开"新建文档"对话框，在左侧的"模板"列表框中单击"已安装的模板"选项，在"已安装的模板"列表框中单击模板样式，在预览窗口可以查看模板效果，单击右下角"创建"按钮即可。

也可以使用从Office网站下载的模板。Word 2010也允许将用户创建的文档保存成模板，扩展名为.dotx。

3.4.3　中文版式

Word 2010 提供了具有中文特色的中文版式功能，可以为文档设置更多特殊格式，包括合并字符、双行合一、纵横混排等。

（1）纵横混排：使横排文字中插入竖排文字。

（2）合并字符：把选定的多个文字（最多 6 个）合并成一个字符，占用一个字符空间，并分两行排放。

（3）双行合一：将选定的文本分为上下两行，这两行文本与其他文字水平方向保持一致。

下面以合并字符为例来说明操作方法。

选定要合并的文字，单击"段落"组中的"中文版式"按钮，在弹出的下拉列表中单击"合并字符"命令，在打开的"合并字符"对话框中设置合并字符后的字体、字号，单击"确定"按钮，完成合并字符。

3.5　案例：毕业论文排版

下面是一篇毕业论文的精简部分，包括封面、中文摘要、英文摘要、目录、图目录、表目录、正文、参考文献几个部分，考虑到排版学习的需要，省略了总结、致谢部分，读者可以根据具体要求添加相关内容。

毕业论文分为两节，第 1 节包括：封面、中文摘要、英文摘要、目录、图目录、表目录，其余为第 2 节。正文中文采用宋体小四号字，行间距 19 磅，目录部分通过 Word 2010 的"插入/引用/索引和目录"的功能生成后，粘贴到新文本文档重新编辑后复制回原文位置，注意设置分散对齐方式；在正文第 1 页插入分隔符，选择"页面布局/分隔符/分节符/下一页"，如图 3.28 所示。

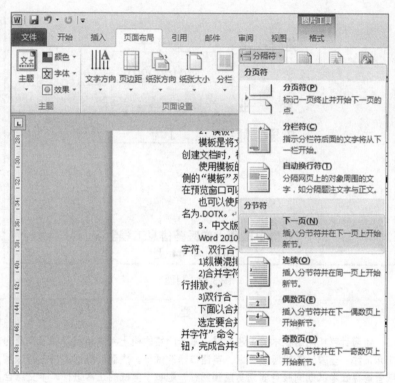

图 3.28　插入分节符

插入分节符后，全文分成两节。

在第 2 节的首页，设置页眉和页脚，如图 3.29 所示。

图 3.29　设置页眉和页脚

单击"链接到前一条页眉"按钮，则从当前节的首页开始可以设置新的页眉和页脚。

考虑到篇幅的问题，具体的操作请参考如图 3.30～图 3.38 所示的排版效果图，注意其中的排版要素：字体、字间距、段落的缩进、行间距、英文字体、图的标注、表格的标注、表格的样式、文字的样式、公式及公式的旁注、参考文献的格式等。

安徽中医药大学本科生毕业论文

基于 P2P 的考试系统的研究

姓　　名：　　　顾于平

学　　号：　　201220201

专　　业：计算机科学与技术

指导老师：　　　丁涛

安徽中医药大学医药信息工程学院
2013 年 04 月

图 3.30　封面

摘　要

　　随着计算机网络技术的迅速发展，基于网络的机上考试系统得到了广泛的应用，如：全国计算机等级考试、英语口语测试等。然而，传统的机上考试系统普遍存在考试期间服务器堵塞瓶颈问题，影响了考试的正常进行。本文结合 P2P 技术，提出了一种新的考试系统模型并予以实现。

　　本文分析了传统的机上考试系统的结构及存在的问题，介绍了 P2P 的概念、特征及应用状况，探讨了 P2P 系统的结构及关键技术，在此基础上，提出了一种基于 P2P 的考试系统架构，分析了考试系统的实现要素，设计了一种基于 P2P 的试卷分发模型，该模型允许从客户机下载试卷分组，从而充分利用了网络带宽，与传统的基于 C/S 的分发模式相比，本文所提出的分发模型中的试卷的平均下载时间大大减少。

　　综上所述，本文的主要工作如下：

　　(1) 在基于传统考试系统和 P2P 技术的基础上，提出了一种新的考试系统架构，并对系统中的关键性技术逐一进行了分析和探讨。

　　(2) 在局域网环境下，对关键性技术--基于 P2P 的试卷分发模型予以实现。运行结果表明：基于 P2P 的试卷分发有效地减轻了服务器的负载，减少了试卷下载时间。通过数字签名和其他辅助技术，在以基于 P2P 分发试卷模型为关键技术的基础上，一种基于 P2P 的考试系统结构基本形成。

关键词：P2P；试卷分发；考试系统；

图 3.31　中文摘要

Research On P2P-Based Test System

Abstract

With the rapid development of computer network technology, web-based examination systems on computer have got a wide range of applications, such as: National Computer Rank Examination, Spoken English Test,etc. However, during the examination period of the traditional examination system on computer, there is a general bottleneck problem frequently occurred on the server,which has affected the normal examination. In this dissertation, united with P2P technology, a new examination system model was proposed and realizated.

This dissertation analyzed the structure and existing problems of the traditional examination system on computer,introduced the concept of P2P, features and application status,and also investigated the structure and key technologies of P2P system. On this basis, the dissertation proposed a new examination system based on P2P framework and analyzed the key elements of the system, designed a P2P-based distribution model of the paper, which allows to download papers sockets from other client and makes full use of the network bandwidth. Compared with the traditional C/S distribution model, the average download time based on the distribution of the proposed model of this dissertation was greatly reduced.

......

Keywords：P2P；papers distribution；test system；bottleneck；digital signature

图 3.32 英文摘要

目 录

图 3.33 目录

表格清单

图 3.34　表格清单

插图清单

图 3.35　插图清单

安徽中医药大学毕业论文

第 4 章 基于 P2P 的考试系统架构

引言

4.1 系统基本框架设计

......

4.2 系统要素

......

4.3 基于 P2P 的试卷分发模型

4.3.1 试卷分发技术

4.3.2 P2P 试卷分发模型

基于 P2P 的考试系统试卷分发可以有多种形式，其中包括集中式、部分分散式和完全分散式。集中式的模型需要服务器的集中控制，部分分散式模型降低服务器的控制地位，完全分散式则不需要服务器的控制。

对于考试系统来说，完全的分散式模型是不合适的，这种模型不利于考试过程的监督和管理，集中式和部分分散式的模型相对好些。

设服务器 S，考生工作站 $W_i(i=1{\sim}m)$，基于 P2P 的考试系统试卷分发每套试卷 P 分成 n 个分组 $P_i(i=1{\sim}n)$。模型如下图 4-2 所示（只标出 3 个考生工作站）：

W_i (i=1-3)

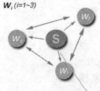

图 4-2 基于 P2P 的试卷分发模型图

服务器 S 根据组卷参数设置，在开考前生成试卷分组 $P_i(i=1{\sim}n)$，并对所有分组采用数字签名；服务器 S 提供第 1 个试卷分组 P_1 的下载服务，从第 2 个分组开始，考生工作站自由选择下载目标站点。

考生工作站 $W_i(i=1{\sim}m)$ 分别对应开始下载试卷分组 $P_i(i=1{\sim}n)$，服务器 S 建立

-1-

图 3.36　正文 1

下载记录列表用于集中式管理考生工作站的下载服务，其中包括每个工作站的名称、IP、已经下载的试卷分组登记等信息。考生工作站通过查阅该表获取可下载试卷分组的目标站点。

(1) 假设 m>n

下载流程如下：

第 1 批试卷分组下载如下面表 4-1 所示：

表 4-1　第 1 批试卷分组下载 C/S 关系

考生机 W	下载点	试卷分组 P	异常备选
W_1	S	P_1	
W_2	S	P_2	
...	...	...	
W_i	S	$P_{(i\%n)}$	
W_m	S	$P(m\%n)$	

表 4-1 中运算符%的意义是：当 m<n 时，$m\%n$ 表示 m 对 n 求余数，当 m=n 时 $m\%n$ 等于 n。后面的表中与此类同。

从表 4-1 中可以看出，对于第 1 批试卷分组，所有考生机 W 都从服务器 S 下载，其中 W_i 分别下载 $P_{i\%n}$ 试卷分组。除了服务器 S 外都没有备选的下载点。

……

4.3.3 耗时估算

试卷下载的耗时估算需要考虑试卷容量、分组数、点对点带宽，由于是局域网，连接时间忽略不计。

假设试卷容量 P，试卷分组数 n，点对点下载带宽 C，考生工作站数 m。

(1) 基于 C/S 模式

所有下载都由服务器承担，每试卷下载时间为 T_1：

$$T_1 = \frac{P/n}{C/m} \times n \tag{4.1}$$

$$T_1 = Pm/C \tag{4.2}$$

(2) 基于 P2P 模式

$$T_2 = \frac{P/n}{C/m} + \frac{P/n}{C/2} \times (n-1) \tag{4.3}$$

图 3.37　正文 2

参考文献

[1] http://whatis.ctocio.com.cn/searchwhatis/381/6025881.shtml.P2P,2005.7.1

[2]张秀丽，吴阳，胡成明.网上评卷试卷分发技术的设计与实现[J].电脑开发与应用. 2006 年 09 期， 59-60.

[3] 郭新顺，刘雪芬，郑轶明.无纸化考试系统研制[J] .计算机应用与软件.2005 年 8 月，第 22 卷第 8 期 131-133.

[4] Microsoft Office Word 2003 Rich Text Format(RTF) Specification, 2004, Microsoft Corporation.

[5] http://en.wikipedia.org/wiki/peer-to-peer. peer-to-peer.2009.3.1.

[6] http://www.openp2p.com. p2p development, open source development.2009.4.1.

[7] 徐非，杨广文，鞠大鹏.基于 Peer-to-Peer 的分布式存储系统的设计[J].软件学报，2004，15(2)：268-277.

[8] Niclas Ek， IEEE 802.1 P，Q - QoS on the MAC level[defered 24.4.1999] .

图 3.38　参考文献

习　题

一、选择题

1. 下面关闭 Word 窗口同时退出应用程序，正确的操作是（　　）。

　　A. 单击 Office 按钮，选择"关闭"命令　　　　　　　　　　　B. 单击 按钮

　　C. 单击 Office 按钮，再单击"退出 Word"命令　　　　　　　D. 单击 按钮

2. 在 Word 中，快速新建文档的组合键是（　　）。

　　A. Ctrl+C　　　　　　B. Ctrl+N　　　　　　C. Ctrl+V　　　　　　D. Ctrl+S

3. Word 2010 提供的视图方式有（　　）种。

　　A. 3　　　　　　　　B. 4　　　　　　　　C. 5　　　　　　　　D. 6

4. 在 Word 2010 中，段落对齐的默认设置为（　　）。

　　A. 两端对齐　　　　　B. 居中　　　　　　C. 左对齐　　　　　　D. 右对齐

5. 在"字体"对话框的（　　）选项卡中，可以设置字符间距、字符缩放比例和字符位置。

　　A. 字体　　　　　　　B. 字符间距　　　　　C. 文字效果　　　　　D. 中文版式

6. 关于页眉和页脚的描述，下列不正确的是（　　）。

　　A. 可以插入声音　　　B. 可以插入页码　　　C. 可以插入日期　　　D. 可以插入自动图文集

7. 在 Word 2010 中，系统提供的几百幅图片主要以（　　）作为扩展名。

　　A. SWI　　　　　　　B. JPG　　　　　　　C. WMF　　　　　　　D. BMP

8. 在编辑表格的过程中，使用工具按钮 （　　）表格线。

　　A. 添加　　　　　　　B. 擦除　　　　　　C. 编辑　　　　　　　D. 修改

9. 选项卡和工具组是 Word 哪个版本中的专用术语？（　　）

　　A. Word 97　　　　　B. Word 2000　　　　C. Word 2003　　　　D. Word 2007

10. 关于 Word 的帮助功能，说法不正确的是（　　）。

　　A. 按 F1 键可以打开"Word 帮助"窗口

　　B. Word 的帮助功能按照帮助类型进行分类

　　C. 可以单击窗口右上角的"帮助"按钮打开"Word 帮助"窗口

　　D. 可以查找到任何我们需要的内容

11. 在 Word 2010 中，可以绘制的图形不包括（　　）。

　　A. 射线　　　　　　　B. 直线　　　　　　C. 矩形　　　　　　　D. 椭圆

12. 在 Word 编辑过程中，需要随意移动插入的图片，但不影响文字的排版，可以将图片的环绕方式设置为（　　）。

　　A. 嵌入型　　　　　　B. 四周型　　　　　C. 浮于文字上方　　　D. 衬于文字下方

13. Word 2010 的窗口包括下列（　　）内容。

　　A. 菜单栏　　　　　　B. 地址栏　　　　　C. 标题栏　　　　　　D. 语言栏

14. "超链接"按钮在（　　）选项卡中。

　　A. 开始　　　　　　　B. 插入　　　　　　C. 审阅　　　　　　　D. 视图

15. Word 2010 内置的标题样式分为（　　）级。

　　A. 3　　　　　　　　B. 4　　　　　　　　C. 6　　　　　　　　D. 9

16. 启用修订功能后，默认情况下修订的内容将以（　　）突出显示。

　A. 红色　　　　　　　B. 绿色　　　　　　　C. 蓝色　　　　　　　D. 紫色

17. 下面说明不正确的是（　　　）。

　A. 标注应当显示在当前页的底端

　B. 尾注应当显示在当前页的底端

　C. 使用 Word 提供的定位功能，可以完成定位书签的操作

　D. 大纲视图只是改变了文档的显示效果，其内容并不会被改变

18. 下列对于表格操作的说法中，不正确的是（　　　）。

　A. 可以将文本转换成表格

　B. 可以为表格增加边框和底纹

　C. 在 Word 中可以把一组无内容的单元格合并为一个单元格

　D. 不可以将 Excel 表格和 Powerpoint 幻灯片等插入到表格中

二、填空题

1. Office 剪贴板最多可以存储_____个条目。

2. Word 2010 默认的文档扩展名是_____。

3. 在 Word 2010 中，_____视图方式可以看到页眉和页脚。

4. 首字下沉共有两种不同方式，分别是_____、_____。

5. 在 Word 2010 中，文本的字形有 4 种，分别是_____、_____、_____、_____。

6. 段落缩进共有_____、_____、_____、_____4 种格式。

7. 图像是对_____、_____、_____、艺术字、公式和组织结构图等图形对象的总称。

8. 表格是由_____和_____的单元格组成的。

9. 在 Word 中，可以方便地进行_____和_____之间的相互转换。

10. 使用表格网格绘制表格，最多能插入_____行_____列的表格。

11. 在 Word 中，图片的文字环绕分为四周型、_____、穿越型、_____、衬于文字下方、浮于文字上方和嵌入型。

三、简答题

1. Word 2010 的主要功能有哪些？

2. 如何分别设置中文和英文的字体？

3. 简述给文档添加奇偶页不同的页眉和页脚的方法。

4. 简述样式的作用。

5. 如何创建字符样式？

6. 快速创建表格的方法有哪几种？

四、操作题

在 Word 文档中录入以下文字，按下列要求排版。

含羞草简介

　　含羞草为什么会有这种奇怪的行为？原来它生长在热带美洲地区，那儿常常有猛烈的狂风暴雨，而含羞草的枝叶又很柔弱，在刮风下雨时将叶片合拢就减少了被摧折的危险。

　　最近有个科学家在研究中还发现含羞草合拢叶片是为了保护叶片不被昆虫吃掉，因为当一些昆虫落脚在它的叶片上时，正准备大嚼一顿，而叶片突然关闭，一下子就把毫无准备的昆虫吓跑了。

　　在所有会运动的植物中，最有趣的是一种印度的跳舞草，它的叶子就像贪玩的孩子，不管是

白天还是黑夜，总是做着划圈运动，仿佛舞蹈家在永不疲倦地跳着华尔兹舞。

排版要求：

1．将文档的标题设为黑色、小二号黑体字、居中、加粗且加双下划线。

2．将三段文字设为楷体四号字，深蓝色，左右边界相等，首行缩进 2 字。

3．在本篇文档中插入页眉和页脚，其中页眉的内容为"含羞草介绍"，楷体，小四号，倾斜，右对齐；页脚内容为当前的时间和日期，小四号楷体，居中。

4．在其中两个段落中插入相关图片，一幅图片在段落右侧，与段落等高，一幅图片在文字中间，文字环绕。未插入图片的段落文字分为两栏。

5．将本篇文档的页面设置为上、下、左、右边界均为 2cm，方向为纵向，页眉距边界 1.6 cm，页脚距边界 1.8 cm。

第4章 Excel 2010

📝 学习目标

- 了解并掌握 Excel 2010 基本操作知识；
- 了解并掌握数据的输入与编辑、公式与函数的应用；
- 了解并掌握图表的基本操作、数据的管理；
- 了解并掌握 Excel 2010 数据的统计分析。

Excel 2010 是 Microsoft 公司开发的 Office 2010 办公组件之一，主要用于数据处理工作等。Microsoft Excel 2010 提供了强大的数据分析和可视化功能，提供了大量的公式函数，使处理数据更高效、更灵活，因此被广泛应用于社会工作中的各个领域。

4.1 Excel 基础

4.1.1 Excel 界面

启动 Excel 2010 的常用步骤如下：启动计算机进入桌面，选择屏幕左下角的"开始"→"所有程序"→Microsoft Office 2010→Excel 2010 命令，即可进入 Excel 2010 环境。Excel 的界面如图 4.1 所示。

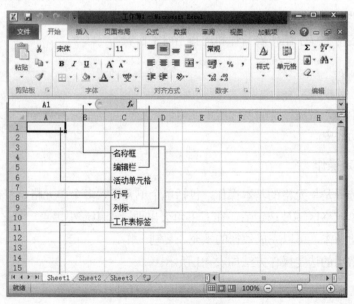

图 4.1　Excel 界面

1. 工作簿

工作簿是用于存储数据的文件，其扩展名为.xlsx 的文件。启动 Excel 后自动新建空白工作簿，依次命名为"工作簿 1""工作簿 2"……。Excel 中自带有许多模板，如账单、预算表、销售表、分期付款表及报销单等。通过这些模板，可以新建各种具有专业表格样式的工作簿。

2. 工作表

工作簿由一个或多个工作表组成，每一张工作表都是一张独立的二维表格，工作表默认名称为 Sheet1、Sheet2……，系统预置 3 张工作表，但只有一张工作表是活动工作表。可以通过 Shift 键或 Ctrl 键选择连续或不连续的多个工作表。

3. 单元格、活动单元格与单元格区域

单元格是工作表中由横、竖网格线交叉形成的小方格，它是 Excel 中进行数据输入和处理的基本单位。被黑色边框包围的单元格称为活动单元格。单元格区域为黑色边框包围的连续若干个单元格形成的矩形区域。

Excel 2010 的工作表有 1048576 行和 16384 列，左侧行号从 1 到 1048576，上部列标为 A、B、…、Z、AA、AB、…、AZ、…、XFD，其单元格数目为 1048576×16384 个。单元格用其所在的单元格地址来标识，并显示在名称框，如 A3 表示位于第 A 列第 3 行的单元格。每个单元格可以输入 32767 个字符，用户只能对活动单元格进行操作。

4. 名称框、编辑栏、工作表标签

名称框主要用于指定当前选定的单元格、图表项或绘图对象。

编辑栏主要用于输入、显示或修改活动单元格中的数据。在工作表的某个单元格中输入数据时，编辑栏会同时显示输入的内容。

工作表标签用于显示工作表名称和选择当前工作表。

4.1.2 输入数据

在单元格中输入数据，首先要选定单元格，然后再向其中输入数据，输入的数据将显示在编辑栏和单元格中。

1. 常用选定操作

单元格的选择是单元格的基本操作，包括单个单元格、多个单元格、整行或整列的选择等。单元格或单元格区域被选定后，在右下角会出现一个矩形小黑点，称之为"拖动柄"，利用对它的拖动操作，可以完成数据的填充、复制工作。

工作表中常用的选定操作方法如表 4.1 所示。

表 4.1　常用选定操作

选择范围	操作方法	效果
单个单元格	单击	B2 被选中
多个连续的单元格	鼠标从左上角拖曳到右下角，或先选定选择区域左上角单元格，按住 Shift 键，单击选择区域右下角单元格	B2,B3,B4 被选中
多个不连续的单元格	按住 Ctrl 键，同时单击单个单元格选择或区域选择	B1,B3,B4 被选中
整行或整列	单击相应的行号或列号	第 2 行被选中
相邻行或列	鼠标拖曳行号或列号，或与 Shift 键结合起来使用	第 2、3、4 行被选中
不相邻行或列	选择一行或一列后，按住 Ctrl 键选择其他行或列	第 2、4 行被选中
整个表格	单击工作表左上角行列交叉处的按钮，或按快捷键 Ctrl+A	

2. 数据类型

在 Excel 单元格中，用户可以输入数值、文本、日期和时间等多种类型的数据，默认情况下，文本型数据左对齐，数值、日期、时间、货币型等为右对齐。

（1）数值型。数值型数据由数字 0~9、正负号（+、-）、小数点、分数号（/）、百分号（%）、指数符号（E 或 e）、货币符号（$、￥）和千位分隔符（,）等组成，精确到 15 位。

数值型数据一般情况下可以直接输入，对于分数（如 2/3）的输入，应先输入 0 和空格，再输入分数。例如，"0 2/3"，否则系统会自动处理为日期类型，相当于"2 月 3 日"。

（2）文本型。文本型数据是由汉字、英文字母或数字组成的字符串。对于全部由数字组成的字符串，为避免被认为是数值型数据，在输入前添加英文单引号（'）。例如：输入身份证号 210103197003031234，如果直接输入显示的是"2.1E+17"，若输入时前面加上英文的单引号，显示为 210103197003031234，注意左上角自动加了绿色三角形。

（3）日期和时间。日期和时间有特定的格式，如图 4.2 所示。

在单元格中输入系统可以识别的日期和时间数据时，单元格格式会自动转换为相应的日期或时间格式，如果是系统不可识别的日期或者时间格式，将被视为文本。

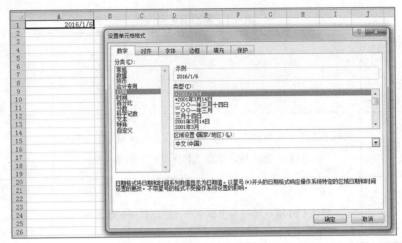

图 4.2　日期和时间格式

3. 快速输入数据

在 Excel 中，用户可以使用填充柄、填充列表或快捷键自动填充并快速输入数据。自动填充数据的方法是：首先选择有初始数据的单元格或区域，将鼠标指针指向选中区右下角的填充柄，按下鼠标左键拖放就可以复制数据，或自动完成一系列有规律数据的输入。该方法实现向拖动方向等差或重复方式自动填充数据。

（1）在单元格区域中输入相同的数据或者有规律的数据。选择要输入数据的单元格区域，直接输入数据，再按 Ctrl+Enter 键，这样就可以在选定的单元格区域中输入相同的数据，如图 4.3 所示。

选择已有数据的单元格和要填充相同数据的相邻单元格，单击"开始"选项卡，单击"编辑"组的"填充"按钮，选择子菜单中相应的填充命令，如向下、向右、向上、向左等进行数据填充。

在第 1 个单元格内先输入一个数据，然后将鼠标移动到单元格右下角的"填充柄"上，此时鼠标指针形状变成黑色十字形状，按住鼠标左键，向上、下、左、右拖动，到相应位置松开左键即可填充数据，如图 4.4 所示。若输入的内容为文字和阿拉伯数字的混合体，在用填充柄填充时文字内容不变，数字内容递增。

图 4.3　多单元格输入数据

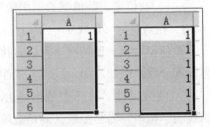

图 4.4　向下填充数据

（2）选择列表输入。如果要输入在同一列中已经输入过的内容，可以采用选择列表输入的方法。在要输入内容的单元格中右击，从快捷菜单中选择"从下拉列表中选择"命令或按快捷键 Alt+↓，在显示的列表中选择需要的输入项，如图 4.5 所示。

图 4.5　选择列表输入

（3）填充序列。如果使用自动填充产生的数据不能满足需求，则可以通过"序列"对话框（如图 4.6 所示）设置更多填充选项，"序列"对话框的打开方法如下：单击"开始"选项卡，单击"编辑"组的"填充"按钮，选择子菜单中"系列"命令，打开"序列"对话框。

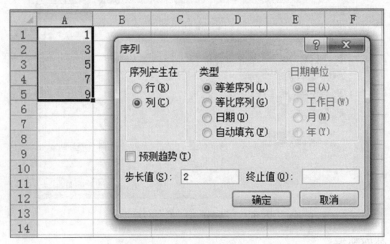

图 4.6　"序列"对话框

对于日期型序列，先输入一个初始值，然后直接拖动"填充柄"即可。

数值型序列填充有如下 3 种方法。

方法 1：先输入两个单元格的数据，然后选择这两个单元格，拖动填充柄，系统默认为等差序列，在拖动到的单元格中依次填充等差序列数据，如图 4.7 所示。

方法 2：在第 1 个单元格中输入数据，拖动"填充柄"，默认为相同数据填充，同时右下角出现一个"自动填充选项"菜单，打开菜单，单击"填充序列"命令，系统将自动按照等差序列步长为 1 的方式填充数据，如图 4.8 所示。

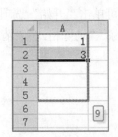

图 4.7　自动填充选项

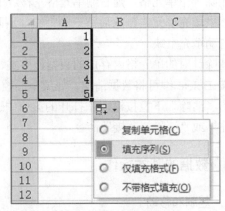

图 4.8　自动填充选项

方法 3：在第 1 个单元格中输入初始数据，选定要填充的单元格区域后，选择"开始"选项卡，单击"编辑"组中的"填充"按钮，选择"系列"命令，在打开的"序列"对话框中选择序列的类型、序列的步长、序列的终止值（最大值）后，单击"确定"按钮完成序列填充。

除了上面介绍的序列外，用户可以自定义序列，方法为：单击"文件"选项卡，选择"选项"命令，在弹出的"Excel 选项"对话框左侧导航区中单击"高级"，单击"编辑自定义列表"按钮，打开"自定义序列"对话框，在"输入序列"列表框中直接输入需要创建的序列，用半角逗号（,）隔开，输入完成后单击"添加"按钮，如图4.9所示。

图4.9　"自定义序列"对话框

4．导入外部数据

在 Excel 中，可以通过单击"数据"选项卡，选择"获取外部数据"组中相应的数据来源（如自 Access、自网站、自文本等）将其他数据导入到 Excel 中。

5．数据更新与删除

替换单元格中的内容，可选中该单元格并直接输入。

修改单元格中的一部分内容，可双击单元格或选定单元格之后按 F2 键，在插入点处编辑数据。用户也可以选择单元格，在公式栏中编辑数据。

删除一个单元格，则右侧单元格左移或下方单元格上移；删除单元格区域，则右侧单元格左移来填充单元格删除后留下的空缺；删除"整行"或者"整列"，其下方的行或右侧的列将自动填充空缺。

清除针对的单元格内存放的数据、格式、批注，单元格本身仍保留在原位置。

按 Delete 键可将数据清空，如果全面控制数据清除，可单击"开始"选项卡下"编辑"组中的"清除"下拉按钮，在打开的菜单中选择"全部清除""清除格式""清除内容""清除批注"或"清除超链接"命令。

4.1.3　数据的基本操作

1．复制和移动

在 Excel 中，用户可以将数据从一个位置复制或移动到另一个位置。不仅允许用户复制或移动单元格，也可以只复制或移动单元格部分内容。复制、剪切、粘贴和移动基本操作同 Word 操作。也可使用"选择性粘贴"对话框，完成复制或移动。

2．查找和替换

Excel 中的查找和替换数据功能，可以快速实现在工作表中查找并替换数字、文本、公式甚至批注等各种类型的数据，极大地提高了编辑和处理数据的效率。其基本操作同 Word。

3. 工作表的操作

（1）基本操作。在工作簿中可以对工作表进行插入、删除、重命名、移动或复制，隐藏和显示工作表及设置比例等基本操作。选定工作表可单击工作表标签。

（2）工作表格式化。工作表格式化可使工作表中的数据更加清晰、美观。工作表格式化的基本操作包括设置数字格式、字体格式、对齐方式、为工作表加边框和背景颜色等。

Excel 可以使用"开始"选项卡下相应"字体""对齐方式""数字"等格式组中的按钮进行设置，也可以使用"单元格格式"对话框各选项进行设置。

边框和线条可通过"字体"组中"边框"按钮 进行操作。

背景颜色可单击"字体"组中"填充"按钮 进行设置。

行高和列宽的设置可以有以下 3 种方法：

方法 1：右击选定的行号或列标，在其快捷菜单上选择"行高"或"列宽"命令，并在弹出的"行高"或"列宽"对话框中输入相应数值。

方法 2：单击"开始"选项卡，在"单元格"组中单击"格式"下拉按钮，在弹出的菜单中选择"行高"或"列宽"命令，最后在弹出"行高"或"列宽"对话框中输入相应数值。

方法 3：使用鼠标拖放。将鼠标指向所选行的下边框线拖放鼠标可以改变行高，将鼠标指向所选列的右边框线拖放鼠标可以改变列宽。

（3）条件格式。Excel 中可根据不同的条件对单元格设置不同的格式，包括不同的字体、边框和背景。设置方法是：选择数据区域，然后单击"样式"组的"条件格式"按钮，在弹出的菜单中选择相应的条件规则进行设置，如图 4.10 所示。

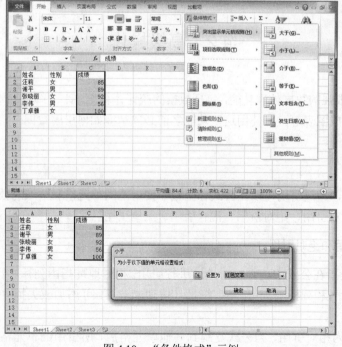

图 4.10　"条件格式"示例

（4）套用表格格式。套用表格格式是一组系统已经定义好的格式组合，包括数字、字体、对齐、边框、图案、行高和列宽等各种格式。Excel 内置了 30 多种格式供用户使用，分为浅色（表样式浅色 1~21）、中等深浅（表样式中等深浅 1~28）和深色（表样式深色 1~11）三类。操作方法如下：选择要应用格式的工作表区域，单击"开始"选项卡，在"样式"组中单击"套用表格格式"按钮，打开"套用表格格式"列表，从中选择需要的格式即可完成设置。例如设置"表样式中等深浅 2"格式，如图 4.11 所示。

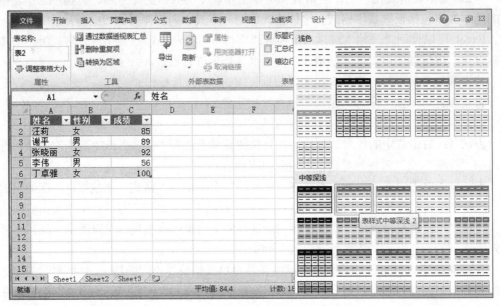

图 4.11   设置"表样式中等深浅 2"

4.2   高级操作

Excel 具有很强的数据处理功能，包括数据的统计计算（统计、平均值、求和等）、排序、筛选、汇总、生成图表等。在使用这些功能之前必须掌握如何引用数据。

4.2.1   数据引用

在 Excel 中，通过引用可以在公式和函数中使用不同单元格和区域的数据。常用的引用方式有 4 种：相对引用、绝对引用、混合引用、三维引用。

1. 相对引用和绝对引用

相对引用是指在公式中使用相对地址进行引用。相对地址指由列标和行号组成，如 B2、B2:C6 等。在行号和列标前加上"$"符号（按功能键 F4 可添加或去掉"$"）则代表绝对引用。

Excel 默认为相对引用，当公式复制到其他单元格后，所引用的单元格和区域会随公式所在的新位置相应地发生变化，而绝对引用单元格将不随公式位置变化而改变，如图 4.12 所示。

图 4.12 中可以看出相对引用中公式的变化，而绝对引用的公式复制是没有变化的。

图 4.12　相对引用和绝对应用示例

2. 混合引用和三维引用

混合引用是指单元格的行号或列标前加上"$"符号，如 C$2 其中的"列"相对引用，而"行"绝对引用。当公式单元格因复制或插入而引起行列变化时，公式的相对地址部分会随之改变，而绝对地址仍不变化。

三维引用指的是可以引用同一工作簿中不同工作表的单元格，甚至可以是其他工作簿（外部引用）。

三维引用的格式为：[工作簿名]+工作表名+！+单元格引用。

如果省略工作簿名，指的是同一工作簿。例如：[工作簿 2]Sheet1!C2、Sheet1!C2。

4.2.2　公式和函数

1. 运算符

Excel 的运算符有以下 4 种：算术运算符、比较运算符、引用运算符和连接运算符，如表 4.2 所示。

表 4.2　运算符

类型	表示形式	优先级
算术运算符	+、-、*、/ ^（乘方）、%（百分比）	由高到低的顺序是： %和^ → *和/ → +和-
比较运算符	=、>、<、>=、<=、<>（不等于）	优先级相同
连接运算符	&（文本的连接）	
引用运算符	:（区域），（联合）空格（交叉）	由高到低的顺序是： 区域、联合、空格

4 类运算符号的优先级从高到低依次为：引用运算符、算术运算符、连接运算符、比较运算符。

2. 公式

由运算符、常量数据、单元格、区域、引用等构成的式子称为"公式"。例如：

=A1*30%+B1*70%　　　　表示 A1、B1 单元格中的数值分别按比例相加

=SUM(A1:A10)　　　　　表示 A1、A2、…、A10 单元格中的数值之和

在单元格中输入公式后，单元格默认显示公式计算的结果，而公式本身显示于编辑栏中。若要在单元格中显示公式，可以单击"公式"标签，打开"公式"选项卡，选择"公式审核"组中的"显示公式"进行转换。

如果输入公式时要引用单元格，可以用鼠标直接单击该单元格。这样既可以提高输入速度又可以避免输入出错。

3．函数

Excel 提供了财务、日期与时间、数学与三角函数、文本、统计、查找与引用、数据库、逻辑、信息、工程共 10 类函数。Excel 还允许用户自定义函数。

函数的使用有以下几种方法。

（1）直接输入函数。对于简单函数，可以直接在单元格或编辑栏中以"="号开头输入函数。

（2）使用"插入函数"对话框插入函数。单击编辑栏"插入函数"按钮，或者在"开始"选项卡的"编辑"组中单击 Σ 自动求和 下拉按钮，选择"其他函数"，亦可选择"公式"选项卡，在"函数库"组中单击"插入函数"按钮或单击选择指定类别的函数按钮，如图 4.13 所示。打开"插入函数"对话框选择相应函数，如图 4.14 所示。

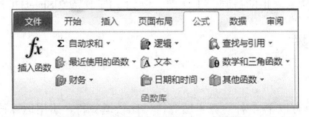

图 4.13　"公式"选项卡——函数库

图 4.14　"插入函数"对话框

Excel 中常用的函数如表 4.3 所示。

表4.3　常用函数

类别	函数名	功能	参数	示例
数学与三角函数	INT(number)	将数值向下取整为最接近的整数		INT(3.8)=3 INT(−3.8)=−4
	ROUND(number, number_digit)	按指定精度将数值进行四舍五入	数值 number 四舍五入，number_digit 为保留小数位数	ROUND(3.1415,3)=3.142
	MOD(number, divisor)	返回 x 除以 y 的余数	number 被除数，divisor 除数	MOD(16,3)=1 MOD(−16,3)=2 MOD(16, −3)= −2 MOD(−16, −3)= −1
	PI()	返回圆周率的值3.14159265358979，精确到 15 位	无	
统计函数	SUM(number1, number2,…)	求和	number1, number2,…参数列表	SUM(3,2,4)=9
	AVERAGE(number1, number2,…)	返回参数表所有数值的平均值	number1, number2,…参数列表	AVERAGE(3,2,4)=3
	MIN(number1, number2,…)	返回参数表中的最小值	number1, number2,…参数列表	MIN(3,4,2)=2
	MAX(number1, number2,…)	返回参数表中的最大值	number1, number2,…参数列表	MAX(3,4,2)=4
	COUNT (value1, value 2,…)	返回参数列表中非 0 数值的个数	value1,value2,…参数列表	
	COUNTIF (range,criteria)	返回指定范围中符合条件单元格的个数	range 为范围，criteria 为条件	COUNTIF(C2:C6,">=60")
	RANK.EQ (number,ref,order)	返回指定数字在数字列表中的排位	number 为排位数值，ref 为范围，order 排位方式，为 0 或省略表示按降序排位，非 0 值表示升序排位	RANK.EQ(C2,$C$2:$C$6)

类别	函数名	功能	参数	示例
逻辑函数	IF(logical_test, value_if_true, value_if_false)	根据 logical_test 条件为 true(真)时，返回值 value_if_true，为 false(假)时，返回值 value_if_false		IF(x>=60,"合格","不合格")
查找与引用函数	VLOOKUP(lookup_value,table_array,col_index_num, range_lookup)	按行查找	lookup_value 表示在数据表第一列中需要查找的值；table_array 表示查找的范围（table_array 的第一列必须是第一个参数 lookup_value 所在的列）；col_index_num 表示返回的值在查找范围的第几列；range_lookup 表示模糊匹配/精确匹配	查找"李伟"的 C 语言成绩。第一列未排序，range_lookup 参数为 false。参数 col_index_num 等于 3 表示从姓名开始的第 3 列
	HLOOKUP(lookup_value,table_array,col_index_num, range_lookup)	按列查找	与上类同	与上类同
日期与时间函数	TODAY()	返回当前日期	无	
	NOW()	返回系统当前日期和时间	无	
	YEAR(serial_number)	返回指定日期 serial_number 中的年份	serial_number 是日期格式	YEAR(TODAY())等于 2016
	MONTH (serial_number)	返回指定日期 serial_number 中的月份		MONTH("2016-1-6")等于 1
	DAY(serial_number)	返回指定日期 serial_number 中的日		DAY("2016-1-6")等于 6
文本函数	LEFT (text,num_chars)	返回指定文本左边的 num_chars 个字符	text 文本，num_chars 指定的个数	LEFT(12345,3)=123
	RIGHT (text, num_chars)	返回指定文本右边的 num_chars 个字符	text 文本，num_chars 指定的个数	RIGHT(12345,3)=345
	MID(text,start_num, num_chars)	返回指定文本从起始位置开始指定个数的字符	text 文本，start_num 起始位置，num_chars 个数	MID(12345,3, 2)=34

4.2.3　其他高级操作

1．排序

排序是指对数据表中的一列或多列数据进行升序或降序排列。其中数值按大小排序，时间按先后排序，英文字母按字母顺序排序（默认不区分大小写），汉字按拼音首字母排序或笔划排序。

（1）快速排序。操作方法为：单击需要排序所在列中的任意单元格，在"开始"选项卡中单击"编辑"组的"排序和筛选"按钮，选择 升序或降序进行排序，如图 4.15 所示。

图 4.15　快速排序

（2）自定义排序。用来排序的字段称为关键字。多条件排序是以多个字段作为关键字对数据表进行排序。Excel 中关键字分为：主要关键字、次要关键字。其排序方法是：首先按"主要关键字"排序，当主要关键字相同时，再按"次要关键字"排序，当次要关键字也相同时，再按其他"次要关键字"排序，如图 4.16 所示。如果主要关键字的值不相等，其他关键字排序设置无效。

图 4.16　自定义排序

自定义排序的操作步骤如下：

（1）单击数据表内的任一单元格，在"开始"选项卡中单击"编辑"组的"排序和筛选"按钮。

（2）在下拉菜单中选择"自定义排序"命令，打开"排序"对话框。

（3）在该对话框中设置关键字、排序方式。

2. 筛选

筛选是从数据表中筛选并显示符合条件的记录。Excel 提供了"自动筛选""自定义筛选"和"高级筛选"方法。

自动筛选用于筛选字段值为常量的记录。操作方法为：首先单击"数据"选项卡，再单击"排序和筛选"组中"筛选"按钮，则在字段名右下角出现 按钮（下拉按钮），再根据需要从下拉菜单中选择相应的命令进行筛选。自动筛选示例如图 4.17 所示。

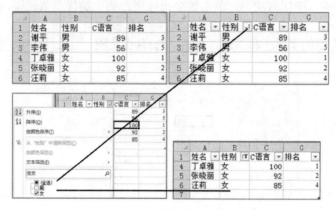

图 4.17　自动筛选示例

自定义筛选可以筛选字段值在某个范围的记录，操作步骤为：选择"数据"选项卡，单击"排序和筛选"组中的"筛选"按钮，单击所需字段自动筛选下拉按钮，从中选择"数字筛选"命令，在子菜单中选择"自定义筛选"，弹出"自定义自动筛选方式"对话框，如图 4.18 所示。

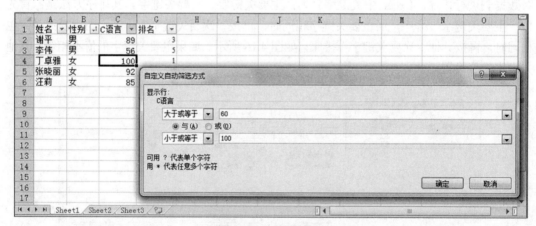

图 4.18　自定义筛选

高级筛选可以筛选符合多个条件的记录。使用"高级筛选"时，数据列表之外至少应有三个空行作为条件区域。数据列表具有数据库的特点，可以是整个工作表，也可以是工作表的一部分。各列可作为数据库中的字段（列标志）。数据列表必须有列标志。条件区域与数据列表之间至少要留两个空行。条件区域的第一行为列标志，下一行开始为条件。同行条件为"与"的关系，不同行条件为"或"的关系。

高级筛选的操作步骤为：在工作表的条件区输入所需的条件，单击"数据"选项卡中的

"排序和筛选"组的"高级"按钮，打开"高级筛选"对话框，在该对话框中进行设置，如图 4.19 所示。

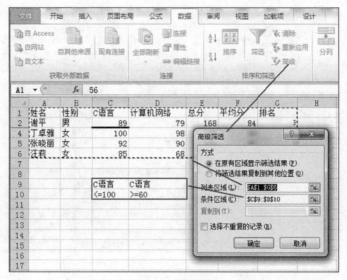

图 4.19 高级筛选

关闭筛选方法是在"数据"选项卡中单击"排序和筛选"组的"清除"按钮即可。

3. 分类汇总

分类汇总是按关键字段进行分类后再进行数据的统计计算，如计数、求和、求平均值、求最大值、求最小值、求标准偏差、求方差等。在进行分类汇总之前必须先按关键字段排序数据，否则汇总的结果不符合要求。

Excel 2010 中如果选用了"套用表格模式"，程序会自动将数据区域转化为列表，而列表是不能够进行分类汇总的。解决方法是将列表转化为数据区域，单击列表的数据单元格，选择"表格工具-设计"选项卡，单击"工具"组的"转换为区域"命令后即可按照分类汇总步骤对数据进行统计，如图 4.20 所示。

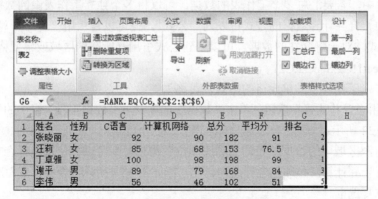

图 4.20 基础数据

操作步骤如下：

（1）对基础数据（见图 4.20）进行排序。

（2）单击"数据"选项卡中"分级显示"组的"分类汇总"按钮。

（3）在"分类汇总"对话框中选择分类字段、汇总方式、汇总项。

单击"确定"按钮，如图 4.21 所示。

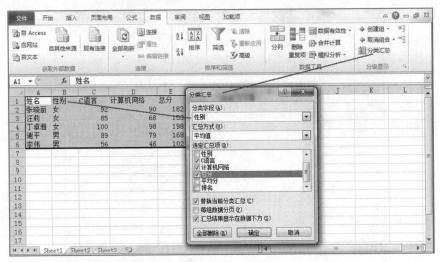

图 4.21　分类汇总

分类汇总完成后，在其左侧会自动生成一系列按钮，其作用在于控制分类汇总的显示级别。如果要清除分类汇总，只要在"分类汇总"对话框中单击"全部删除"按钮即可。

4. 合并计算

在 Excel 中，若要汇总多个工作表的数据，可以将多个独立工作表中的数据合并计算到一个汇总表中。合并计算数据的方式可以为"公式"，也可以直接用"合并计算"按钮。

（1）公式。对于将合并的数据，可以创建公式引用其所在的区域或单元格。例如：

=sum(Sheet1!C2,Sheet2:C2)

引用了多张工作表上的单元格的公式也可称为三维公式。

（2）使用"合并计算"按钮。单击"数据"选项卡下"数据工具"组中的"合并计算"按钮，如图 4.22 所示。

如果所有源区域中的数据按相同的顺序和位置排列，则可以按位置进行合并计算。如果要按分类进行合并计算，必须包含行或列标志，在如图 4.22 所示"合并计算"对话框中选中首行或最左列复选框。

当更改了源数据时，可启动自动更新合并计算，但是不能更改合并计算中所包含的单元格和数据区域。或者使用手动更新合并计算，这样即可更改所包含的单元格和数据区域了。

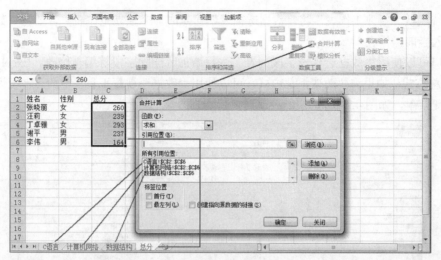

图 4.22　合并计算

5. 数据透视表与数据透视图

使用"插入"选项卡中的"数据透视表"按钮，可以创建数据透视表或数据透视图，如图 4.23 所示。

图 4.23　插入数据透视表

系统默认"新建工作表"将"数据透视表"建立成一个独立工作表。若要将"数据透视表"嵌入当前工作表。

用户可以使用"数据透视表字段列表"进行增加、删除字段等编辑修改。Excel 提供了11 种汇总方式，如果需要改变汇总方式，可以使用"数据透视表工具"中的"字段设置"按钮或快捷菜单，如图 4.24 所示。

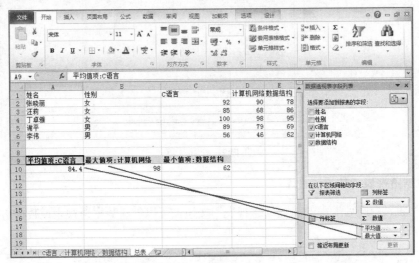

图 4.24　设置数据透视表汇总方式

Excel 中也可以插入数据透视图。数据透视图在数据透视表的基础上增加一个透视图，操作类似插入数据透视表，如图 4.25 所示。

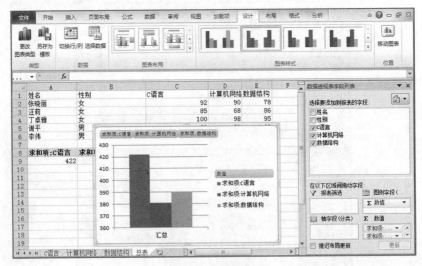

图 4.25　数据透视图

6. 数据图表

Excel 提供的图表功能，可以直观、生动地进行数据分析及比较数据之间的差异，发现数据的变化规律和预测趋势。图表类型有柱形图、折线图、饼图、条形图、面积图、散点图、股价图、曲面图、圆环图、气泡图及雷达图等，每种类型的图表还有若干种子图表类型。各种图表都有其特点，用户可以根据需求选择相应的图表类型。

Excel 中创建的图表按保存位置可分为两种：一种是嵌入式图表，它和创建图表的数据源放置在同一张工作表中，作为工作表的一部分；另一种是独立图表，它是一张独立的图表工作表。

创建数据图表可以使用"插入"选项卡中的"图表"组，单击其中相应的图表按钮即可创建图表，如图 4.26 所示。

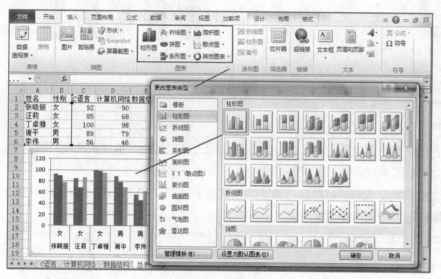

图 4.26　数据图表

创建图表后，可以单击"图表工具"中的按钮修改图表中的显示元素，如图表类型、数据、输入图表标题、分类轴标题、数据标志、确定图例位置选项等，如图 4.27 所示。

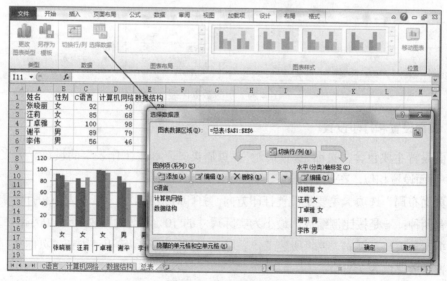

图 4.27　修改数据图表

在图表的右键快捷菜单中选择"移动图表"命令，可以将图表移入一个新的工作表中，如图 4.28 所示。

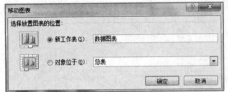

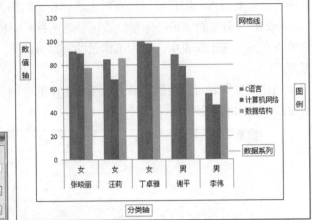

图 4.28　移动图表

图表区是整个图表所占的区域。绘图区比图表区范围小，是以两条坐标轴为界并包含刻度线及全部数据系列的矩形区域，即图中的浅灰色背景区域。

修改图表类型或布局可能会使其他的元素显示，图 4.29 的右图中有图表标题"成绩表"和数值轴标题"成绩"和数据表。

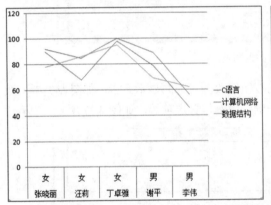

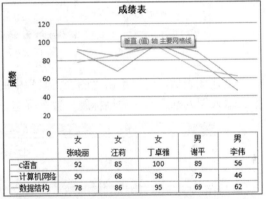

图 4.29　更改数据图表

7. 页面设置和打印设置

页面设置主要包含"页面""页边距""页眉页脚"和"工作表"的设置。大多操作与 Word 中页面设置相似，在此不赘述。

"页面布局"选项卡主要是设置打印方向、打印时缩放比例、纸张大小和打印质量。缩放方式有两种：一是按比例缩放，最小为实际尺寸的 10%，最大可放大到 400%；二是调整打印的页宽与页高。例如，要将所建工作表以 75% 的比例打印输出，则在"页面布局"选项卡中设置缩放比例为 75%。

打印设置可以设置打印机、打印份数、页数范围、打印选定区域、打印顺序、纸张大小、页边距及缩放等打印任务，在预览空格可以查看效果，如图 4.30 所示。

图 4.30　页面设置和打印设置

8. 主题设置

Excel 2010 中可以设置"主题"，包括字体、颜色、效果，也内置了 44 套方案，如图 4.31 所示。

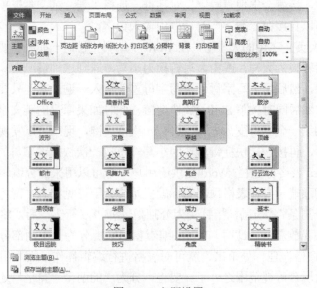

图 4.31　主题设置

9．Word 和 Excel 综合技巧

（1）去除页眉横线的两种方法。在页眉插入信息的时候经常会在下面出现一条横线，如果这条横线影响用户的视觉，这时可以采用下述的两种方法去掉。

用第一种的朋友比较多，即选中页眉的内容后，选择"格式"选项，选择"边框和底纹"命令，打开"边框和底纹"对话框，"边框"设为"无"，在"应用于"处选择"段落"，单击"确定"按钮即可。

第二种方法更为简单，当设定好页眉的文字后，鼠标移向"样式"组，把样式改为"页脚"或"正文样式"或"清除格式"，便可轻松完成。

（2）清除 Word 文档中多余的空行。如果 Word 文档中有很多空行，用手工逐个删除非常麻烦，可以用 Word 自带的替换功能进行处理。在 Word 中单击"编辑"组中"替换"按钮，在弹出的"查找和替换"对话框中，单击"高级"按钮，将光标移动到"查找内容"文本框中，然后单击"特殊字符"按钮，选取"段落标记"，会看到"^p"出现在文本框内，再同样输入一个"^p"，在"替换为"文本框中输入"^p"，即用"^p"替换"^p^p"，然后单击"全部替换"按钮。

（3）编辑长文件。在使用 Excel、Word 编辑长文档时，有时需要将文章开始的多处内容复制到文章末尾。但通过拖动滚动条来回移动非常麻烦，还会出错。其实只要将鼠标移动到滚动条上面的适当位置，鼠标指针变成双箭头，此时按住鼠标左键向下拖动，文档编辑区会被一分为二。在上面编辑区找到文章开头的内容，在下面编辑区找到需要粘贴的位置，就可以复制内容了，而不必来回切换。这种方法特别适合复制相距很远且多处都需复制的内容。

（4）将 Word 表格巧妙转换为 Excel 表格。先打开 Word 表格文件，接着选中整个表格，将光标放在表格的任一单元，在整个表格的左上角会出现一个带框的十字模样的标志。把光标移到上面再单击，整个表格的字会变黑表示全部选中，单击鼠标右键，在出现的菜单中选择"复制"命令，然后打开 Excel，再单击鼠标右键，在出现的菜单中选择"选择性粘贴"，在出现的对话框中有 6 项菜单可选，选择"文本"命令，并确定就行了。

（5）快速输入大写数字。首先输入小写数字如"123456"，选中后从"插入"选项卡中选择"数字"命令，接着会出现"数字"对话框，选择"壹，贰，叁"项，单击"确定"按钮即可，或者也可以直接在"数字"对话框中输入数字。

（6）快速转换英文字母的大小写。在 Word 中编辑文档时，如果需要将以前输入的英文单词或句子由小写转换为大写，或由大写转换为小写，遇到这种情况大家可能都是先将原来的单词或句子删除，然后用大写字母或小写字母重新输入一遍。其实只要把光标定位到句子或单词的字母中，然后同时按下 Shift+F3 快捷键，此时如果原来的英文字母是小写的，就会先把句子或单词的第一个字母变为大写，再按一次快捷键，现在可以发现整个句子或单词的字母都变为大写了，再按一次快捷键就变回小写，每按一次快捷键字母的变化依此类推。

（7）锁定 Word 表格标题栏。Word 提供给用户一个可以用来拆分编辑窗口的"分割条"，位于垂直滚动条的顶端。要使表格顶部的标题栏始终处于可见状态，请将鼠标指针指向垂直滚动条顶端的"分割条"，当鼠标指针变为分割指针即"双箭头"后，将"分割条"向下拖至所需的位置，并释放左键。此时，Word 编辑窗口被拆分为上下两部分，这就是两个"窗格"。在下面的"窗格"任一处单击，就可对表格进行编辑操作，而不用担心上面窗格中的表格标题栏会移出屏幕可视范围之外了。要将一分为二的两个"窗格"还原成一个窗口，可

在任意点双击"分割条"。

（8）关闭拼写错误标记。Word 中有个拼写和语法检查功能，通过它用户可以对输入的文字进行实时检查。系统是采用标准语法检查的，因而在编辑文档时，对一些常用语或网络语言会产生红色或绿色的波浪线。有时候会影响用户的工作，这时可以将它隐藏，待编辑完成后再进行检查。方法如下：①右键单击右状态栏上的"拼写和语法状态"图标，在弹出的菜单中选择"隐藏语法错误"命令后，错误标记便会立即消失。②如果要进行更详细的设定，可以执行菜单"文件"中"选项"命令，在弹出的"选项"对话框中进行详细的设置，如拼写和语法检查的方式、自定义词典等项。

（9）让文字随表格自动变化。用 Word 制作出来的表格，能否让表格中的文字根据表格自身的大小自动调节字体的大小，以适应表格的要求？方法很简单，选中表格右击，在弹出的快捷菜单中，选择"表格属性"，在出现的对话框中选择"单元格"选项卡，单击"选项"按钮，在"单元格选项"对话框中选取"适应文字"选项即可。

启动 Excel，在任一单元格中输入需要作倾斜处理的文字。在该单元格处于活动单元格的状态下右击鼠标，在弹出的快捷菜单中选择"设置单元格格式"，或者选择"格式→单元格"命令，打开"设置单元格格式"对话框。单击"字体"选项可进行字体方面的设置，这里不必多说。而单击"对齐"选项就可进行文字倾斜方向的设置，文字的倾斜角度可在-90～90 度之间，根据需要任意设定，感觉满意后，单击"确定"按钮退出。然后执行"剪切"或"复制"操作，回到 Word 编辑环境。选择需要插入该倾斜文字的插入点后，执行菜单命令"编辑→选择性粘贴"，打开"选择性粘贴"对话框，选择"作为 Microsoft Excel 工作表对象"粘贴即可。

（10）把 Word 表格转换成 Excel 表格。如何把 Word 中制作好的表格转换成 Excel 表格，以下提供两种方法。

方法一：打开 Excel，将光标定位到单元格，选择菜单栏的"插入"命令，再选择"对象"，选择新建对象类型为 Microsoft Word 文档。

方法二：将 Word 表格整体选中，复制到剪贴板上后，打开一个 Excel 工作簿，在一张新工作表上，选中 A1 单元，然后粘贴即可。

例如，一份已经在 Word 中编辑好的价格表，需要以 Excel 表格形式给出。但是，如果 Word 表格的单元格中有多段文字，用上述方法转换会出问题，即 Word 表格粘贴到 Excel 后，有多段文字的单元格，会显示出是由多个单元格组成的，但是它们之间的单元格框线"隐藏"（视图上显示灰色，不能打印）。

更麻烦的是，那个单元格所在行的其他单元格，均为合并单元格。原来 Word 表格的一行，在 Excel 中，"占用"了多行，不但难看，且给编辑带来诸多不便。

解决方法是：

第一步，在 Word 中，用"编辑"→"替换"命令，将所有单元格中的分段取消。即在"查找和替换"对话框的"替换"选项卡上，"查找内容"文本框中输入（特殊字符）段落标记，且让"替换为"文本框中空白，然后单击"全部替换"按钮即可。

第二步，将 Word 表格整体选中，复制到剪贴板上后，打开一个 Excel 工作簿，在一张新工作表上，选中 A1 单元格，然后粘贴。

第三步，在内容需要分段的单元格中，用快捷键 Alt+Enter 分段。

💡提示

　　不能在 Excel 中采用合并单元格的方法来解决问题。因为单元格合并后，只能保留原来位于左上方的那个单元格中的内容，其他单元格中的内容会被删除。

　　（11）在 Excel 中快速输入相同文本。有时后面需要输入的文本前面已经输入过了，可以采取快速复制（不是通常的 Ctrl+C、Ctrl+X、Ctrl+V）的方法来完成输入。

　　① 如果需要在一些连续的单元格中输入同一文本（如"有限公司"），先在第一个单元格中输入该文本，然后用"填充柄"将其复制到后续的单元格中。

　　② 如果需要输入的文本在同一列中前面已经输入过，当输入该文本前面几个字符时，系统会提示，只要直接按下 Enter 键就可以把后续文本输入。

　　③ 如果需要输入的文本和上一个单元格的文本相同，直接按下 Ctrl+D（或 R）键就可以完成输入，其中 Ctrl+D 是向下填充，Ctrl+R 是向右填充。

　　④ 如果多个单元格需要输入同样的文本，可以在按住 Ctrl 键的同时，用鼠标单击需要输入同样文本的所有单元格，然后输入该文本，再按下 Ctrl+Enter 键即可。

　　（12）用 IF 函数清除 Excel 工作表中的 0。有时引用的单元格区域内没有数据，Excel 仍然会计算出一个结果 0，这样使得报表非常不美观，看起来也很别扭。怎样才能去掉这些无意义的 0 呢？利用 IF 函数可以有效地解决这个问题。IF 函数是使用比较广泛的一个函数，它可以对数值的公式进行条件检测，对真假值进行判断，根据逻辑测试的真假返回不同的结果。它的表达式为：IF(logical_test,value_if_true,value_if_false)。其中，logical_test 表示计算结果为 TRUE 或 FALSE 的任意值或表达式。例如 A1>=100 就是一个逻辑表达式，如果 A1 单元格中的值大于等于 100 时，表达式结果即为 TRUE，否则结果为 FALSE。value_if_true 表示当 logical_test 为真时返回的值，也可以是公式。value_if_false 表示当 logical_test 为假时返回的值或其他公式。所以形如 "=IF(SUM(B1:C1), SUM(B1:C1), "")" 公式所表示的含义为：如果单元格 B1 到 C1 内有数值，且求和为真时，区域 B1 到 C1 中的数值将被进行求和运算。反之，单元格 B1 到 C1 内没有任何数值，求和为假，那么存放计算结果的单元格显示为一个空白单元格。

　　（13）解决 SUM 函数参数中的数量限制。Excel 中 SUM 函数的参数不得超过 30 个，假如需要用 SUM 函数计算 50 个单元格 A2、A4、A6、A8、A10、A12、……、A96、A98、A100 的和，使用公式 SUM(A2, A4, A6, …, A96, A98, A100) 显然是不行的，Excel 会提示"太多参数"。其实，只需使用双组括号的 SUM 函数：SUM((A2, A4, A6, …, A96, A98, A100)) 即可。稍作变换即提高了由 SUM 函数和其他拥有可变参数的函数的引用区域数。

　　（14）在常规格式下输入分数。当在工作表的单元格中输入如 2/5、6/7 等形式的分数时，系统都会自动将其转换为日期格式。所以每次都要先将单元格格式设置为"分数"后才可以正确显示。难道就没有办法可以在常规格式下直接输入分数吗？

　　答：在"常规"模式进行分数的输入是可以实现的，而且还非常简单。只要在输入分数前，先输入"0＋空格符"，然后再在后面输入分数即可，如输入"0□2/3"（□表示空格）即正确显示为"2/3"。需要注意的是，利用此方法输入的分数的分母不能超过 99，否则输入结果显示将被替换为分母小于或等于 99 的分数。如输入"2/101"，系统会将其转换为近似值"1/50"。

　　（15）快速选中所有数据类型相同的单元格。要选择数据类型都是"数字"的分散的单元格进行操作，可以利用“定位”命令来快速地找到这些单元格。具体操作如下：执行“编辑”→“定位”命令。在弹出的“定位”对话框中，单击“定位条件”按钮。接着会弹出“定位条件”对话框，根据需要，选择设置好要查找的单元格类型。例如先选择“常量”项，然后再复选上“数字”项，最后单击“确定”按钮即可。这样符合上述条件的单元格全部会被选中。

（16）利用“选择性粘贴”命令将文本格式转化为数值。在通过导入操作得到的工作表数据中，许多数据格式都是文本格式的，无法利用函数或公式直接进行运算。但是如果一个一个地改又很麻烦，如何实现转换？

对这种通过特殊途径得到的数据文档，可以通过以下方法来实现快速批量转换格式：先在该数据文档的空白单元格中输入一个数值型数据如 1，然后利用“复制”命令将其复制到剪贴板中。接着选择所有需要格式转换的单元格，再执行“编辑”→“选择性粘贴”命令，在弹出的“选择性粘贴”对话框中选择“运算”项下的“乘”或者“除”单选按钮。

（17）将单元格内容以图片格式插入 Word 文档。首先选择要转换成图片的单元格，然后按下 Shift 键，再执行“编辑”→“复制图片”命令，在弹出的“复制图片”对话框中选择“如屏幕所示”和“图片”功能项，然后再单击“确定”按钮。随后在打开的 Word 文档中，利用“粘贴”命令直接将图片粘贴到适当位置。

（18）自定义单元格的移动方向。一般在输入数据时，每次按下回车键后，系统都会自动转到该列的下一行，这给按行方向输入数据带来了很大不便，用户可以按自己的需要来随意更改这种移动方向。具体实现方法如下：执行“文件”→“选项”命令，再在弹出的对话框中选择“编辑”选项卡。在“按 Enter 键后移动”项后面的下拉列表框中，有 4 种方向可以选择，根据实际需要选择就行，最后单击“确定”按钮完成。

4.3 综合案例

为了使读者阅读方便，以下案例的题干后面将直接附上操作步骤。

4.3.1 工资表计算并分类汇总

某公司工资表 Excel.xlsx，其工作表“2016 年 2 月”的数据如图 4.32 所示。

	A	B	C	D	E	F	G	H	I	J	K	L	M
1	2016年2月员工工资表												
2	序号	员工工号	姓名	部门	基础工资	奖金	补贴	扣除病事假	应付工资合计	扣除社保	应纳税所得额	应交个人所得税	实发工资
3		HF001	冯晓明	管理	41040	1000	300	300	42040	500	38040		
4		HF002	韩亮	管理	36900		300	320	36880	320	33060		
5		HF003	翁佳琪	行政	12870	1000	300		14170	320	10350		
6		HF004	刘丽彦	人事	6050		300	100	6250	320	2430		
7		HF005	陈羽	研发	6510		300		6810	320	2990		
8		HF006	赵旭	管理	6690	1000	300		7990	320	4170		
9		HF007	王寅	管理	10960		300		11260	320	7440		
10		HF008	刘俊宾	研发	16000	1000	300	180	17120	320	13300		
11		HF009	袁帅	销售	4260		300	200	4360	320	540		
12		HF010	张禹心	研发	5910		300	500	5710	320	1890		
13		HF011	赵京涛	销售	5430	1000	300		6730	320	2910		
14		HF012	丁妍	研发	3290		300		3590	320	0		
15		HF013	张濒澜	管理	12830	1000	300		14130	320	10310		
16		HF014	王彪	行政	5040		300		5340	320	1520		
17		HF015	谭丽彬	管理	9880		300		10180	320	6360		

图 4.32 工作表“2016 年 2 月”的数据

请根据下列要求对该工资表进行整理和分析（提示：本题中若出现排序问题则采用升序方式）。

1. 通过合并单元格，将表名“公司 2016 年 2 月员工工资表”放于整个表的上端、居中，并调整字体、字号。

操作步骤如下：

（1）将 A1~M1 单元格合并且居中。

（2）设置字体为“黑体”，字号为 20。（其他字体、字号也可以。）

效果如图 4.33 所示。

2016年2月员工工资表

序号	员工工号	姓名	部门	基础工资	奖金	补贴	扣除病事假	应付工资合计	扣除社保	应纳税所得额	应交个人所得税	实发工资
	HF001	冯晓明	管理	41040	1000	300	300	42040	500	38040		
	HF002	韩亮	管理	36900		300	320	36880	320	33060		
	HF003	翁佳琪	行政	12870	1000	300		14170	320	10350		
	HF004	刘丽彦	人事	6050		300	100	6250	320	2430		
	HF005	陈羽	研发	6510		300		6810	320	2990		
	HF006	赵旭	管理	6690	1000	300		7990	320	4170		
	HF007	王寅	管理	10960		300		11260	320	7440		
	HF008	刘俊宾	研发	16000	1000	300	180	17120	320	13300		
	HF009	袁帅	销售	4260		300	200	4360	320	540		
	HF010	张禹心	研发	5910		300	500	5710	320	1890		
	HF011	赵京涛	销售	5430	1000	300		6730	320	2910		
	HF012	丁妍	研发	3290		300		3590	320	0		
	HF013	张瀛澜	管理	12830	1000	300		14130	320	10310		
	HF014	王彪	行政	5040		300		5340	320	1520		
	HF015	谭丽彬	管理	9880		300		10180	320	6360		

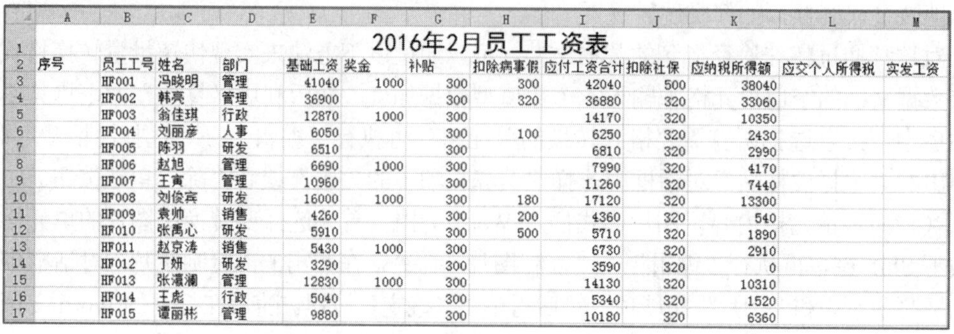

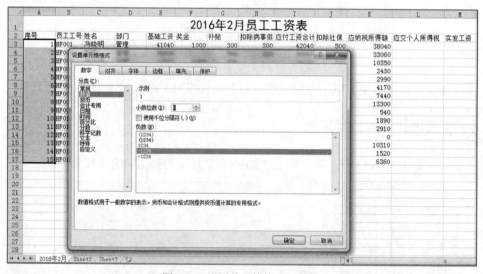

图 4.33 合并单元格

2. 在“序号”列中分别输入 1～15，将其数据格式设置为数值，保留 0 位小数，居中。

操作步骤如下：

（1）在 A3 单元格输入 1，向下填充（按住 Ctrl 键，拖动右下角实心方块）。

（2）选中 A3~A17 单元格，设置单元格格式：分类为数值，保留 0 位小数。

效果如图 4.34 所示。

图 4.34 设置单元格格式：数值

3. 将“基础工资”（含）右侧各列设置为会计专用格式、保留 2 位小数、无货币符号。

操作步骤如下：

（1）选中 E3:M17 区域。

（2）设置单元格格式：会计专用格式、保留 2 位小数、无货币符号。

效果如图 4.35 所示。

图 4.35　设置单元格格式：会计专用

4．调整表格各列宽度、对齐方式，使得表格显示更加美观，并设置纸张大小为 A4、横向，整个工资表需调整在 1 个打印页内。

操作步骤如下：

（1）根据表格外观，适当调整宽度使得能适应数据即可，数字区域不要出现"#"，尽量不要有多余的空间。

（2）在"页面布局"中设置纸张大小 A4、纸张方向横向，观察是否在一个打印页中。

效果如图 4.36 所示。

图 4.36　页面设置

5．参考"工资薪金所得税率.xlsx"，利用 IF 函数计算"应交个人所得税"列。（提示：应交个人所得税=应纳税所得额*对应税率−对应速算扣除数）

操作步骤如下：

（1）打开"工资薪金所得税率.xlsx"，查看数据，如图 4.37 所示。

全月应纳税所得额	税率	速算扣除数（元）
不超过2000元	3%	0
超过2000元至4000元	10%	140
超过4000元至8000元	20%	540
超过8000元至32000元	25%	940
超过32000元至50000元	30%	2540
超过50000元至100000元	35%	5040
超过100000元	45%	15040

图 4.37　工资薪金所得税率表

（2）在工作表“2016 年 2 月”的 L3 中输入公式：

=IF(K3>100000,K3*0.45-15040,IF(K3>50000,K3*0.35-5040,IF(K3>32000,K3*0.3-2540,IF(K3>8000,K3*0.25-940,IF(K3>4000,K3*0.2-540,IF(K3>2000,K3*0.1-140,K3*0.03))))))

公式虽然看上去较长，其实只是 IF 函数的多重嵌套，例如对于：K3>100000 的条件，满足就是 K3*0.45–15040，不满足再继续判断，后面整个 IF 函数对应不满足的值。

速算扣除数的计算方法是：

140 = 2000*10% –2000*3%

540 = 4000*20% –4000*10% + 140

940 = 8000*25% –8000*20% + 540

……

（3）复制公式至 L17（拖动单元格右下角实心方块），效果如图 4.38 所示。

L3 =IF(K3>100000,K3*0.45-15040,IF(K3>50000,K3*0.35-5040,IF(K3>32000,K3*0.3-2540,IF(K3>8000,K3*0.25-940,IF(K3>4000,K3*0.2-540,IF(K3>2000,K3*0.1-140,K3*0.03))))))

2016年2月员工工资表

序号	员工工号	姓名	部门	基础工资	奖金	补贴	扣除病事假	应付工资合计	扣除社保	应纳税所得额	应交个人所得税	实发工资
1	HF001	冯晓明	管理	41,040.00	1,000.00	300.00	300.00	42,040.00	500.00	38,040.00	8,872.00	
2	HF002	韩亮	管理	36,900.00		300.00	320.00	36,880.00	320.00	33,060.00	7,378.00	
3	HF003	翁佳琪	行政	12,870.00	1,000.00	300.00		14,170.00	320.00	10,350.00	1,647.50	
4	HF004	刘丽彦	人事	6,050.00		300.00	100.00	6,250.00	320.00	2,430.00	103.00	
5	HF005	陈羽	研发	6,510.00		300.00		6,810.00	320.00	2,990.00	159.00	
6	HF006	赵旭	管理	6,690.00	1,000.00	300.00		7,990.00	320.00	4,170.00	294.00	
7	HF007	王寅	管理	10,960.00		300.00		11,260.00	320.00	7,440.00	948.00	
8	HF008	刘俊宾	研发	16,000.00	1,000.00	300.00	180.00	17,120.00	320.00	13,300.00	2,385.00	
9	HF009	袁帅	销售	4,260.00		300.00	200.00	4,360.00	320.00	540.00	16.20	
10	HF010	张禹心	研发	5,910.00		300.00	500.00	5,710.00	320.00	1,890.00	56.70	
11	HF011	赵京涛	销售	5,430.00	1,000.00	300.00		6,730.00	320.00	2,910.00	151.00	
12	HF012	丁妍	研发	3,290.00		300.00		3,590.00	320.00	-	-	
13	HF013	张濛澜	管理	12,830.00	1,000.00	300.00		14,130.00	320.00	10,310.00	1,637.50	
14	HF014	王彪	行政	5,040.00		300.00		5,340.00	320.00	1,520.00	45.60	
15	HF015	谭丽彬	管理	9,880.00		300.00		10,180.00	320.00	6,360.00	732.00	

2016年2月 Sheet2 Sheet3

图 4.38　计算所得税结果

6．利用公式计算“实发工资”列，公式为：实发工资=应付工资合计-扣除社保-应交个人所得税。

操作步骤如下：

（1）在 M3 单元格中输入公式“=I3-J3-L3”。

（2）复制公式至 M17 单元格。

7．复制工作表“2016 年 2 月”，将副本放置到原表的右侧，并命名为“分类汇总”。

操作步骤如下：

（1）右键单击工作表“2016 年 2 月”的表标签，在弹出的快捷菜单中选择“移动或复制”命令，选择 Sheet2 工作表，单击“确定”按钮，则在 Sheet2 之前建立副本。

（2）将工作表“2016 年 2 月副本”改名为“分类汇总”（双击工作表标签）。

结果如图 4.39 所示。

图 4.39　复制工作表

8. 在"分类汇总"工作表中通过分类汇总功能求出各部门"应付工资合计"与"实发工资"之和，每组数据不分页。

操作步骤如下：

（1）按部门排序。

（2）在"数据"选项卡中选择"分类汇总"命令，打开"分类汇总"对话框，其中，分类字段选择"部门"，选定汇总方式为"求和"，选定汇总项为"应付工资合计"和"实发工资"，如图 4.40 所示。

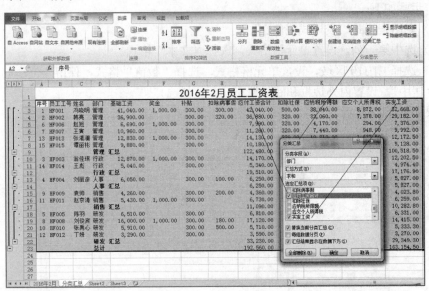

图 4.40　工资表分类汇总

4.3.2　成绩单整理与分析

现有三个班级部分学生成绩录入在"期末成绩.xlsx"的 Excel 工作簿文档中。基础数据如图 4.41 所示。

学号	姓名	性别	班级	数学	英语	计算机网络	C语言	总分	平均分
201401001		男		81	80	90	80		
201401002		女		47	50	39	71		
201401003		男		80	90	98	80		
201401004		女		79	80	90	87		
201401005		女		35	50	68	76		
201402001		女		90	80	92	68		
201402002		男		87	85	90	60		
201402003		男		86	88	49	80		
201402004		女		78	92	94	85		
201402005		男		60	80	53	87		
201402006		男		86	88	85	79		
201402007		女		70	80	75	88		
201403001		男		58	57	70	90		
201403002		女		88	80	86	85		
201403003		男		56	42	78	40		
201403004		男		56	88	85	90		
201403005		男		92	72	96	98		
201403006		女		78	80	92	88		

学号	姓名
201401001	谭丽彬
201401002	孙奥斌
201401003	王岩
201401004	侯志峰
201401005	田秀伟
201402001	钱国余
201402002	陶娜娜
201402003	高泽世
201402004	杨兴涛
201402005	王欠
201402006	张艳雪
201402007	翟超
201403001	汤宏亮
201403002	刘静静
201403003	时珊强
201403004	张晓璇
201403005	韩磊
201403006	张子卫

图 4.41　基础数据（期末成绩表和学号姓名对照表）

请根据下列要求对该成绩单进行整理和分析。

1．请对"期末成绩表"工作表进行格式调整，通过套用表格格式的方法将所有的成绩记录调整为一致的外观格式，并对该工作表中的数据列表进行格式化操作：将第一列"学号"设为文本，将各科成绩列设为保留两位小数的数值，设置对齐方式，并增加适当的边框和底纹，以使工作表更加美观。

操作步骤如下：

（1）套用表格式"表样式浅色 2"。

（2）选中第一列，设置单元格格式，选择"文本"格式。

（3）选择 E1:J19 区域，设置单元格格式，选择"数值"格式，保留两位小数，对齐方式设为"居中"，设置内外边框和底纹填充（颜色任选）。

效果如图 4.42 所示。

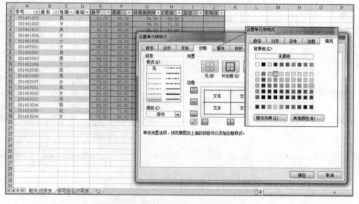

图 4.42　表格及单元格格式设置

2．利用"条件格式"功能进行下列设置：将数学、外语、计算机网络、C 语言四科中低于 60 分的成绩所在的单元格以一种颜色填充，所用颜色深浅以不遮挡数据为宜。

操作步骤如下：

（1）选择 E2:H19 区域。

（2）选择"条件格式"，在弹出的对话框中按图 4.43 所示进行设置。

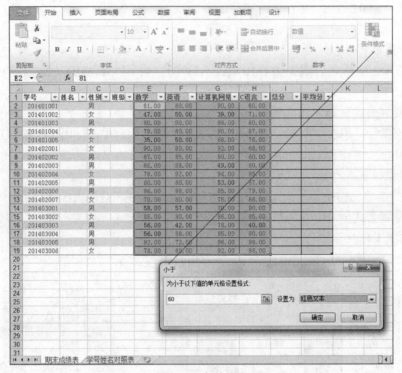

图 4.43　条件格式

3. 利用 sum 和 average 函数计算每一个学生的总分及平均成绩。

操作步骤如下：

（1）在 I2 单元格中输入公式"=sum(E2:H2)"，复制公式至 I19 单元格。

（2）在 J2 单元格中输入公式"=average(E2:H2)"，复制公式至 J19 单元格。

效果如图 4.44 所示。

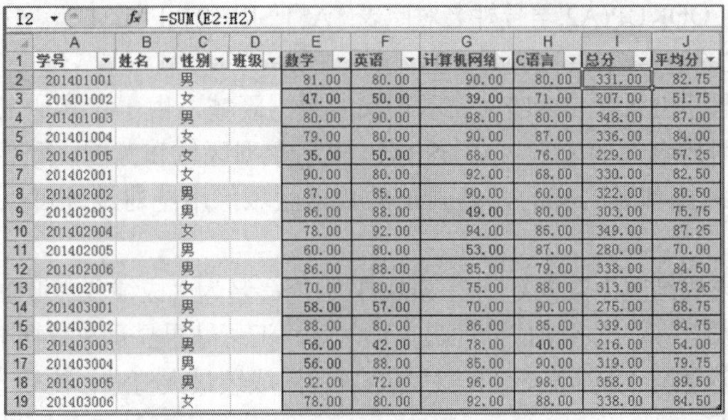

图 4.44　利用公式计算总分和平均分

4. 学号中的第 5、6 位数字代表学生所在的班级，例如："201402001"代表 14 级 02 班。

请通过函数提取每个学生所在的班级并按下列对应关系填写在"班级"列中：

学号的 5、6 位	对应班级
01	1 班
02	2 班
03	3 班

操作步骤如下：

（1）在 D2 中输入公式“=IF(MID(A2,5,2)="01","1 班",IF(MID(A2,5,2)="02","2 班","3 班"))”。

（2）复制公式至 D19 单元格。

5．根据学号，请在“期末成绩表”工作表的“姓名”列中，使用 VLOOKUP 函数完成姓名的自动填充。“姓名”和“学号”的对应关系在“学号姓名对照表”工作表中。

操作步骤如下：

（1）在 B2 单元格中输入公式“=VLOOKUP(A2,学号姓名对照表!$A$1:$B$19,2,FALSE)”。

（2）复制公式至 B19 单元格。

结果如图 4.45 所示。

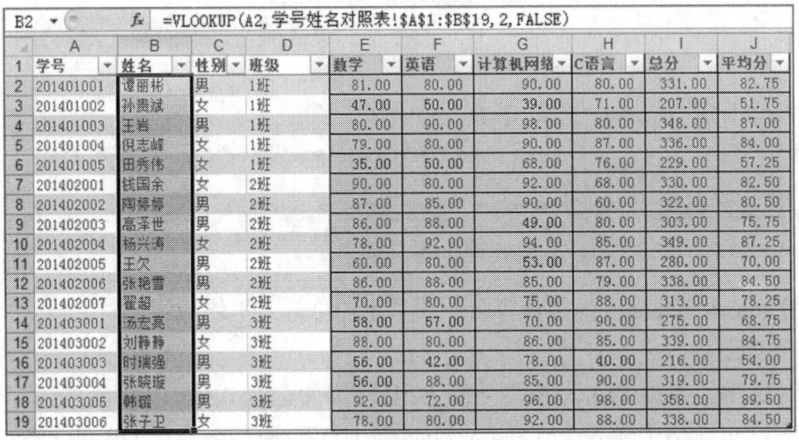
B2 =VLOOKUP(A2,学号姓名对照表!$A$1:$B$19,2,FALSE)

	A	B	C	D	E	F	G	H	I	J
1	学号	姓名	性别	班级	数学	英语	计算机网络	C语言	总分	平均分
2	201401001	谭丽彬	男	1班	81.00	80.00	90.00	80.00	331.00	82.75
3	201401002	孙贵斌	女	1班	47.00	50.00	39.00	71.00	207.00	51.75
4	201401003	王岩	男	1班	80.00	90.00	98.00	80.00	348.00	87.00
5	201401004	倪志峰	女	1班	79.00	80.00	90.00	87.00	336.00	84.00
6	201401005	田秀伟	女	1班	35.00	50.00	68.00	76.00	229.00	57.25
7	201402001	钱国余	女	2班	90.00	80.00	92.00	68.00	330.00	82.50
8	201402002	陶婷婷	男	2班	87.00	85.00	90.00	60.00	322.00	80.50
9	201402003	高泽世	男	2班	86.00	88.00	49.00	80.00	303.00	75.75
10	201402004	杨兴涛	女	2班	78.00	92.00	94.00	85.00	349.00	87.25
11	201402005	王欠	男	2班	60.00	80.00	53.00	87.00	280.00	70.00
12	201402006	张艳雪	男	2班	86.00	88.00	85.00	79.00	338.00	84.50
13	201402007	翟超	女	2班	70.00	80.00	75.00	88.00	313.00	78.25
14	201403001	汤宏亮	男	3班	58.00	57.00	70.00	90.00	275.00	68.75
15	201403002	刘静静	女	3班	88.00	80.00	86.00	85.00	339.00	84.75
16	201403003	时瑞强	男	3班	56.00	42.00	78.00	40.00	216.00	54.00
17	201403004	张晓旋	男	3班	56.00	88.00	85.00	90.00	319.00	79.75
18	201403005	韩璐	男	3班	92.00	72.00	96.00	98.00	358.00	89.50
19	201403006	张子卫	女	3班	78.00	80.00	92.00	88.00	338.00	84.50

图 4.45　VLOOKUP 函数计算结果

在公式“=VLOOKUP(A2,学号姓名对照表!$A$1:$B$19,2,FALSE)”中：

A2 是要查找的值，例如：201401001。

学号姓名对照表!$A$1:$B$19，表示查找的数据区域，由于在其他工作表，所以加上工作表名称“学号姓名对照表”，$A$1:$B$19 表示数据区域和范围，需要用绝对地址的形式，因为查找的范围都是一样的，是固定的数据区域，用绝对地址可以防止复制公式时自动修改。

***6**．将“期末成绩表”数据复制至 Sheet3 中，命名为“成绩分类汇总表”。通过 Excel 的分类汇总功能求出每个班各科成绩的最大值，并将汇总结果显示在数据下方，并以分类汇总结果为基础，创建一个簇状条形图，对每个班各科成绩最大值进行比较。

操作步骤如下：

（1）全选“期末成绩表”数据，复制粘贴到 Sheet3 表中。

（2）双击 Sheet3 表标签，将 Sheet3 表改名为“成绩分类汇总表”。

（3）单击“数据”选项卡中的“分类汇总”按钮，在弹出的“分类汇总”对话框中设置分类字段为"班级",汇总方式为"最大值",选定汇总项中选中四门课,如图 4.46 所示。

图 4.46 分类汇总设置

按住 Ctrl 键,选中最大值汇总行,插入"簇状条形图",结果如图 4.47 所示。

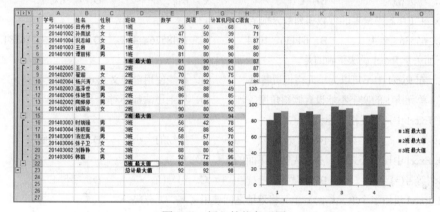

图 4.47 插入簇状条形图

如果不按住 Ctrl 键只选择最大值数据,而是选择所有数据,则插入的图数据较多,图形复杂,特征数据不太明显。具体的操作要求需要根据实际需求来设定。

簇状条形图的外观也可以调整,例如水平轴的标签,如图 4.48 所示,选择数据源后,单击水平(分类)轴标签的"编辑"按钮,拖选四门课的名称,单击"确定"按钮即可。

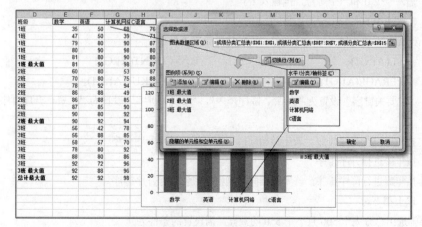

图 4.48 修改簇状条形图的水平轴标签

习　题

一、选择题

1. Excel 中编辑栏不能用于（　　　）。

　　A. 显示当前选取单元格中的批注

　　B. 显示当前选取单元格中的数据或输入的内容

　　C. 可以直接在编辑栏中输入文字或公式

　　D. 单元格也会同步显示输入的数据或公式计算的结果

2. Excel 没有提供的视图有（　　　）。

　　A. 普通视图　　　　B. 页面布局视图　　　C. 分页预览视图　　　D. 分栏视图

3. 名称框不能显示当前选取的（　　　）的名称。

　　A. 单元格　　　　　B. 工作簿　　　　　C. 图表　　　　　D. 绘图对象

4. Excel 工作表中最多的行数和列数分别是（　　　）。

　　A. 65536、254　　B. 64436、1024　　C. 1048576、412　　D. 1048576、16384

5. 下面关于 Excel 说法正确的是（　　　）。

　　A. 在 Excel 中不可以为单元格设置背景　　　B. 不能使用自定义 Excel 模板

　　C. 单元格中的文字不能设置倾斜角度　　　　D. 以上说法都不对

6. 在 Excel 中，单元格不能设置（　　　）。

　　A. 行高　　　　　B. 列宽　　　　　C. 批注的大小　　　　D. 边框和底纹

7. 在 Excel 中使用公式时，必须先输入下面的（　　　）。

　　A. 等号(=)　　　　B. 逗号(,)　　　　C. 句号(.)　　　　D. 字母 E

8. 在 Excel 引用多个单元格时，单元格地址之间使用（　　　）分隔。

　　A. 等号(=)　　　　　　　　　　　　　B. 冒号(:)或逗号(,)或空格

　　C. 分号(;)　　　　　　　　　　　　　D. 双引号(")

9. 在 Excel 中，如果要在单元格中输入 1/3 则应（　　　）。

　　A. 直接输入 1/3

　　B. 输入一个 0 和一个空格，再输入 1/3

　　C. 输入一个 0 和一个等号，再输入 1/3

　　D. 输入一个 0 和一个分号，再输入 1/3

10. 计算 A1:G1 单元格区域的平均值，正确的函数应该是（　　　）。

　　A. =AVE(A1:G1)　　　　　　　　　　B. =COUNT(A1:G1)

　　C. =AVERAGE(A1:G1)　　　　　　　　D. =LOOKUP(A1:G1)

11. 将"主要关键字"设置为"年龄、降序排序"，"次要关键字"设置为"工资、升序排序"，表示（　　　）。

　　A. 按工资进行升序排序，若年龄相同，则根据年龄进行升序排序

　　B. 按年龄进行升序排序

　　C. 按年龄进行降序排序，若年龄相同，则根据工资进行升序排序

　　D. 以上都不对

12. 要筛选出总分大于 500 且小于 550 的数据，需设置的条件为（　　　　）。

　　A. 大于 500，与，小于 550

    B. 大于等于 500，与，小于等于 550

    C. 大于 500，或，小于 550

    D. 大于等于 500，或，小于等于 550

13. 在公式中使用了（　　），则无论如何改变公式的位置，其引用的单元格地址总是不变的。

    A. 相对引用　　　　　B. 绝对引用　　　　　C. 混合引用　　　　　D. 以上都不是

14. 在 Excel 中，下列引用（　　）是混合引用。

    A. C$6　　　　　　　B. D5　　　　　　　　C. &A8　　　　　　　D. AB

15. Excel 2010 提供的内置图表类型共有（　　）种。

    A. 9　　　　　　　　B. 10　　　　　　　　C. 11　　　　　　　　D. 12

16. 图表被选中后，它的四周将显示（　　）个控点。

    A. 4　　　　　　　　B. 6　　　　　　　　C. 8　　　　　　　　D. 没有

17. 使用图表功能时，用户在工作表中不能（　　）。

    A. 插入图片　　　　　B. 绘制图形　　　　　C. 插入艺术字　　　　D. 插入声音

18. 在对数据清单进行筛选操作时，如果同时对两个或两个以上的字段进行筛选，筛选结果将是（　　）的记录。

    A. 满足两个筛选条件　　　　　　　　　B. 满足两个以上筛选条件

    C. 同时满足所有条件　　　　　　　　　D. 以上都不对

19. 在 Excel 中有一张学生成绩表，要将其中不及格的成绩用红色显示，应使用（　　）操作。

    A. "格式"菜单中的"条件格式"　　　　　B. "插入"菜单中的"对象"

    C. "工具"菜单中的"拼写"　　　　　　　D. "格式"菜单中的"自动套用格式"

二、填空题

1. 在 Excel 2010 中，用鼠标单击＿＿＿＿按钮，即可在工作簿最后添加一个空白工作表。

2. 活动单元格是指当前正被选中的单元格，它是当前可以进行＿＿＿＿的单元格。

3. 选中包含公式的单元格，将光标定位在＿＿＿＿中，按功能键 F4 可以快速地在相对引用、绝对引用和混合引用之间切换。

4. 在 Excel 的同一工作簿内，在 Sheet2 工作表中引用 Sheet1 工作表中的 C3 单元格，其书写方式是＿＿＿＿。

5. 若 Excel 工作表 D5 单元格的公式是"=SUM(D1:D4)"，删除第 2 行后，则 D5 单元格的公式是＿＿＿＿。

6. 使用单元格地址创建公式时，默认的引用类型是＿＿＿＿。

7. 在 Excel 中建立的数据库属于＿＿＿＿。在数据库中每一列称为一个＿＿＿＿，每一行称为一个＿＿＿＿。

8. 为了查找数据库中满足条件的记录，可以使用＿＿＿＿的方法来完成。筛选是查找和处理数据清单中的快捷方法。筛选清单仅显示数据库中的行，该条件可以由用户针对某列指定。

9. 在 Excel 中，进行分类汇总之前要先进行＿＿＿＿。

10. 用户可以根据＿＿＿＿和＿＿＿＿进行合并计算。另外，还可以根据多个合并计算的数据区域创建＿＿＿＿。

11. ＿＿＿＿只能表现一个数据系列。而堆积饼图与圆环图则可以使用多个数据系列，用于描述多个数据系列的比例和构成等信息。

12. 在"图表工具"功能区＿＿＿＿选项卡的"标签"组中，单击"图表标题"选项的下拉按钮。

13. 在快速访问工具栏中，用鼠标右击某个图标，在快捷菜单中选择＿＿＿＿项即可将该命令按钮从快速访问工具栏删除。

14. 主题是_____、_____、_____三者的组合。

15. Excel 中活动单元格右下角的小方块是_____。

三、简答题

1. 怎样拆分和合并单元格？

2. 简述 Excel 中文件、工作簿、工作表和单元格之间的关系。

3. 在 Excel 中如何使用自动填充功能填充数据？如何自定义序列？

4. 函数的出错信息有哪些？其含义分别是什么？

5. Excel 提供哪些数据分析与管理功能？

6. 简述主要关键字和次要关键字的作用。

7. 简述筛选和高级筛选的操作步骤。

8. 简述分类汇总的操作步骤。

9. 简述数据清单的特点。

10. 在 Excel 2010 中，怎样进行数据筛选？

四、操作题

1. 已知 Excel 中有一成绩表如图 4.49 所示，要在 E3:E7 区域内填入每人的平均成绩（要求用公式实现），然后按其平均分降序排序；在 F3:F7 区域内填入每人的排名（要求用公式实现），请写出操作步骤。

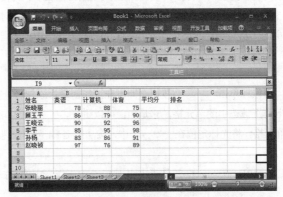

图 4.49　成绩表

2. 已知 Excel 中有销售表如图 4.50 所示。

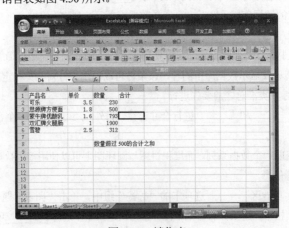

图 4.50　销售表

（1）将工作表 Sheet1 命名为"产品销售表"。

（2）在"产品销售表"中用公式计算合计列（合计=单价*数量）。

（3）设置 C8 单元格的文本控制为自动换行。

（4）在 D8 单元格内用条件求和函数 Sumif 计算所有数量超过 500（包含 500）的合计列之和，并设置该单元格的对齐方式为水平居中对齐和垂直居中对齐。

（5）设置"产品销售表"中数据清单部分（A1:D6）按合计列降序排列。

（6）根据"产品名"和"合计"两列在当前工作表内制作簇状柱形图，图表的标题为"销售图表"。

第 5 章　PowerPoint 2010

学习目标

- 了解演示文稿的概述；
- 熟悉动画及超链接技术；
- 掌握演示文稿处理软件 PowerPoint 2010 的操作与应用；
- 掌握应用 PowerPoint 制作幻灯片。

PowerPoint 2010 是 Office 系列软件中的一个核心组件，能处理文字、图形、图像、声音、视频等多媒体信息。其所制作的演示文稿可用于教学课件、互动演示、产品展示、竞标方案、广告宣传、主题演讲、技术讨论、总结报告、会议简报等。

PowerPoint 2010 演示文稿由幻灯片组成，每一张幻灯片可以放置多种元素，内容丰富、形式多样、图文并茂，幻灯片组成演示文稿文件，默认扩展名为.pptx（还有其他类型的扩展名，如.pptm 表示启用宏的演示文稿，.potx 表示模板文件等）。

5.1　PowerPoint 2010 基础

5.1.1　PowerPoint 的界面

PowerPoint 是基于 Windows 操作系统的应用软件，其启动、保存、退出的方法与 Office 办公套件中的 Word 和 Excel 相似，在此不再赘述。PowerPoint 的界面如图 5.1 所示。

图 5.1　PowerPoint 2010 界面

PowerPoint 2010 界面中包含标题栏、选项卡栏、工具栏、编辑区（大纲窗格、幻灯片窗格、备注窗格）、状态栏、视图切换按钮和滚动条等。

"文件"菜单包括演示文稿的新建、保存、打开、另存为和退出等命令。

功能区包括功能选项卡、命令按钮组、对话框启动器、库等。通过功能区可快速找到完成某项任务所需的命令。PowerPoint 2010 中几乎所有命令都集成在几个功能选项卡及其分组中，功能区的布局会随着选项卡的不同而不同，部分选项卡只有在需要时才会显示。例如，应用于表格、绘图的选项卡，在默认状态下并不显示，当选中该类对象时其选项卡会以"上下文选项卡"的形式出现。功能区上的库是指一组相关可视选项的矩形窗口或菜单。单击命令按钮组右下方的"对话框启动器"，可打开相应的对话框。

快速访问工具栏包括"保存""撤销""恢复""重复键入"等常用工具按钮。单击快速访问工具栏上的下三角按钮，可打开"自定义快速访问工具栏"，可选择添加常用的工具按钮，如图 5.2 所示。

大纲窗格列出了当前演示文稿中各张幻灯片中的文本内容。

幻灯片窗格中可以查看、编辑每张幻灯片的内容和外观，在当前幻灯片中插入图形、影片和声音等对象，创建超级链接以及设置动画效果等。

备注窗格可添加演说者的备注信息。

状态栏位于 PowerPoint 界面的最下方，用来显示演示文稿中所选的当前幻灯片以及幻灯片总张数、幻灯片所采用的模板类型、视图切换按钮和页面显示比例等。

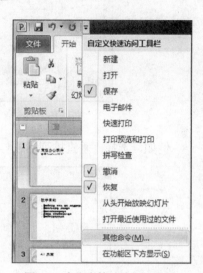

图 5.2　自定义快速访问工具栏

5.1.2　PowerPoint 的基本概念

1. 对象

对象是幻灯片的构成元素，如文本、表格、图表、声音、视频、图片等。

对象是用户展示信息的载体，用户可以执行对象选择、编辑、移动、删除、设置超链接和设置动画等操作。

2. 占位符

占位符是指幻灯片中一种带有虚线或阴影线边缘的矩形框，幻灯片上占位符的排列称为布局。框内可以放置标题和正文。普通视图方式下，单击某对象占位符则弹出相应的对话框，完成对象的多种设置。

3. 版式

版式是指各种对象在幻灯片上的布局格式，是幻灯片的结构。版式由占位符构成，不同的占位符可以放置不同的对象，幻灯片版式确定了所包含的对象及对象之间的位置关系。PowerPoint 提供了 11 种不同类型的版式，单击工具栏上的幻灯片版式按钮可弹出如图 5.3 所示的版式列表，单击某一种版式即可完成对当前幻灯片版式的设置。

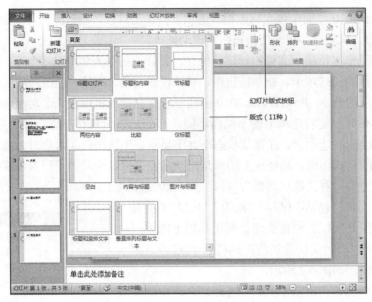

图 5.3 幻灯片版式 1

例如，选择"垂直排列标题与文本"版式，效果如图 5.4 所示。

图 5.4 幻灯片版式 2

4. 母版

母版记录了演示文稿中所有幻灯片的布局信息，如幻灯片的标题、文本的位置和格式、日期和时间、幻灯片编号和页脚等对象的位置与格式。当母版设置完成后，所作设置即成为幻灯片的默认样式，演示文稿中的每一张幻灯片都会采用与母版相同的结构和样式。

在 PowerPoint 中可以通过更改母版的格式来改变所有基于该母版的幻灯片的格式。单击"视图"选项卡上的工具按钮可打开"幻灯片母版"设计窗口（如图 5.5 所示）和"幻灯片母版"选项卡，以及设计母版所需工具按钮。

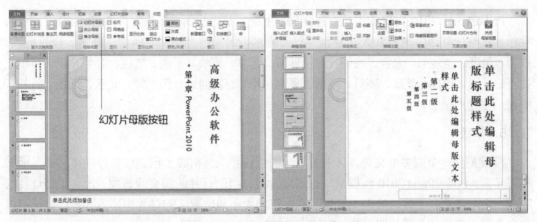

图 5.5　"幻灯片母版"设计窗口

母版有幻灯片母版、讲义母版和备注母版三种类型。幻灯片母版用于设置幻灯片的布局结构；讲义母版用于控制幻灯片以讲义的形式打印的格式，如增加页码、页眉和页脚，设置打印一页时包括的幻灯片数量等；备注母版用来设置幻灯片上备注文本的格式。

5．主题

主题是由颜色、字体和效果组合而成的一种设计方案。使用主题可以简化演示文稿的创建过程，设计出具有专业水准和统一风格的演示文稿。

打开"设计"选项卡，在"主题"组中列出部分可供选择的主题，如图 5.6 所示。单击右下角的下三角按钮，可列出全部的主题。若单击某一主题，则文稿中所有幻灯片都应用此主题。右键单击弹出快捷菜单，可选择"应用于所有幻灯片"或"应用于选定幻灯片"，也可以将其设置为默认主题。

图 5.6　幻灯片主题

　　PowerPoint 2010 内置的主题有：Office 主题、暗香扑面、奥斯汀、跋涉、波形、沉稳、穿越、顶峰、都市、凤舞九天、复合、行云流水、黑领结、华丽、活力、基本、极目远眺、技巧、角度、精装书、聚合、流畅、龙腾四海、茅草、模块、平衡、气流、时装设计、市镇、视点、透明、透视、凸显、图钉、网格、夏至、相邻、新闻纸、药剂师、元素、纸张、质朴、中性、主管人员等。

6. 模板

　　模板是指一个或多个文件，其中所包含的结构和工具构成了已完成文件的样式和页面布局等元素。PowerPoint 2010 模板是一张幻灯片或一组幻灯片的图案或蓝图，定义了幻灯片的版式、主题颜色、字体、效果、背景、占位符的大小和位置、幻灯片切换方式等，甚至可以包含内容。模板的文件扩展名为.potx。

　　利用模板，用户可以方便地设计出风格统一、思路清晰、逻辑更严谨的演示文稿，使用模板处理图表、文字、图片等内容也更方便。PowerPoint 提供有多种不同类型的 PowerPoint 内置免费模板，在微软网站和其他合作伙伴网站上也有很多免费模板供用户下载使用，用户也可以创建自定义的模板，然后存储、重用以及与他人共享。

7. 视图

　　PowerPoint 视图有普通视图、幻灯片浏览视图、备注页视图、幻灯片放映视图、阅读视图和母版视图。打开"视图"选项卡，可通过单击相应按钮来切换视图。

　　（1）普通视图。普通视图是 PowerPoint 的默认视图方式，最为常用。在工作区中一次只能显示一张幻灯片，用户可在该幻灯片中插入、编辑某种对象，设置其内容或格式。

　　（2）幻灯片浏览视图。幻灯片浏览视图以缩略图的形式显示演示文稿中的所有幻灯片。在这种视图下，用户可以在创建演示文稿以及准备打印演示文稿时，轻松地对演示文稿的顺序进行排列和组织，方便地完成移动、复制、删除幻灯片等操作。注意，在浏览视图方式下用户无法修改幻灯片的内容。

　　（3）备注页视图。用户可以在备注窗格中输入要应用于当前幻灯片的备注，当需要时可将备注打印出来并在放映演示文稿时进行参考。如果要以整页格式查看和使用备注，可在"视图"选项卡的"演示文稿视图"组中单击"备注页"按钮。

　　（4）幻灯片放映视图。幻灯片放映视图用于显示实际的放映效果，此时为满屏状态，无法对幻灯片中的对象进行编辑、格式设置等操作，按 Enter 键或单击鼠标可放映幻灯片，按 ESC 键可退出放映。

　　（5）阅读视图。阅读视图用于向用自己的计算机查看演示文稿的人员放映演示文稿。在阅读视图中，只显示标题栏、阅读区和状态栏，以窗口大小放映幻灯片内容。如果用户希望在一个设有简单控件以方便审阅的窗口中查看演示文稿，而不想使用全屏的幻灯片放映视图，也可以使用阅读视图，当需要更改演示文稿时，再切换至其他视图。

　　（6）母版视图。母版视图包括幻灯片母版视图、讲义母版视图和备注母版视图。它们是存储有关演示文稿的信息的主要幻灯片，其中包括背景、颜色、字体、效果、占位符大小和位置。在幻灯片母版、备注母版或讲义母版上，可以对与演示文稿关联的每个幻灯片、备注页或讲义的样式进行全局更改。

　　以上视图按顺序显示的样式如图 5.7 所示。

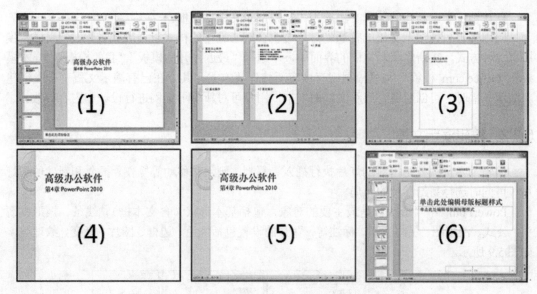

图 5.7　各种视图的不同效果

5.2　PowerPoint 2010 基本操作

PowerPoint 的基本操作包括创建演示文稿、编辑演示文稿、添加对象和插入超链接等。

5.2.1　创建演示文稿并设置模板

启动 PowerPoint 2010 时，窗口默认在普通视图中打开，打开"文件"菜单，单击"新建"命令，根据界面提示新建空白演示文稿，如图 5.8 所示。

图 5.8　新建空白演示文稿

默认情况下，新建的演示文稿应用"空白演示文稿"模板。

应用模板可使演示文稿的普通幻灯片中包含精心编排的样式以及版式设置。应用样本模板有多种方式，在新建演示文稿的界面中，可选择"最近打开的模板""我的模板""样本模板""Office.com 模板"和"根据现有内容新建"等方式。其中在已有演示文稿基础上创建新演示文稿时，可创建现有演示文稿的副本，用户可对新演示文稿进行设计和内容更改。

5.2.2　编辑演示文稿

编辑演示文稿就是指对幻灯片执行插入、复制、删除和移动等操作。插入和新建的幻灯片，可同时选择新幻灯片的布局。

PowerPoint 中"形状"是最主要的对象，包括基本形状（含文本框）、线条、矩形、箭头、公式、流程图、星与旗帜、标注等，背景的设置包括颜色、边框、图片、渐变、纹理等，如图 5.9 所示。

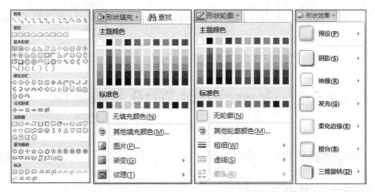

图 5.9　形状及其填充、轮廓、效果界面

形状填充中可选择颜色、图片、渐变、纹理（如图 5.10 所示）。其中"渐变"包括浅色变体、深色变体和其他渐变。纹理包括内置纹理和其他纹理。内置纹理有纸纱草纸、画布、斜纹布、编织物、水滴、纸袋、鱼类化石、沙滩、绿色大理石、白色大理石、褐色大理石、花岗岩、新闻纸、再生纸、羊皮纸、信纸、蓝色面巾纸、粉色面巾纸、紫色网格、花束、软木塞、胡桃、栎木、深色木质等。

图 5.10　形状填充（颜色、图片、渐变、纹理）

形状轮廓中可选择颜色、粗细、虚线、箭头，如图 5.11 所示。其中直接设置的"粗细"有 0.25、0.5、0.75，…，6（磅）。"虚线"按从上到下的顺序有：实线、圆点、方点、短划、短划-点、长划、长划-点、长划-点-点。当形状是"箭头"时，可设置为：箭头样式 1~箭头样式 11。

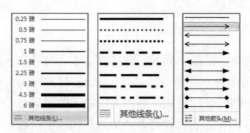

图 5.11　形状轮廓（粗细、虚线、箭头）

形状效果有预设、阴影、映像、发光、柔化边缘、棱台、三维旋转等，见图 5.9。

"预设"包括：预设 1~预设 12。"阴影"包括：外部（右下斜偏移、向下偏移、左下斜偏移、向右偏移、居中偏移、向左偏移、右上斜偏移、向上偏移、左上斜偏移）、内部（左上角、上方、右上角、左侧、居中、向右、左下角、下方、右下角）和透视（左上对角、右上对角、靠下、左下对角、右下对角）。

"映像"包括：紧密映像、半映像和全映像。每种映像又分为：接触、4pt 偏移量和 8pt 偏移量。

"发光"包括：发光变体、其他亮色。发光变体包括：水绿、金色、红色、绿色、褐色、靛蓝。每种颜色包括：5pt、8pt、11pt、18pt 的发光和强调文字颜色。

"柔化边缘"包括：内置 1、2.5、5、10、25、50 磅，共 6 种，用户也可自定义。

"棱台"内置有圆、松散嵌入、十字形、冷色斜面、角度、柔圆、凸起、斜面、草皮、棱纹、硬边缘、艺术装饰，共 12 种。

"三维旋转"包括：平行、透视和倾斜。"平行"内置有等轴左下、等轴右上、等长顶部朝上、等长底部朝下，离轴 1（左、右、上），离轴 2（左、右、上），共 10 种。"透视"内置有前、左、右、下、上、适度宽松、宽松、左向对比、右向对比、极左极大、极右极大，共 11 种。"倾斜"内置有上、下、左、右，共 4 种。具体可参考图 5.12。

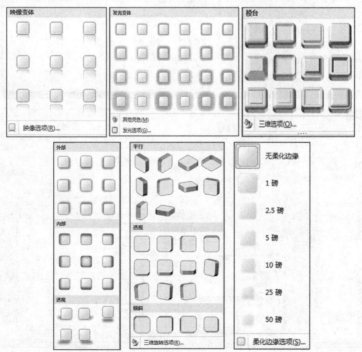

图 5.12　形状效果设置

5.2.3 插入对象

在幻灯片中可插入表格、图像、插图、链接、文本、符号和
媒体（包括音频、视频）等多种不同类型的对象。编辑幻灯片时，
若已经选择了包含占位符的幻灯片版式，则单击欲插入的对象可
完成插入操作，如图 5.13 所示。也可以打开"插入"选项卡，通
过选择使用如图 5.14 所示的分组中列出的对象按钮来插入对象。

图 5.13　占位符中的插入

图 5.14　"插入"选项卡

1. 插入超链接

PowerPoint 为幻灯片中的大部分对象（如文本、文本框、图形等）提供了超链接功能。
创建超链接可通过"插入"选项卡中的"链接"组中的"超链接"或"动作"命令实现，它
们具有类似效果。使用"超链接"命令方式链接到网页、邮件地址等较为方便，还可以设置
提示信息。图 5.15 是分别用"超链接"和"动作"命令完成一个相似的操作。

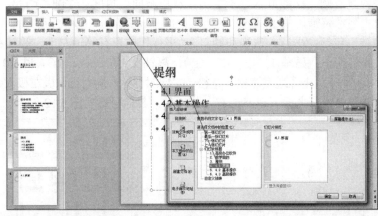

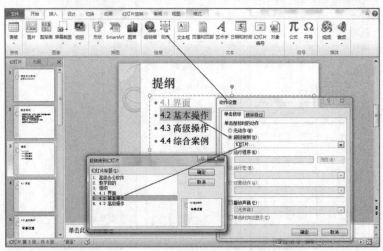

图 5.15　"超链接"和"动作"设置

PowerPoint 包含多个已经制作好的动作按钮，可以将其直接插入到幻灯片中并定义超链接。插入动作按钮的方法是选择"插入"选项卡"插图"组中的"形状"按钮，插入"动作按钮"，如图 5.16 所示。

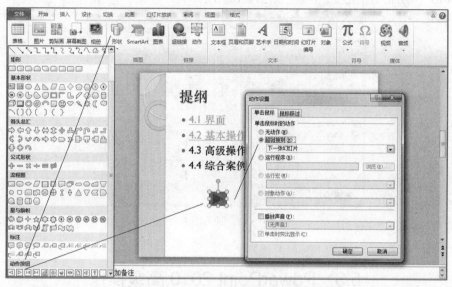

图 5.16　动作按钮

用"插入超链接"与"动作设置"对话框设置的超链接不同。"插入超链接"方式不能播放声音，但可以设置"屏幕提示"。放映时，当鼠标指针停在被链接的对象上，会变为手形图标"🖑"，并显示输入的提示文字。

删除超链接可选择"插入"→"超链接"命令，在弹出的"插入超链接"对话框中单击"删除链接"按钮即可。若要删除用"动作设置"方式创建的超链接，除了上述方式外，还可以右键单击对象，在弹出的快捷菜单中单击"取消链接"命令。

2. 插入 SmartArt 图形

SmartArt 图形是一系列重要的图形组合，表示文字、图形之间的各种关系，是制作高质量演示文稿的重要工具。SmartArt 图形包括列表、流程、循环、层次结构、关系、矩阵、棱锥图、图片等，如图 5.17 所示。

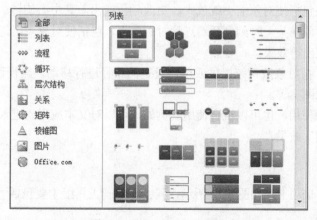

图 5.17　插入 SmartArt 图形

3. 插入图表

PowerPoint 2010 中也可以插入类似 Excel 2010 中的各种数据分析图表，其使用方法也和 Excel 2010 中的插入图表方法类似，如图 5.18 所示。

图 5.18　插入图表

5.3　PowerPoint 2010 高级操作

5.3.1　动画

1. 概念

动画是演示文稿的精华。通过给文本或对象添加特殊视觉或声音效果可以起到演示时突出重点、控制播放流程、提高趣味性等作用。用户可以将演示文稿中的文本、图片、形状、表格、SmartArt 图形和其他对象制作成动画，赋予它们进入、退出、大小变化、颜色变化、移动等视觉效果。

PowerPoint 2010 中有以下 4 组动画效果，包括进入、强调、退出和动作路径。

"进入"指对象进入幻灯片的效果，包括使对象逐渐淡入焦点、从边缘飞入幻灯片或者跳入视图中。

"强调"效果包括使对象缩小或放大、更改颜色或沿着其中心旋转。

"退出"指对象在某一时刻离开幻灯片时的效果，包括使对象飞出幻灯片、从视图中消失或者从幻灯片旋出等效果。

"动作路径"指对象按系统提供或用户设定的路径进行移动，路径可以是直线、曲线、任意多边形、特殊图案等。

动画可以单独使用，也可以组合使用。例如，可以对文本应用"进入"效果的同时加上放大的突出"强调"效果。

2. 设置动画

打开"动画"选项卡，如图 5.19 所示，其中的动画工具组主要包括"预览""动画""高级动画""计时"等。

图 5.19　动画工具组

（1）预览。"预览"工具可以查看动画设置的效果。

（2）动画。"动画"组中列举了常用动画效果，如图 5.20 所示。

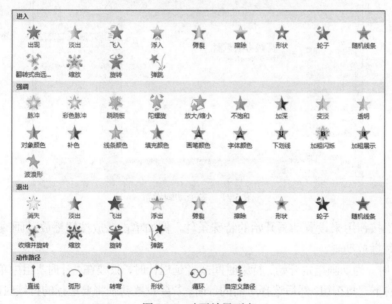

图 5.20　动画效果列表

　　在为对象添加动画时，如果没有看到所需的进入、退出、强调或动作路径动画效果，可从下面的列表中单击"更多进入效果""更多强调效果""更多退出效果"或"其他动作路径"等选项进行设置。

　　"更多进入效果"包括基本型（百叶窗、擦除、出现、飞入、盒状、阶梯状、菱形、轮子、劈裂、棋盘、切入、十字形扩展、随机线条、向内溶解、楔入、圆形扩展），细微型（淡出、缩放、旋转、展开），温和型（翻转式由远及近、回旋、基本缩放、上浮、升起、下浮、中心旋转）和华丽型（弹跳、飞旋、浮动、挥鞭式、基本旋转、空翻、螺旋飞入、曲线向上、玩具风车、下拉、字幕式）。

"更多强调效果"包括基本型（放大/缩小、填充颜色、透明、陀螺旋、线条颜色、字体颜色），细微型（变淡、补色、补色2、不饱和、对比色、对象颜色、画笔颜色、加粗闪烁、加深、脉冲、下划线），温和型（彩色脉冲、彩色延伸、跷跷板、闪现），华丽型（波浪形、加粗展示、闪烁）。

"更多退出效果"包括基本型（百叶窗、擦除、飞出、盒状、阶梯状、菱形、轮子、劈裂、棋盘、切出、十字形扩展、随机线条、向外溶解、消失、楔入、圆形扩展），细微型（淡出、收缩、缩放、旋转），温和型（回旋、基本缩放、上浮、收缩并旋转、下沉、下浮、中心旋转），华丽型（弹跳、飞旋、浮动、挥鞭式、基本旋转、空翻、螺旋飞出、玩具风车、下拉、向下曲线、字幕式）。

（3）高级动画。若要对同一对象应用多个动画效果，在"高级动画"组中，单击"添加动画"按钮，从中选择多个不同效果。单击"动画窗格"按钮可在窗口右侧打开"动画窗格"，在"动画窗格"中可以看到已经设置了动画效果的对象列表，并标有数字序号，其中，数字序号代表播放的顺序，用拖拽的方法可改变在放映时显示的先后顺序。图5.21中的标题1就设置了两个动画。

图5.21　多个动画设置

"触发"按钮用来设置动画开始的特殊条件，例如单击播放按钮播放动画或当播放媒体播放到书签时播放动画。

（4）计时。为动画指定开始、持续时间或者延迟计时，只要在"计时"组中单击"开始"列表框右侧的下三角按钮，然后选择所需的计时。若要设置动画将要运行的持续时间，可在"计时"组中的"持续时间"文本框中输入所需的秒数。若要设置动画开始前的延时，可在"计时"组中的"延迟"文本框中输入所需的秒数。

在将动画应用于对象或文本后，幻灯片上已制作成动画的项目会标上不可打印的编号标记，表示对象的动画播放顺序。若要对列表中的动画重新排序，可在"动画窗格"中选择要重新排序的动画，然后在"动画"选项卡的"计时"组中，选择"对动画重新排序"下的"向前移动"使动画在列表中另一动画之前发生，或者选择"向后移动"使动画在列表中另一动画之后发生。注意：仅当选择"动画"选项卡或"动画窗格"可见时，才会在"普通视图"中显示该标记。

除了上面介绍的4个动画效果组外，还有几个细化的动画窗格，具体如图5.22所示。

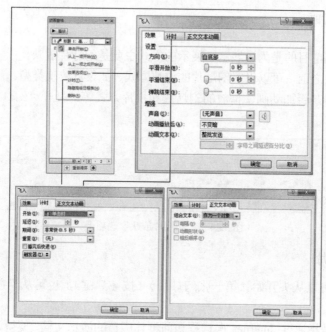

图 5.22　设置动画细节

5.3.2　设置幻灯片切换

　　幻灯片间的切换效果是指当一张幻灯片播放完毕后，切换到下一张幻灯片的过渡效果，如盒状收缩、横向棋盘式等。也可以形象地说，所谓幻灯片切换就是指一张幻灯片以何种形式出场。

　　打开"切换"选项卡，则出现幻灯片切换工具，如图 5.23 所示，在其中可设置幻灯片的切换类型、速度、声音、换片方式等切换效果。单击"全部应用"按钮可将当前演示文稿的所有幻灯片都设置成该切换效果。

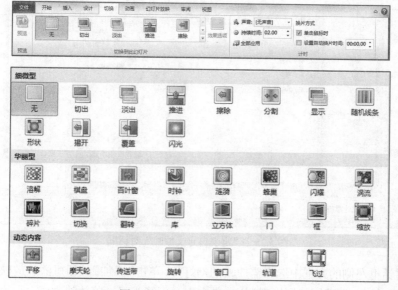

图 5.23　幻灯片切换及效果选项

5.3.3　幻灯片放映

制作演示文稿的目的是为了展示，展示的方式主要是幻灯片放映。

在幻灯片放映之前，可以设置幻灯片的放映方式，如设置放映类型、是否循环放映、是否加旁白、放映时是否加动画、播放的幻灯片和换片方式等。打开"幻灯片放映"选项卡，如图 5.24 所示。

图 5.24　"幻灯片放映"选项卡

1．放映幻灯片

幻灯片放映可以从头开始（第一张幻灯片）（按 F5 键），也可从当前幻灯片开始（按 Shift+F5 键）。

广播幻灯片是指通过 Internet 向远程访问群体广播的演示文稿，使得访问群体可以通过浏览器同步观看。

自定义幻灯片放映是用户自行确定放映哪些幻灯片和放映的顺序。单击"自定义幻灯片放映"按钮，则弹出"定义自定义放映"对话框，如图 5.25 所示。

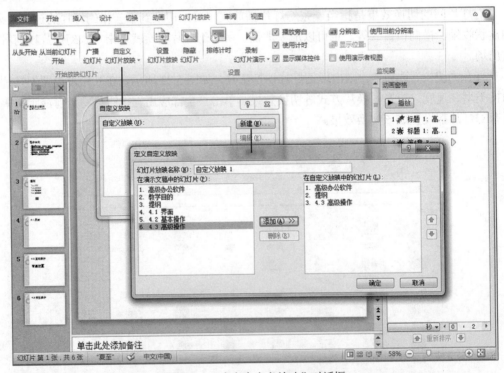

图 5.25　"定义自定义放映"对话框

在该对话框左侧的方框中选择需放映的幻灯片，单击"添加"按钮可添加放映的幻灯片，单击"删除"按钮可删除放映的幻灯片，单击上、下箭头可调整放映顺序。

2．排练计时

排练计时是指使用幻灯片计时功能记录放映每张幻灯片所需的时间，然后在放映时使用记录的时间自动播放幻灯片。排练计时适合在一些特殊场合下，如展览会场或放映演示文稿时不需人工干预而自动播放的场合。

单击"排练计时"按钮，弹出如图 5.26 所示的"录制"工具条。"录制"工具条左侧显示的时间是当前幻灯片的放映时间，右侧显示的时间是演示文稿的放映时间，"录制"工具条上的按钮从左到右依次为"下一张""暂停""重复"按钮。单击"下一张"按钮即记录下一张幻灯片的放映时间。单击工具条右上角的"关闭"按钮，在弹出的对话框中，单击"是"按钮，则保留新的幻灯片排练时间，单击"否"按钮则不保留使用的排练时间。

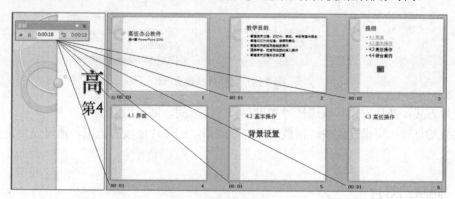

图 5.26　设置排练计时

从图 5.26 中可以看出每张幻灯片的时间都被记录下来，播放时换片方式除了手动之外也可设置为按"排练计时"方案播放。

3．设置放映方式

单击"设置幻灯片放映"按钮，打开如图 5.27 所示的对话框。

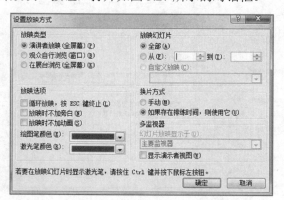

图 5.27　设置放映方式

通过该对话框可设置如下幻灯片放映方式。

放映类型：可以是"演讲者放映（全屏幕）""观众自行浏览（窗口）"或"在展台浏览（全屏幕）"等。

放映选项：设置是否循环放映、是否加旁白、是否加动画，以及绘图笔颜色和激光笔颜色。实际放映时按鼠标右键会有如图 5.28 左图所示的快捷菜单，在快捷菜单中可以设置指针选项。另外，可以在 PowerPoint 2010 中选择"文件"→"选项"菜单命令，打开"选项"对话框，其中的"高级"选项卡中也可以对幻灯片放映进行一些设置，例如是否退出时提示保留墨迹注释、是否以黑幻灯片结束等，如图 5.28 右图所示。

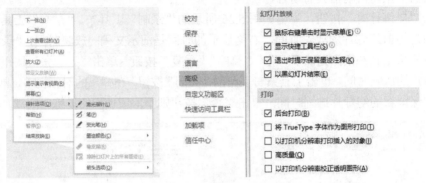

图 5.28　其他放映设置

换片方式：换片方式默认选择"如果存在排练时间，则使用它"。

放映幻灯片：可设置放映时播放"全部"或指定幻灯片播放的范围，也可设置是否"循环放映"。

5.3.4　隐藏幻灯片

如不希望演示文稿中的某张幻灯片放映时出现，可隐藏该幻灯片，单击"幻灯片放映"选项卡中"隐藏幻灯片"按钮，则在隐藏的幻灯片的旁边会显示图标，图标内部有幻灯片编号。隐藏的幻灯片仍然留在演示文稿中，它在放映该演示文稿时是隐藏的。用户可以对演示文稿中的任何幻灯片分别打开或关闭"隐藏幻灯片"选项。具体效果如图 5.29 所示。

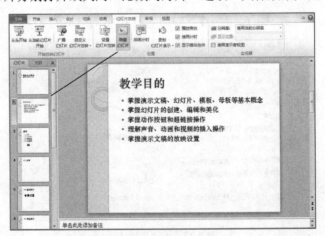

图 5.29　隐藏幻灯片

5.3.5　幻灯片的另存为、保存并发送

PowerPoint 2010 可以把演示文稿以多种形式保存或发送。打开"文件"菜单，单击"另

存为"命令，可以转换成多种格式保存文件，如图 5.30 左图所示，也可以单击"保存并发送"命令，把文件保存并发送为其他形式，如图 5.30 右图所示。

图 5.30　幻灯片另存为、保存并发送

5.4　综合案例

为了使读者阅读方便，将在以下案例的题干后面直接附上操作步骤。

5.4.1　课件制作

（1）在 PowerPoint 2010 中设计"演示文稿 1.pptx"，要求包含两张幻灯片，第 1 张幻灯片版式为"标题"，第 2 张幻灯片的版式为"标题和内容"，主题为"质朴"。效果如图 5.31 所示。

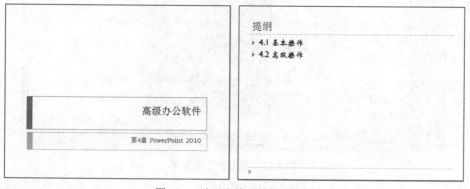

图 5.31　演示文稿 1 的版式设置

（2）在 PowerPoint 2010 中设计"演示文稿 2.pptx"，要求包含两张幻灯片，版式均为"标题和内容"，主题为"波形"。效果如图 5.32 所示。

图 5.32　演示文稿 2 版式设置

（3）将两个演示文稿中的所有幻灯片合并到"高级办公应用.pptx"中，要求所有幻灯片保留原来的格式。以后的操作均在文档"高级办公应用.pptx"中进行。

操作步骤如下：

① 关闭所有 PowerPoint 文档，新建演示文稿，如有自动创建的幻灯片，则删除。

② 打开"开始"选项卡，单击"新建幻灯片"按钮右下三角按钮，在展开的菜单中选择"重用幻灯片"命令。

③ 在"重用幻灯片"界面中，单击"浏览"按钮，选择"浏览文件"，找到"演示文稿1.pptx"文件，其中的两个幻灯片出现在窗口中，选择"保留源格式"复选框，单击两个幻灯片即可将其插入到新建演示文稿中，如图 5.33 所示。

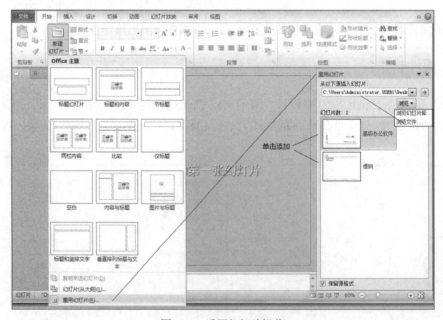

图 5.33　重用幻灯片操作

④ 同步骤③的操作，将"演示文稿 2.pptx"文件中的两张幻灯片保留源格式并插入到当前演示文稿中。

⑤ 保存演示文稿为"高级办公应用.pptx"，结果如图 5.34 所示。

图 5.34　插入已经存在的演示文稿中的幻灯片

（4）在"高级办公应用.pptx"的第 1 张幻灯片之后插入一张版式为"仅标题"的幻灯片，输入标题文字"教学目的"，在标题下方制作一张射线列表式关系图，样例参考"关系图素材及样例.docx"，文件内容如表 5.1 所示。

表 5.1　关系图素材及样例

标题文字	类型	具体内容
教学目的	了解	PowerPoint 系统的特点
	理解	演示文稿、幻灯片、模板、母版等基本概念
	掌握	幻灯片的创建、编辑、动作按钮、超链接、声音、动画和视频、放映

要求为该关系图添加适当的动画效果，要求同一级别的内容同时出现，不同级别的内容先后出现。

操作步骤如下：

① 插入幻灯片，设置其版式为"仅标题"，标题文字输入"教学目的"。

② 执行"插入→SmartArt"命令，选择"关系"类型中的射线列表，单击"确定"按钮，如图 5.35 所示。

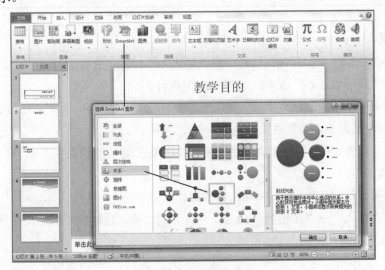

图 5.35　插入射线列表

③ 按上面的表格内容，编辑 SmartArt 图中的文字，如图 5.36 所示。

图 5.36　SmartArt 图中射线列表的文本编辑

（5）在第 5 张幻灯片后插入一张版式为"标题和内容"的幻灯片，在该张幻灯片中插入与素材"进度表.docx"文档中内容相同的表格，并为该表格添加适当的动画效果。"进度表.docx"的内容如表 5.2 所示。

表 5.2　进度表

序号	日期	内容
1	周一	4.1　基本操作
2	周三	4.2　高级操作
3	周五	4.2　高级操作

操作步骤如下：

① 在第 5 张幻灯片后新建幻灯片，修改版式为"标题和内容"，标题输入"进度表"

② 打开"进度表.docx"文档，复制表格中内容。

③ 在第 6 张新建的幻灯片中插入如表 5.2 所示的 4 行 3 列的表格，粘贴复制的内容，适当调整字体、表格大小，为表格设置动画，例如"浮入"。

（6）将第 4 张、第 5 张幻灯片分别链接到第 3 张幻灯片的相关文字上。

操作步骤如下：

① 选择第 3 张幻灯片，选中"4.1　基本操作"文字。

② 执行"插入"→"超链接"命令，在打开的"插入超链接"对话框中将选中的文字链接到第 4 张幻灯片，如图 5.37 所示。

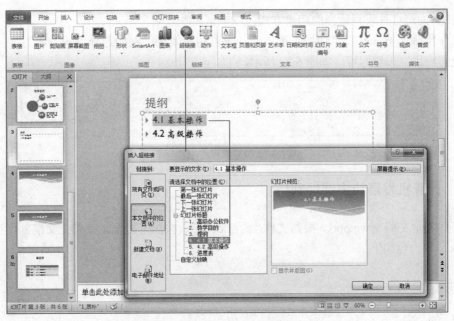

图 5.37　插入超链接

③ 用同样的方法，链接文字"4.2 高级操作"至第 5 张幻灯片。

（7）除标题页外，为幻灯片添加编号及页脚，页脚内容为"第 4 章　PowerPoint 高级应用"。

操作步骤如下：

① 单击"插入"选项卡中的"页眉和页脚"按钮，在打开的"页眉和页脚"对话框中进行设置，如图 5.38 所示。

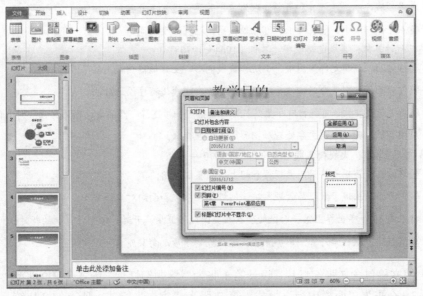

图 5.38　设置页眉和页脚

② 选中"幻灯片编号""标题幻灯片中不显示页脚"复选框，并在"页脚"文本框中输入页脚内容为"第 4 章　PowerPoint 高级应用"。

（8）为幻灯片设置适当的切换方式，以丰富放映效果。

操作步骤如下：打开"切换"选项卡，设置切换效果，例如选择"随机线条"，然后单击"全部应用"按钮即可，如图 5.39 所示。

图 5.39　幻灯片切换效果设置

5.4.2　计算机发展简史课件制作

打开演示文稿 yswg.pptx，根据文件"素材.docx"，按照下列要求完善此文稿并保存。"素材.docx"的内容如下：

计算机发展简史
计算机发展的四个阶段

1. 第一代计算机：电子管数字计算机（1946—1958 年）
- 硬件方面，逻辑元件采用电子管，主存储器采用汞延迟线、磁鼓、磁芯，外存储器采用磁带；
- 软件方面，采用机器语言、汇编语言；
- 应用领域，以军事和科学计算为主；
- 特点是体积大、功耗高、可靠性差、速度慢、价格昂贵。

2. 第二代计算机：晶体管数字计算机（1958—1964 年）
- 硬件方面，逻辑元件采用晶体管，主存储器采用磁芯，外存储器采用磁盘；软件方面出现了以批处理为主的操作系统、高级语言及其编译程序；
- 应用领域，以科学计算和事务处理为主，并开始进入工业控制领域；
- 特点是体积缩小、能耗降低、可靠性提高、运算速度提高。

3. 第三代计算机：集成电路数字计算机（1964—1970 年）
- 硬件方面，逻辑元件采用中、小规模集成电路，主存储器仍采用磁芯；
- 软件方面，出现了分时操作系统以及结构化、规模化程序设计方法；
- 特点是速度更快，可靠性有了显著提高，价格进一步下降，产品走向通用话、系列化和标准化；
- 应用领域，开始进入文字处理和图形图像处理领域。

4. 第四代计算机：大规模集成电路计算机（1970 年至今）
- 硬件方面，逻辑元件采用大规模和超大规模集成电路；
- 软件方面，出现了数据库管理系统、网络管理系统和面向对象语言等；
- 特点是 1971 年世界上第一台微处理器在美国硅谷诞生，开始了微型计算机的新时代；
- 应用领域，从科学计算、事务管理、过程控制逐步走向家庭。

（1）使文稿包含 7 张幻灯片，设计第 1 张为"标题幻灯片"版式，第 2 张为"仅标题"版式，第 3～6 张为"两栏内容"版式，第 7 张为"空白"版式。所有幻灯片统一设置背景样式，要求有预设颜色。

操作步骤如下：

① 插入新幻灯片（快速插入方法：在左侧幻灯片窗格，单击最后 1 张幻灯片，按 Enter

键即可插入新幻灯片），直到共 7 张幻灯片即可。

② 在幻灯片上单击鼠标右键，选择"版式"，进行版式设置：第 1 张设为"标题幻灯片"版式，第 2 张设为"仅标题"版式，第 3 到第 6 张设为"两栏内容"版式，第 7 张设为"空白"版式。

③ 在"设计"选项卡下"背景"组中单击"背景样式"下拉按钮，在弹出的下拉列表中选择"设置背景格式"，在弹出的对话框中选择"填充"选项卡，单击"渐变填充"单选按钮，单击"预设颜色"按钮，在弹出的下拉列表框中选择一种颜色，例如"羊皮纸"，最后单击"全部应用"按钮，如图 5.40 所示。

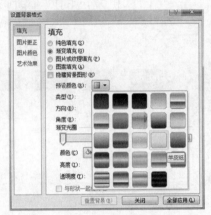

图 5.40　设置颜色

（2）第 1 张幻灯片标题为"计算机发展简史"，副标题为"计算机发展的四个阶段"；第 2 张幻灯片标题为"计算机发展的四个阶段"，在标题下面空白处插入 SmartArt 图形，要求含有 4 个文本框，在每个文本框中依次输入"第一代计算机"，……，"第四代计算机"，更改图形颜色，适当调整字体字号。

操作步骤如下：

① 选中第 1 张幻灯片，单击标题占位符，输入"计算机发展简史"，单击副标题占位符，输入"计算机发展的四个阶段"。

② 选中第 2 张幻灯片，单击标题占位符，输入"计算机发展的四个阶段"。单击"插入"选项卡下的 SmartArt 按钮，在弹出的对话框中，选择"流程"中的"基本流程"，单击"确定"按钮，如图 5.41 所示。

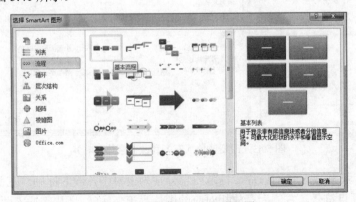

图 5.41　插入 SmartArt 流程图

由于默认只有 3 个文本框，选中其中一个文本框，在"SmartArt 工具-设计"选项卡下的"创建图形"组中单击"添加形状"，选择"在后面添加形状"，如图 5.42 所示。

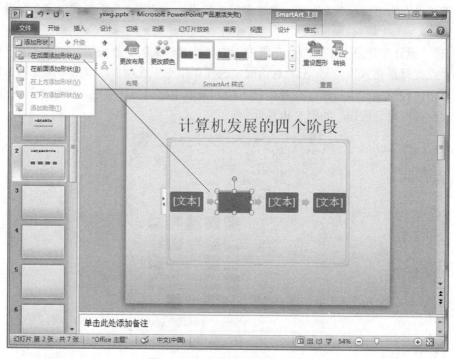

图 5.42　在流程图中添加文本框

在 4 个文本框中依次输入"第一代计算机"，……，"第四代计算机"。

单击"SmartArt 工具-设计"选项卡下的"更改颜色"，在弹出的对话框中可选择其中一种颜色，如"彩色"下的"彩色-强调文字颜色 2"。单击"开始"选项卡下的"字体"组的"对话框启动器"，在"字体"对话框中设置字体为"黑体"，大小为 20 号，如图 5.43 所示。

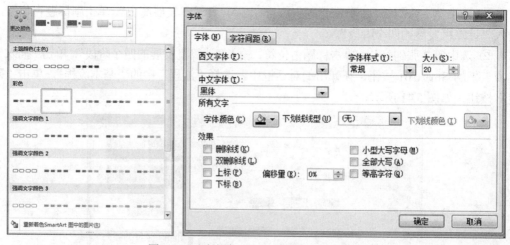

图 5.43　改变颜色（左）和改变字体（右）

（3）第 3 张至第 6 张幻灯片，标题内容分别为素材中各段的标题。左侧内容为各段的文字介绍，加项目符号，右侧为存放相对应的图片，第 6 张幻灯片需插入两张图片（"第四代计算机-1.jpg"在上，"第四代计算机-2.jpg"在下）。在第 7 张幻灯片中插入艺术字，内容为"谢谢!"。

操作步骤如下：

① 选中第 3 张幻灯片，单击标题占位符，输入"第一代计算机：电子管数字计算机（1946—1958 年）"，将素材中第一段文字复制粘贴到该幻灯片的左侧内容区，选中左侧内容文字，设置项目符号，例如带填充效果的大方型项目符号。在右侧文本区域单击"插入"选项卡下"图像"组中的"图片"按钮，在打开的对话框中选择文件"第一代计算机.jpg"，单击"打开"按钮，即可插入图片。

图片文件内容如图 5.44 所示。

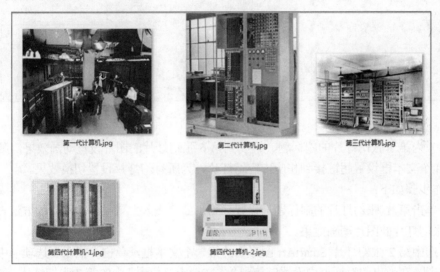

图 5.44　素材图片

② 其他几张幻灯片的操作与此类似，第 6 张幻灯片需插入两张图片（第四代计算机-1.jpg、第四代计算机-2.jpg），其中"第四代计算机-1.jpg"在上，"第四代计算机-2.jpg"在下，如图 5.45 所示。

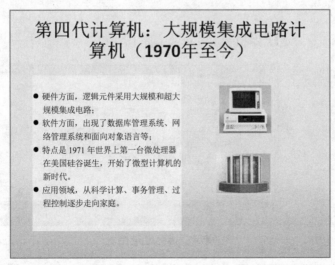

图 5.45　插入素材中的图片文件

（3）选中第 7 张幻灯片，单击"插入"选项卡下"文本"组中的"艺术字"按钮，选择一种样式（例如填充–橙色，强调文字颜色 6，轮廓–强调文字颜色 6，发光–强调文字颜色 6），输入文字"谢谢"，如图 5.46 所示。

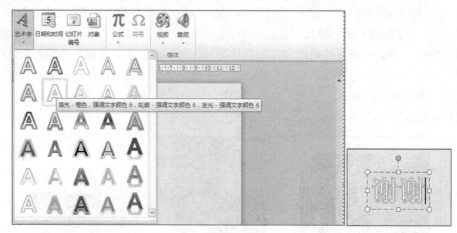

图 5.46　插入艺术字

（4）为第 1 张幻灯片的副标题、第 3 到第 6 张幻灯片的图片设置动画效果，第 2 张幻灯片的 4 个文本框设置超链接到相应内容幻灯片，为所有幻灯片设置切换效果。

操作步骤如下：

① 单击第 1 张幻灯片的副标题，设置动画，如"飞入"效果，用同样的方法设置第 3 到第 6 张幻灯片的图片动画效果。

② 选中第 2 张幻灯片 SmartArt 图形中的第一个文本框，单击"插入"选项卡中的"超链接"按钮，在弹出的对话框中设置链接到"本文档中的位置"中的第 3 张幻灯片，如图 5.47 所示。

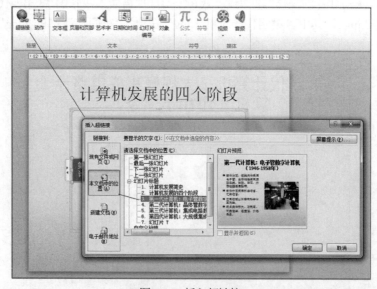

图 5.47　插入超链接

其他 3 个文本框设置超链接的方法与此类似，只需同此方法类似操作即可。

习　题

一、选择题

1. PowerPoint 2010 文件默认扩展名为（　　）。

A. doc　　　　　　　B. ppt　　　　　　　C. xls　　　　　　　D. pptx

2. PowerPoint 2010 有几种视图方式？（　　）

A. 5　　　　　　　　B. 4　　　　　　　　C. 3　　　　　　　　D. 2

3. PowerPoint 系统是一个（　　）软件。

A. 文稿演示　　　　B. 表格处理　　　　C. 图形处理　　　　D. 文字处理

4. 用户编辑演示文稿的主要视图是（　　）。

A. 幻灯片浏览视图　B. 幻灯片放映视图　C. 普通视图　　　　D. 备注页视图

5. 幻灯片中占位符的作用（　　）。

A. 表示文本的长度　　　　　　　　B. 为文本、图形预留位置

C. 表示图形的大小　　　　　　　　D. 限制插入对象的数量

6. 在幻灯片中插入声音后，幻灯片中会出现下列哪个按钮？（　　）

A.　　　　　　　　B.　　　　　　　　C.　　　　　　　　D.

7. 如果想在幻灯片中插入视频，可以选择（　　）选项卡。

A. 开始　　　　　　B. 视图　　　　　　C. 插入　　　　　　D. 设计

8. 在 PowerPoint 2010 中，不能完成对个别幻灯片进行设计或修饰的对话框是（　　）。

A. 幻灯片版式　　　B. 背景　　　　　　C. 应用设计模板　　D. 配色方案

9. 在幻灯片中插入艺术字，需要单击"插入"选项卡，然后在功能区的（　　）工具组中，单击"艺术字"按钮。

A. 文本　　　　　　B. 表格　　　　　　C. 图形　　　　　　D. 媒体剪辑

10. 在演示文稿中，插入超级链接中所链接的目标，不能是（　　）。

A. 同一演示文稿中的某一幻灯片　　B. 另一个演示文稿

C. 幻灯片中的某个对象　　　　　　D. 其他应用程序的文档

11. 下面的对象中，不能设置链接的是（　　）上。

A. 文本　　　　　　B. 剪贴画　　　　　C. 图形　　　　　　D. 背景

12. 如果在同一张幻灯片中为不同元素设置动画效果，应该使用"动画"工具组中（　　）按钮。

A. 幻灯片切换　　　B. 自定义动画　　　C. 自定义放映　　　D. 动作

13. 在"幻灯片切换"对话框中，允许设置的是（　　）。

A. 只能设置幻灯片切换的定时效果　　B. 只能设置幻灯片切换的视觉效果

C. 设置幻灯片切换的视觉效果和听觉效果　D. 设置幻灯片切换的听觉效果

14. 在 PowerPoint 中，停止幻灯片播放的按钮是（　　）。

A. Enter　　　　　　B. Ctrl　　　　　　C. Esc　　　　　　　D. Shift

15. 在 PowerPoint 中，可以改变单个幻灯片背景的（　　）。

A. 颜色和底纹　　　B. 灰度、纹理和字体　C. 图案和字体　　　D. 颜色、纹理和图案

16. 打印演示文稿时，如在"打印内容"栏中选择"讲义"，则每页打印纸上最多能输出（　　）张幻灯片。

A. 2　　　　　　　　B. 4　　　　　　　C. 6　　　　　　　D. 8

二、填空题

1. PowerPoint 程序默认的动画播放开始于_____时。

2. 可以利用 PowerPoint 的_____功能来实现幻灯片的分组放映。

3. 在演示文稿的打包文件夹中，双击_____或者_____文件可以播放演示文稿。

4. _____是一种带有虚线边缘的框，绝大部分幻灯片版式中都有这种框。

5. 应用 PowerPoint 2010 的超级链接功能，可以跳转到_____、_____和_____。

6. 直接按_____键就可放映幻灯片。

三、简答题

1. PowerPoint 中有哪几种视图？各有什么作用？

2. 简述图表的操作步骤。

3. 简述 PowerPoint 的主要功能。

4. PowerPoint 的窗口由哪些部分组成？

5. 简述 PowerPoint 创建空幻灯片的过程。

6. 简述演示文稿的打包步骤。

四、操作题

请按下面要求操作：

1. 在以"自己姓名+学号"命名的文件夹中根据自己所学专业的特点、应用领域等方面建立名为 xxx.pptx 演示文稿文件（例如：张三同学的 pptx 文件名称是"张三.pptx"）。

2. 演示文稿文件共包含 3 张幻灯片。要求第 1 张幻灯片为标题幻灯片，输入所学专业名称，个人基本信息（班级、学号、姓名）。其他内容以及幻灯片的背景、格式等自定。

3. 第 2 张幻灯片介绍所学专业特点，第 3 张幻灯片包含所学专业的基本应用方向和应用领域。

4. 第 2、第 3 张幻灯片应包含图片（艺术字）等相关对象，并设置动画效果。

5. 要求标题文本框"从中部向左右"展开，幻灯片切换效果为中速"水平百叶窗"。

第 6 章　计算机网络与网络安全

📝 学习目标

● 理解计算机网络的基本概念，包括计算机网络的发展、定义、功能，计算机网络的硬件组成，计算机网络的拓扑结构、计算机网络的分类；
● 了解 Internet 在中国的发展，Internet 的连接方式；
● 掌握 IE 的使用，URL，IP 地址，域名，收发电子邮件，文件下载；
● 熟悉超文本及传输协议，Internet 地址的分配与管理。

6.1　计算机网络概述

计算机网络技术是计算机技术和通信技术相结合的产物，随着计算机网络的普及和网络技术的飞速发展，人们的生活越来越离不开计算机网络，人们通过网络来获取各种信息并进行相互交流，网络技术已经渗透到生活的方方面面，改变着人们的学习、工作和生活方式。然而，网络的广泛应用对社会发展起到正面作用的同时，也必然会产生负面影响。无论在计算机上存储和使用，还是在信息社会被传递，信息都有可能被泄露，导致一系列可怕后果。因此，学习网络的基础知识，掌握 Internet 的基本使用方法，了解信息安全知识成为当前计算机知识学习中一个必需的重要方面。本章主要介绍计算机网络的基础知识和一些常用的网络应用及信息安全技术。

6.1.1　计算机网络的定义和发展

计算机网络发展至今，相关领域的研究者提出了多种对计算机网络不同的定义，其中认可度较高的一个定义是：利用通信线路将地理上分散的、具有独立功能的计算机系统和通信设备按不同的形式连接起来，以功能完善的网络软件及协议实现资源共享和信息传递的系统。从整体上来说计算机网络就是把分布在不同地理区域的计算机与专门的外部设备用通信线路互连成一个规模大、功能强的系统，从而使众多的计算机可以方便地互相传递信息，共享硬件、软件、数据信息等资源。简单来说，计算机网络就是由通信线路互相连接的许多自主工作的计算机构成的集合体。

网络的形成和发展始于 20 世纪 50 年代，这一时期计算机技术正处于第一代电子管计算机向第二代晶体管计算机的过渡期。通信技术经过几十年的发展也已经初具雏形了，网络发展的理论基础基本形成。

20 世纪 60 年代，网络发展进入第二个阶段。在 1969 年，美国国防部高级研究计划管理局（Advanced Research Projects Agency, ARPA），把 4 台军事及研究用计算机主机连接起来，于是 ARPANET 网络诞生了。可以说 ARPANET 是计算机网络发展中的一个最为重要的里程碑之一，是当前 Internet 的雏形。

20 世纪 70 年代中期至 80 年代是网络发展的第三个阶段。在这一时期，随着计算机技术的快速发展，出现了个人计算机。各种局域网以及广域网技术迅速地发展了起来，尤其是各大计算机生产厂商也开始发展自己的计算机网络系统。这个时期提出了最重要的适用于异构网络的 TCP/IP 协议，产生了真正意义上的 Internet。

进入 20 世纪 90 年代，计算机技术、通信技术以及建立在互连计算机网络技术基础上的计算机网络技术得到了迅猛的发展。特别是 1993 年美国宣布建立国家信息基础设施（National Information Infrastructure，NII）后，全世界许多国家纷纷制订和建立本国的 NII，从而极大地推动了计算机网络技术的发展，使计算机网络进入一个崭新的阶段，这就是计算机网络互连与高速计算机网络阶段。目前，全球以 Internet 为核心的高速计算机互连网络已经形成，Internet 已经成人类最重要的、最大的知识宝库。网络互连和高速计算机网络就成为第四代计算机网络。

6.1.2　计算机网络的功能

计算机网络的功能有很多，其中最主要的功能有资源共享、数据通信、分布处理。

（1）资源共享。计算机网络最重要的功能是资源共享。"共享"是指网络中的用户能够全部或部分享受资源，包括数据、软件和硬件。硬件资源包括计算机的处理能力、存储能力、外部设备（如打印机）以及网络信道带宽。资源共享打破了地理位置上的约束，用户使用千里之外的资源就像使用本地资源一样。

（2）数据通信。数据通信是计算机网络最基本的功能。计算机网络可以实现网络上的计算机与计算机之间的各种文件及信息的传送。

（3）分布处理。分布处理是指网络系统中若干台计算机可以互相协作共同完成一个任务。当某台计算机资源有限，或负担过重时，网络可将新任务转交给空闲的计算机来完成，这样能均衡各计算机的负载，提高问题处理的及时性；对于复杂的综合性问题，可将问题分成几个部分分别交给网络中多台计算机分头处理，处理效率能得到大大提高。

6.1.3　计算机网络的分类

计算机网络分类有多种方法，可以按网络覆盖的地理范围、拓扑结构、使用范围等不同的角度进行分类。

1. 按网络覆盖的地理范围来划分

按网络覆盖的地理范围来划分，计算机网络可分为局域网、城域网和广域网三类。

（1）局域网（Local Area Network，LAN）。局域网是在一个局部地区范围内（一般位于一栋建筑物或一个单位内），利用专用通信线路把计算机及各种设备互连起来组成的计算机网络，是最常见并且应用最广泛的一种网络。局域网内传输速率较高，出错率低，结构简单容易实现。

（2）城域网（Metropolitan Area Network，MAN）。城域网指地理范围覆盖在一个城市的计算机网络，通信距离大约在几十公里的范围内。如目前城市中常见的宽带城域网，就是以光纤作为传输媒介，集数据、语音、视频服务于一体的高带宽、多功能、多业务接入的多媒体通信网络。

（3）广域网（Wide Area Network，WAN）。广域网是远距离的网络，分布范围通常为几百公里到几千公里或更远，是一种跨地区、国家的远程网。我们平常讲的 Internet 网实际上就是最大、最典型的广域网。

2．按网络拓扑结构来划分

按网络拓扑结构来分，常见的计算机网络有总线型网络、星型网络、环型网络、树型网络和网型网络。网络拓扑结构是指网络中的线路和节点的几何或逻辑排列关系，它反映了网络的整体结构及各模块间的关系。

（1）总线型网络。总线型拓扑结构是用一根传输线路作为骨干传输介质，网络上全部站点都是通过一定的接口连接到这一根总线上。其特点是网络中任何一个点出现故障，都会导致整个网络的故障，甚至瘫痪。在任一时刻点上，只允许一个节点发送信息，其他节点处于接收状态，并且都能接收到数据包，如图 6.1 所示。

（2）星型网络。星型网络是由中央节点和通过点-点链路接到中央节点的各站点组成，站点间的通信必须通过中央节点进行。星型结构的特点是整个网络对中心节点的依赖程度高，而其他各站点的通信处理负担都很小。其缺点也是显而易见的，即中心节点如果出故障会引起全网故障，甚至瘫痪，如图 6.2 所示。

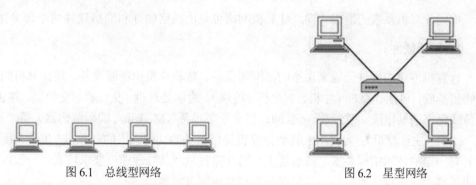

图 6.1　总线型网络　　　　　　　　　　　图 6.2　星型网络

（3）环型网络。环型网络拓扑结构通过一根电缆串行连接起来各站点，形成一个闭环，网络中的信息在该环中传递。该网络结构的缺点是某个节点出故障会造成全网瘫痪，如图 6.3 所示。

（4）树型网络。事实上，树型网络是星型网络的一种变体，其特点是绝大多数节点是通过次级中央节点连到中央节点上，其结构如图 6.4 所示。

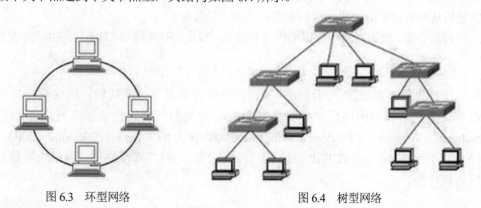

图 6.3　环型网络　　　　　　　　　　　图 6.4　树型网络

（5）网型网络。网型网络是指网络中的每一个节点都与其他节点有一条专业线路相连，无固定形状。该类型网络广泛用于广域网中，如图6.5所示。

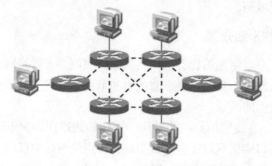

图6.5　网型网络

另外，计算机网络还要其他的分类方法。例如，按传输介质分类，可以分为有线网和无线网；按传输速率分类，传输速率快的称为高速网，传输速率慢的称为低速网。

6.1.4　计算机网络的组成

如同计算机系统的组成一样，计算机网络也是由网络硬件和网络软件两个部分组成的。

1. 网络硬件

计算机网络的硬件一般来说指的是网络设备、传输介质和资源设备，是计算机网络系统的物质基础，包括计算机（主机、客户机、终端）、通信处理机（集线器、交换机、路由器）、通信线路（同轴电缆、双绞线、光纤）、信息变换设备（Modem，编码解码器）等。

主机（主计算机）：为网络上其他计算机提供服务的功能强大的计算机，也称为服务器。对其有一定的技术指标要求，特别是主、辅存储容量及其处理速度要求较高。一般可分为文件服务器、应用程序服务器、打印服务器和通信服务器等。

客户机（工作站）：连接到网络节点上的，向服务器发出请求的主计算机称为工作站，也称为客户机。它是网络数据主要的发生场所和使用场所，用户主要是通过使用工作站来利用网络资源并完成自己作业的。

网络接口卡：简称网卡，用来连接主机和传输介质。

传输介质：网络中的节点通过传输介质进行信息传输，分为有线介质和无线介质两种。常见的传输介质有双绞线、同轴电缆、光缆、微波等。

通信设备：负责网络中数据的传送和转发，常见的有集线器（Hub）、路由器、交换机等。

2. 网络软件

计算机网络系统除了网络硬件外，网络软件也是不可或缺的。网络软件是网络的组织管理者，可以向网络用户提供各种服务。常见的网络软件包括：网络操作系统（如Netware，Windows NT Server，Windows 2000/2003/2008 Server，Windows 2003，Linux，Unix）、网络协议（如TCP/IP协议、FTP协议等）、网络管理软件、网络通信软件、网络应用软件等。

6.2　计算机网络体系结构与协议

通过通信信道和设备互连起来的多个不同地理位置的计算机系统是一个十分复杂的系统，它涉及计算机技术、通信技术等多个领域。在这个系统中，由于计算机型号不一，终端类型各异，加之线路类型（固定线路或交换线路）、连接方式（点对点或多点）、同步制度（同步或异步）、通信方式（全双工或半双工）的不同，给网络中各节点间的通信带来许多不便。一个庞大又复杂的计算机网络要可靠地运行，网络中的各个部分必须遵守一套合理而严谨的管理规则。网络体系结构（Network Architecture）是为了完成计算机间的协同工作，把计算机间互连的功能划分成具有明确定义的层次，规定了同层次进程通信的协议及相邻层之间的接口服务。网络体系结构是网络各层及其协议的集合，所研究的是层次结构及其通信规则的约定。

6.2.1　OSI 体系结构模型

OSI（Open System Interconnection Reference Model，开放系统互连参考模型）是 1981 年在国际标准化组织（ISO）的建议下，为了解决不同网络系统的互联而提出的模型。"开放系统"的含义是指任意异构的网络系统，只要是同时遵守 OSI 的协议标准，则这些异构的系统就能够实现通信。OSI 参考模型用于对各层的协议进行标准化规范，实现将不同厂商的网络硬件设备或网络软件连接起来。

1. OSI/RM 层次结构模型

OSI/RM 整个网络按照功能划分成 7 个层次，如图 6.6 所示。

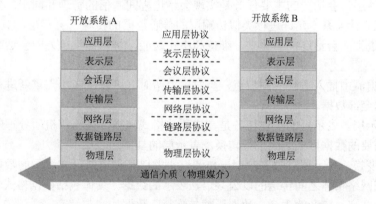

图 6.6　OSI/RM 结构示意图

OSI/RM 的最高层为应用层，面向用户提供应用服务；最低层为物理层，连接通信媒介实现数据传输。层与层之间的联系是通过各层之间的接口进行的，上层通过接口向下层提出服务请求，而下层通过接口向上层提供服务。两个用户计算机通过网络进行通信时，除物理层之外，其余各对等层之间均不存在直接的通信关系，而是通过各对等层的协议进行通信。比如，两个对等的网络层使用网络层协议通信，只有两个物理层之间才通过媒介进行真正的数据通信。

2. OSI/RM 各层的功能

OSI 参考模型是一个在制定标准时所使用的概念性框架，没有确切地描述用于各层的协议和服务，也没有提供一个可以实现的方法，它仅仅告诉我们每一层应该做什么。不过，ISO 已为各层制定了标准，但它不是参考模型的一部分，而是作为独立的国际标准公布的。

（1）物理层。定义了为建立、维护和拆除物理链路所需的机械的、电气的、功能的和规程的特性，其作用是使原始的数据比特流能在物理媒介上传输。具体涉及接插件的规格，0、1 信号的电平表示，收发双方的协调等内容。

（2）数据链路层。比特流被组织成数据链路协议数据单元（帧）进行传输，实现二进制正确地传输。将不可靠的物理链路改造成对网络层来说无差错的数据链路。数据链路层还要协调收发双方的数据传输速率，即进行流量控制，以防止接收方因来不及处理发送方发来的高速数据而导致缓冲器溢出及线路阻塞。

（3）网络层。数据以网络协议数据单元（分组）为单位进行传输。主要解决如何使数据分组跨越各个子网从源地址传送到目的地址的问题，这就需要在通信子网中进行路由选择。另外，为避免通信子网中出现过多的分组而造成网络阻塞，需要对流入的分组数量进行控制。当分组要跨越多个通信子网才能到达目的地时，还要解决网际互连的问题。

（4）传输层。传输层的主要任务是完成同处于资源子网中的源主机和目的主机之间的连接和数据传输，具体功能是：

① 为高层数据传输建立、维护和拆除传输连接，实现透明的端到端数据传送。

② 提供端到端的错误恢复和流量控制。

③ 信息分段与合并，将高层传递的大段数据分段形成传输层报文。

④ 考虑复用多条网络连接，提高数据传输的吞吐量。

传输层主要关心的问题是建立、维护和中断虚电路、传输差错校验和恢复以及信息流量控制等。它提供"面向连接"（虚电路）和"无连接"（数据报）两种服务。

（5）会话层。会话层的主要任务是实现会话进程间通信的管理和同步，允许不同机器上的用户建立会话关系，允许进行类似传输层的普通数据的传输。会话层的具体功能如下：

① 提供进程间会话连接的建立、维持和中止功能，可以提供单方向会话或双向同时进行会话。

② 在数据流中插入适当的同步点，当发生差错时，可以从同步点重新进行会话，而不需要重新发送全部数据。

（6）表示层。表示层的主要任务是完成语法格式转换，在计算机所处理的数据格式与网络传输所需要的数据格式之间进行转换。表示层的具体功能如下：

① 语法变换。表示层接收到应用层传递过来的以某种语法形式表示的数据之后，将其转变为适合在网络实体之间传送的以公共语法表示的数据。具体包括数据格式转换，字符集转换，图形、文字、声音的表示，数据压缩与恢复，数据加密与解密，协议转换等。

② 选择并与接收方确认采用的公共语法类型。

③ 表示层对等实体之间连接的建立、数据传输和连接释放。

（7）应用层。应用层是 OSI 模型的最高层，是计算机网络与用户之间的界面，由若干个应用进程（或程序）组成，包括电子邮件、目录服务、文件传输等应用程序。

OSI 提供的常用应用服务如下：

① 目录服务。目录服务记录网络对象的各种信息，提供网络服务对象名字到网络地址之间的转换和查询功能。

② 电子邮件。电子邮件提供不同用户间的信件传递服务，自动为用户建立邮箱来管理信件。

③ 文件传输。文件传输包括文件传送、文件存取访问和文件管理功能。

④ 作业传送和操作。其主要任务是：将作业从一个开放系统传送到另一个开放系统执行；对作业所需的输入数据进行定义；将作业的结果输出到任意系统；对作业进行监控等。

⑤ 虚拟终端。虚拟终端是将各种类型实际终端的功能一般化、标准化后得到的终端类型。

6.2.2　TCP/IP 参考模型

1．TCP/IP 协议

美国国防部高级研究计划局（ARPA）从 20 世纪 60 年代开始致力于研究不同类型计算机网络之间的相互连接问题，并成功开发出了著名的传输控制协议/网际协议（TCP/IP 协议）。TCP/IP 协议具有如下的特点：

（1）开放的协议标准：可以免费使用，并且独立于特定的计算机硬件与操作系统。

（2）独立于特定的网络硬件：可以运行在局域网、广域网，更适用于互联网中。

（3）统一的网络地址分配方案：使得整个 TCP/IP 设备在网中都具有唯一的 IP 地址。

（4）标准化的高层协议：可以提供多种可靠的用户服务。

2．TCP/IP 的结构模型

TCP/IP 参考模型分为四层：应用层、传输层、网络层、网络接口层。TCP/IP 的结构与 OSI 结构的对应关系如图 6.7 所示。

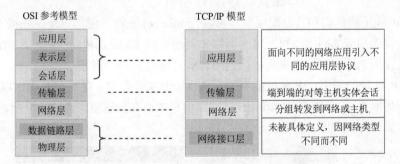

图 6.7　TCP/IP 的结构与 OSI 结构的对应关系

TCP/IP 参考模型各层功能如表 6.1 所示。

表 6.1　TCP/IP 各层功能和主要协议

各层及其主要协议	各层功能
网络接口层	物理层是定义物理介质的各种特性：机械特性、电子特性、功能特性、规程特性
主要协议：Ethernet 802.3、Token Ring 802.5、X.25、Frame relay、HDLC、PPP ATM	数据链路层是负责接收 IP 数据报并通过网络发送，或者从网络上接收物理帧，抽出 IP 数据报，交给 IP 层
网络层	负责相邻计算机之间的通信。转发分组称为数据报，其中必须包括收发双方的 IP 地址
主要协议：IP、ICMP、ARP、RARP	

续表

各层及其主要协议	各层功能
传输层 主要协议：TCP、UDP	提供应用程序间的通信。其功能包括：格式化信息流、提供可靠传输。转发分组为 UDP 数据报和 TCP 报文段，其中包括应用程序对应的端口
应用层 主要协议：FTP、TELNET、DNS、SMTP、NFS、HTTP	向用户提供网络服务。例如提供一些常用的应用程序，如电子邮件、文件传输访问、远程登录等

3．IP 地址和域名

在日常生活中，通信双方借助于彼此的地址和邮政编码进行信件的传递。Internet 中的计算机通信与此相类似，网络中的每台计算机都有一个网络地址，发送方在要传送的信息上写上接收方计算机的网络地址信息才能通过网络传递到接收方。

（1）IP 地址的定义和组成。IP 地址是 IP 协议提供的一种地址格式，它为 Internet 上的每一个网络和每一台主机分配一个网络地址，以此来屏蔽物理地址的差异，是运行 TCP/IP 协议的唯一标识。IP 地址有两种表示格式：二进制格式和十进制格式。二进制格式 IP 地址为 32 位，分为 4 个 8 位二进制数。十进制格式的 IP 地址是由 4 组十进制数字表示。一般以 4 个字节表示，每 8 位二进制数用一个十进制数表示（即每个字节的数的范围是 0~255），并以小圆点分隔，且每个数字之间用点隔开，例如：210.45.176.3。这种记录方法称为"点分十进制"法。IP 地址的结构如下：

IP 地址=网络地址+主机地址

按照 IP 地址的结构和其分配原则，可以在 Internet 上很方便地寻址：先按 IP 地址中的网络标识号找到相应的网络，再在这个网络上利用主机 ID 找到相应的机器。由此可看出 IP 地址并不仅仅用来标识某一台主机，而且隐含着网络间的路径信息。

（2）IP 地址的类型。IP 地址的类型有 A 类、B 类、C 类、D 类和 E 类，以适合不同容量的网络。其中 A、B、C 三类由 Internet 网络信息中心在全球范围内统一分配，D、E 类为特殊地址。具体分类如图 6.8 所示。

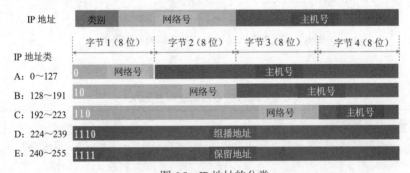

图 6.8　IP 地址的分类

（3）域名。IP 地址可以唯一地标识 Internet 上的一台主机，但是，对用户来说，要记住和直接使用 IP 地址数字是一件非常困难的事。为了使用和记忆方便，Internet 从 1984 年开始采用域名管理系统（Domain Name System，DNS）。采用域名系统的网络中，连接入网的每台主机都可以有一个类似如下形式的域名。

主机名. 网络名.机构名.顶级域名

域名采用分层次方法命名，子域名之间用点号分隔，从左至右分别为主机名、网络名、机构名、顶级域名。例如，computer.ahau.edu.cn，其中 computer 表示主机名，ahau 表示安徽农业大学，edu 表示中国教育科研网，cn 为顶级域名，表示中国。

域名中最右边的部分叫顶级域名，可以分为两类：代表机构的机构性顶级域名及代表国家和地区的地理性顶级域名。因为 Internet 发源于美国，因此最开始的顶级域名只有机构性顶级域名，如.com 表示商业机构。随着 Internet 在全球的发展，顶级域名增加了地理性顶级域名，如 cn 表示中国，hk 表示中国香港。

一般情况下，域名和 IP 地址是一一对应的。有时域名对应的 IP 地址经常变换。Internet 中的所有域名在寻找路径过程中，要转换为相应的 IP 地址，这一过程称为域名解析，它由域名解析服务器来完成。实际上，可以认为是由于 IP 地址难以记忆，所以用域名代替 IP 地址。

（4）子网掩码。子网掩码能分出 IP 地址中哪些位是网络 ID，哪些位是主机 ID。通过它和 IP 地址进行按位"逻辑与（AND）"运算，可以屏蔽掉 IP 地址中的主机部分，得到 IP 地址的网络 ID。子网掩码的另一个作用是将一个网络 ID 再划分为若干个子网，以解决网络地址不够的问题。

（5）IPv6 协议。IPv6 地址长度为 128 位，有三种格式表示，即首选格式、压缩格式和内嵌格式。

① 首选格式：在 IPv6 中，128 位地址采用每 16 位一段，每段被转换成 4 位十六进制数，并用"："分隔，结果用所谓的"冒号十六进制数"来表示。例如二进制格式的 IPv6 地址：

0010000111011010 0000000011010011 0000000000000000 0010111100111011

0000001010101010 0000000011111111 1111110001010000 1001110001011010

将每个 16 位段转换成十六进制数字，用"："分隔，结果为：

21DA:00D3:0000:2F3B:02AA:00FF:FE28:9C5A

② 压缩格式：用 128 位表示地址时往往会含有较多 0，甚至一段全为 0，可将不必要的 0 去掉，即把每个段中开头的零删除。这样，上述地址就可以表示为：21DA:D3:0:2F3B:2AA:FF:FE28:9C5A。

其实还可以进一步简化 IPv6 地址的表示，"冒号十六进制数"格式中被设置为 0 的连续 16 位信息段可以被压缩为::（即双冒号）。

例如，EF70:0:0:0:2AA:FF:FE9A:4CA2 可以被压缩为：EF70::2AA:FF:FE9A:4CA2。

③ 内嵌格式：这是作为过渡机制中使用的一种特殊表示方法。IPv6 地址的前面部分使用十六进制表示，而后面部分使用 IPv4 地址的十进制表示。例如：

0:0:0:0:0:0:192.168.1.201 或::192.168.1.201

0:0:0:0:0:0:ffff:192.168.1.201 或::ffff:192.168.1.201

总之，IPv6 与 IPv4 相比，在地址空间、地址设定、路由地址构造、安全保密性、网络多媒介等方面有了明显的改进和提高。随着 IPv6 网络的普及，IPv6 地址将逐渐取代 IPv4 地址。

6.3　局域网与网络互连设备

6.3.1　局域网概述

局域网属于计算机网络中的一种，具有计算机网络的性能，有自己的特点和类型。随着网络技术的不断发展，网络设备的价格不断降低，性能不断提高，为局域网的发展提供了良好的物质基础。同时现代社会对信息资源的需求，也促使局域网技术迅猛发展。

在计算机网络发展过程中，局域网技术占据着非常重要的地位。1972 年，Bell（贝尔）公司提出了两种环型局域网技术。1975 年，美国 Xerox 公司推出了 Ethernet（以太网），它的问世是局域网发展历史上的里程碑。1980 年，DEC、Inter 和 Xerox（DIX）共同制定了 10Mb/s 以太网的物理层和链路层标准规范，即 Ethernet V1.0 以太网规范。1983—1984 年，IEEE 802 委员会，正式制定并颁发了 IEEE 802.3 以太网标准，这个标准被称为标准以太网（10BASE-5）。1995 年 6 月，通过了 100BASE-T 快速以太网标准 IEEE 802.3u，其带宽提高到标准以太网的 10 倍。

1．局域网的特点

局域网（Local Area Network，LAN）是在小范围内将许多设备连接在一起，并进行数据通信的计算机通信网络。一般可以定义为在有限的距离内（在一幢建筑物或几幢建筑物中）将计算机、终端机和各种外设用传输线路连接起来进行高速数据传输的通信网。

一般来讲，局域网都具有以下特点。

（1）有限的地理范围（一般在 10 米到 10 公里之内）。典型的应用为联网的计算机分布在一幢或几幢大楼，如校园网，中小企业局域网等。

（2）通常多个工作站共享一个传输介质（同轴电缆、双绞线、光纤）。

（3）具有较高的数据传播速率，通常为 10Mb/s～100Mb/s，高速局域网可达 1000Mb/s（千兆以太网）。

（4）协议比较简单，网络拓扑结构灵活多变，容易进行扩展和管理。

（5）具有较低的误码率。局域网误码率一般在 10^{-8}～10^{-10} 之间，这是因为传输距离短，传输介质质量较好，因而可靠性高。

（6）具有较低的时延。

（7）以 PC 机为主体，包括其他终端机及各种外设，局域网中一般不设中央主机系统。

2．局域网种类

由于局域网存在着多种分类方法，因此一个局域网可能属于多种类型。对局域网进行分类经常采用以下方法：按媒介访问控制方式分类、按网络工作方式分类、按拓扑结构分类、按传输介质分类等。

（1）按媒介访问控制方式分类。目前，在局域网中常用的媒体访问控制方式有：以太（Ethernet）方法、令牌环（Token Ring）、FDDI 方法、异步传输模式（ATM）方法等，因此可以把局域网分为以太网（Ethernet）、令牌环网（Token Ring）、FDDI 网、ATM 网等。

以太网采用了总线竞争法的基本原理，结构简单，是局域网中使用最多的一种网络。

令牌环网采用了令牌传递法的基本原理，它是由一段段的点到点链路连接起来的环型网。光纤分布式数据接口（FDDI）网是一种光纤高速的、双环结构的网络。

异步传输模式（ATM），是一种为了多种业务设计的通用的面向连接的传输模式。ATM局域网具有高速数据传输率，支持多种类型数据，如声音、传真、实时视频、CD 质量音频和图像的通信。

（2）按网络工作方式分类。局域网按网络工作方式可分为共享介质局域网和交换式局域网。

共享介质局域网是网络中的所有节点共享一条传输介质，每个节点都可以平均分配到相同的带宽。如以太网传输介质的带宽为 10Mb/s，如果网络中有 n 个节点，则每个节点可以平均分配到 10Mb/s/n 的带宽。共享式以太网、令牌总线网、令牌环网等都属于共享介质局域网。

交换式局域网的核心是交换机。交换机有多个端口，数据可以在多个节点并发传输，每个站点独享网络传输介质带宽。如果网络中有 n 个节点，网络传输介质的带宽为 10Mb/s，整个局域网总的可用带宽是 $n×10$Mb/s。交换式以太网属于交换式局域网。

（3）按拓扑结构分类：局域网经常采用总线型、环型、星型和混合型拓扑结构，因此可以把局域网分为总线型局域网、环型局域网、星型局域网和混合型局域网等类型。这种分类方法反映的是网络采用的拓扑结构，是最常用的分类方法。

（4）按传输介质分类：局域网上常用的传输介质有同轴电缆、双绞线、光缆等，因此可以将局域网分为同轴电缆局域网、双绞线局域网和光纤局域网。若采用无线电波、微波，则可以称为无线局域网。

（5）按局域网的工作模式分类：可分为对等式网络、客户机/服务器式网络和混合式网络等。

3. 局域网介质访问控制方法

传统的局域网采用了"共享介质"的工作方式，为了实现对多节点实用共享介质发送和接收数据的控制，人们提出了很多种介质访问控制方法。目前被普遍采用并形成国际标准的介质访问控制方法有如下三种。

（1）载波侦听多路访问（CSMA/CD）方法。总线型 LAN 中，所有的节点都直接连到同一条物理信道上，并在该信道中发送和接收数据，因此对信道的访问是以多路访问方式进行的。任一节点都可以将数据帧发送到总线上，而所有连接在信道上的节点都能检测到该帧。当目的节点检测到该数据帧的目的地址（MAC 地址）为本节点地址时，就接收该帧中包含的数据，同时给源节点返回一个响应。当有两个或更多的节点在同一时间都发送了数据，在信道上就造成了帧的重叠，导致冲突出现。为了克服这种冲突，在总线 LAN 中常采用CSMA/CD（Carrier Sense Multiple Access/Collision Detection）即载波监听多路访问/冲突检测方法是一种随机访问控制技术。

CSMA/CD 的工作原理可以概述为"先听后发，边听边发，冲突停发，随机重发"，它不仅体现在以太网中数据的发送过程中，同时也体现在数据的接收过程中。

（2）令牌环（Token Ring）方法。令牌环是一种适用于环型网络的分布式介质访问控制方式，已成为局域网控制协议标准之一，即 IEEE 802.5 标准。

在令牌环网中，令牌也叫通行证，有"忙"和"空闲"两种状态。当一个站点准备发送信息时且获取空闲令牌后，把空闲令牌设置为"忙"标志，然后才能接着发送一个以"帧"

为单位的信息。信息帧绕环路依次通过各站点时，各站点将目标地址与本站点地址比较，相符则将帧复制到站点接收缓冲区中并做一个接收标志；地址不相符则用按位转发的方式将信息帧重新送到环上，当信息回到发送源站点时，由源站点根据该标志清除信息帧。

当信息发送完毕或者定时时间到，发送站点必须把忙令牌改为空闲令牌发出，使以后的站点有权使用环路发送信息。由于在此前，环路中没有空闲令牌，其他站点必须等待而不能发送信息，因此不可能产生任何冲突。

（3）令牌总线（Token Bus）方法。在局域网中，任何一个节点只有在取得令牌后才能使用公共通信总线去发送数据。令牌是一种特殊的控制帧，用来管理节点对总线的访问权。令牌总线网在物理上是总线网，在逻辑上是环网。每个节点都有本站地址（TS），并知道上一站地址（PS）与下一站地址（NS）。令牌由地址高站向地址低站传递，最后由低站最低站传递给低站最高站，从而在物理总线上形成一个逻辑环。

4．无线局域网

无线局域网是在有线局域网的基础上通过无线 HUB、无线访问节点（AP）、无线网桥、无线网卡等设备使无线通信得以实现，是有线局域网的扩展和替换。无线局域网采用红外线（IR）、无线电波（RF）、微波等传输媒介，以无线电波（RF）使用居多。

无线接入技术标准主要有 IEEE 802.11 标准、蓝牙（BLUETOOTH）标准以及家庭网络（HOMERF）标准，不同的标准有不同的应用。其拓扑结构分为无中心或对等式（Peer to Peer）拓扑和有中心（HUB-Based）拓扑两类。

无线局域网的结构分为室内和室外两种类型。无线局域网在室外主要有点对点型、点对多型、多点对点型和混合型；在室内主要有独立的无线网络和非独立的无线局域网。

组建无线局域网的设备主要包括无线网卡（wnic）、无线访问接入点（AP）、无线路由器（Wireless Route）、无线 HUB 和无线网桥。几乎所有的无线网络产品中都自含无线发射/接收功能，且通常是一机多用。大部分无线局域网厂商都采用数据链路层接口方法。

6.3.2　传输介质与网络互连设备

计算机网络就是由传输介质与网络互连设备将许多计算机互相连接而构成的集合体。下面简单介绍常用的传输介质与网络互连设备。

1．传输介质

局域网常用的传输介质有同轴电缆、双绞线、光纤与无线通信信道。在小范围内中，高速局域网常使用双绞线，在远距离传输中多使用光纤，在有移动节点的局域网中采用无线通信信道的趋势已经越来越明朗。

（1）双绞线（Twisted Pair）。双绞线简称 TP，将一对以上的双绞线封装在一个绝缘外套中，为了降低信号的干扰程度，电缆中的每一对双绞线一般是由两根绝缘铜导线相互扭绕而成，也因此把它称为双绞线。双绞线分为非屏蔽双绞线（UTP）和屏蔽双绞线（STP）。

与其他设备（交换机、网卡等）连接时需要用到 RJ-45 接头，并按照 T568B 或 T568A 规范压制。同类设备连接要用交叉接法（一头用 T568B，另一头用 T568A），不同设备连接则用平行接法。

（2）同轴电缆。同轴电缆由绕在同一轴线上的两个导体组成，具有抗干扰能力强，连接简单等特点。其信息传输速度可达每秒几百兆位，是中、高档局域网的首选传输介质。

同轴电缆有粗缆和细缆之分，只支持 10Mb/s 的传输速度，前者与 9 芯 D 型 AUI 连接，有效传输距离为 500 米；后者用 T 形头连接网卡的 BNC 口，传输距离为 185 米。

（3）光纤。光纤又称为光缆或光导纤维，由光导纤维纤芯、玻璃网层和能吸收光线的外壳组成，是由一组光导纤维组成的用来传播光束的、细小而柔韧的传输介质。应用光学原理，由光发送机产生光束，将电信号变为光信号，再把光信号导入光纤，在另一端由光接收机接收光纤上传来的光信号，并把它变为电信号，经解码后再处理。与其他传输介质比较，光纤的电磁绝缘性能好、信号衰减小、频带宽、传输速度快、传输距离大，主要用于要求传输距离较长、布线条件特殊的主干网连接。

光纤分多模和单模光纤两种，多模光纤纤芯较粗（直径约为 50μm 或 62.5μm）可传多种模式的光源。但随距离的增加其模间色散加大，因此，多模光纤传输的距离比较近，一般只有几公里。单模光纤中心纤芯很细（纤芯直径一般为 8～10μm），采用激光器做光源，只允许单束光传播，所以传输距离可以达到几十公里至上百公里，因而适用于远程通信。

（4）无线传输介质。常见的无线传输介质有红外线、无线电波、微波与光波。

无线电波是指在自由空间（包括空气和真空）传播的射频频段的电磁波。

微波是指频率为 300MHz～300GHz 的电磁波，是无线电波中一个有限频带的简称，即波长在 1 米（不含 1 米）到 1 毫米之间的电磁波，是分米波、厘米波、毫米波和亚毫米波的统称，具有穿透、反射、吸收三个特性。

激光通信是激光在大气空间传播的一种通信方式。激光大气通信的发送设备主要由激光器（光源）、光调制器、光学发射天线（透镜）等组成；接收设备主要由光学接收天线、光检测器等组成。

红外线是太阳光线中众多的不可见光线中的一种，又称为红外热辐射。

2. 网络互连设备

网络互连时，除物理连接外，还需解决一种网络与另一种网络互访通信之间协议差别、速率与带宽的差别，这就需要网络互连设备进行协调、转换，常用的网络互连设备有网卡、调制解调器、中继器、路由器、网桥、网关等。

（1）网卡（LAN Adaptor）。网卡又称网络适配器，工作于物理层和数据链路层的 MAC 子层，是计算机进行联网的必需设备，一般做成插卡的形式，或内置于主板上，接口有 ISA、PCI、USB 的，连接方式有双绞线、同轴电缆的和无线，速度有十兆、百兆直至千兆。

（2）调制解调器（Modem）。调制解调器用于模拟信号与数字信号之间的转换。由于宽带时代的来临，我们仍然离不开各种各样的调制解调器，如用于有线电视上网的 Cable Modem、宽带拨入的 xDSL Modem、光缆接入的光纤 Modem 等。

（3）中继器（Repeater）。中继器又称转发器，用于连接局域网的多个网段，实现网络在物理层的连接，有中继放大信号并按原方向传输的作用。中继器可连接不同传输介质的网络，但是只能用于相同协议的同构型网络的连接，且没有隔离和过滤功能。

（4）集线器（Hub）。集线器又称集中器，实际上是多口的中继器，用于连接多台电脑或其他网络设备，是最常用的网内连接设备。集线器的速度通常为 10Mb/s，并且其带宽是各个端口共享的，同一时刻只能为一个客户服务。级联时会产生广播风暴。

（5）交换机（Switch）。工作于数据链路层的局域网连接设备，与集线器的区别在于，速度通常在 100Mb/s 以上，且带宽是各个端口独占的。从广义上来说，交换机仍属于集线器的范畴，但其功能却不断变化，有的可堆叠，有的支持网管，有的还具有第三层（ISO/OSI 参考模型的第三层，即网络层）的功能，也就是所谓的"三层交换机"。三层交换机既有三层路由的功能，又具有二层交换的网络速度。

（6）网桥（Bridge）。网桥也称桥接器，是工作在数据链路层的一种网络互连设备，它在互连的局域网之间实现帧的存储和转发，扩大网络地理范围。网桥可连接不同类型的局域网，也能用于将一个负载很重的大局域网分隔成几个局域网以减轻负担。网桥可以隔离负载，防止出故障的站点损害全网，并有助于安全保密。

（7）路由器（Router）。路由器是用来连接局域网与广域网的核心设备。路由器工作在网络层，具有地址翻译、协议转换和数据格式转换等功能，通过分组转发来实现网络互连，有很强的异种网连接能力，并有路径选择和子网划分功能。

（8）网关（Gateway）。网关又称协议转换器，用于连接不同体系结构的网络，实现传输层及以上各层的协议转换，是网间互连中最复杂的设备。网关常用来实现 Internet 的共享连接，并常常由一台计算机来充当网关。

（9）汇聚器（Aggregator）。汇聚器通常由路由器或核心交换机担当，可将多条宽带汇聚成一条带宽更高的 Internet 通道，不仅节省上网成本，而且其负载均衡和防断线功能还保证了宽带接入的线路质量。

（10）硬件防火墙（Firewall）。硬件防火墙的硬件和软件都是单独设计的，有专用网络芯片来处理数据包，同时采用专门的操作系统平台，避免了通用操作系统的安全性漏洞。硬件防火墙的实际带宽应与理论值基本一致，有着高吞吐量、安全与速度兼顾的优点。实际上，只有芯片级防火墙才是真正意义上的硬件防火墙。

（11）光纤收发器（Fiber Optic Converter）。光纤收发器又叫光电介质转换器，通过光电耦合来实现光电信号转换作用，一端是接光纤，另一端是以太网接口，速度有 10M/100M/1000Mb/s，是使用光纤时必须要用到的。

（12）无线 AP（Wireless Access Point）。无线 AP 即指无线访问接入点，相当于常规网络设备的集线器或交换机，配合无线网卡可组成无线局域网。每个无线 AP 都会有其所能容纳的信道，相当于交换机的接口数量。无线 AP 有一定的覆盖距离，既可以作为无线中心站，也可以用来当作与有线局域网的通信桥梁，用来连接其他有线客户端、互联网或是其他网络设备等。

无线 AP 分为普通无线 AP 和带路由功能的无线 AP 两种，带路由功能的扩展型 AP 就是常说的无线宽带路由器（Wireless Router），除了基本的 AP 功能之外，还带有若干以太网交换口（大多数无线宽带路由器都内置一个四口的交换机，可以当作有线宽带路由器使用），以及路由、NAT、DHCP、打印服务器等功能，因为价格差别不大。无线路由器正逐渐取代普通无线 AP。

6.4　Internet 及应用

Internet 是目前全球范围内应用最广泛、用户数最多的网络，它为人们提供海量的并且还在不断增长的信息资源和服务工具宝库，用户可以利用 Internet 提供的各种工具去获取各种丰富的信息资源。

6.4.1　Internet 概述

1．Internet 的定义

Internet，中文正式译名为因特网，又叫做国际互联网。它是由那些使用公用语言互相通信的计算机连接而成的全球网络。用户一旦连接到它的任何一个节点上，就意味着该用户的计算机已经连入 Internet 网上了。Internet 目前的用户已经遍及全球，有超过几亿人在使用 Internet，并且它的用户数还在以等比级数上升。

2．Internet 的特点

与大多数现有的商业计算机网络不同，Internet 不是为某些专用的服务而设计的。Internet 能够适应计算机、网络和服务的各种变化，提供多种信息服务，因此成为一种全球信息基础设施。它主要的功能是在全球范围内提供信息资源以共享，进行广泛的信息传递和交流，提供给人们一种崭新的网络工作生活方式。Internet 采用的是网络互连的方法，它把通信从网络技术的细节中分离出来，对用户隐蔽了低层连接细节。对于用户来说，Internet 是一个单独的虚拟网络，所有的计算机都与它相连，不必考虑它是由多个网络构成的网络，也不必考虑网络间的物理连接。Internet 具有以下的特点：

- 标准性；
- 透明性；
- 自由、开放性。

正是由于 Internet 具有上述的优点，才使得 Internet 如此受到人们的欢迎，并且能够一直稳步地蓬勃发展。

6.4.2　Internet 的接入方式

用户要想使用 Internet 提供的服务，必须将自己的计算机接入到 Internet 中，从而享受 Internet 提供的各类服务与信息资源。目前，常见的接入方式可概括为 6 种类型，如图 6.9 所示。

1．ADSL 接入

ADSL 是一种利用双绞线高速传输数据的技术。它利用分频技术把普通电话线路所传输的低频信号和高频信号分离，3400Hz 以下频率供电话使用，3400Hz 以上频率供上网使用，即在同一根线上分别传送数据和语音信号，数据信号并不通过电话交换机设备。这样既可以提供高速传输：上行（从用户到网络）的低速传输，速度可达 640kb/s～1Mb/s，下行（从网络到用户）的高速传输速度可达 1M～8Mb/s，有效传输距离在 3～5 公里。而且在上网的同时不影响电话的正常使用。ADSL 有效地利用了电话线，只需要在用户端配置一个 ADSL Modem 和一个话音分路器就可接入宽带网。

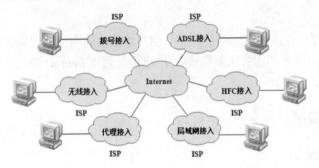

图 6.9　用户通过 ISP 接入 Internet 示意图

2．HFC 接入

光纤同轴混合（Hybrid Fiber Coax，HFC）接入是当前主要的一种互联网宽带接入技术。由于有线电视网所采用的是模拟传输协议，因此网络需要用一个 Modem 来协助完成数字数据的转换。Cable Modem 能使计算机发出的数据信号与电缆传输的射频信号实现相互之间的转换。

利用 Cable Modem 技术接入 Internet，硬件设备需有一个将电视信号与数据信号分开的"分线器"，数据信号经 Cable Modem 与局域网相连。Cable Modem 接入技术是基于 CATV 网 HFC 基础设施的网络接入技术，以频分复用方式将话音、数据和 CATV 模拟信号复接，在接收端再还原为数字信号。

3．局域网接入

局域网接入是通过路由器与数据通信网的专线（电缆、光纤及卫星通信设备等）相连接。在这种方式下，用户端与 ISP 间需通过路由器连接，而且所用的路由器还必须支持 TCP/IP 协议。

4．代理服务器接入

代理服务器有时也称为"代理网关"，一般是介于浏览器和 Web 服务器之间的一台服务器。用户浏览器不是直接到 Web 服务器上获取网页而是向代理服务器发出请求，代理服务器能够了解用户请求，例如 HTTP 请求、FTP 请求等，然后由代理服务器取回浏览器所需要的信息，然后传送给用户的浏览器。

5．无线局域网（WIFI）接入

使用无线局域网接入方式时，采用无线应用网络协议（WAP）为 IEEE 802.1la、802.11b、802.11g 等，用户端使用计算机和无线网卡，服务端则使用无线信号发射装置（AP）提供连接信号。

6.4.3　Internet 的服务与应用

1．Internet 中常用概念

（1）WWW。WWW 的英文全称是 World Wide Web，中文译为万维网或全球网。WWW 以超文本形式组织多媒体信息，它为用户提供了一个可以轻松驾驭的图形化界面，用户通过

它可以查阅 Internet 上的信息资源，我们所浏览的网站就是 WWW 的具体表现形式。

（2）超文本（Hypertext）。超文本（Hypertext）是用超链接的方法，将各种不同空间的文字信息组织在一起的网状文本。超文本普遍以电子文档方式存在，其中的文字包含有可以链接到其他位置或者文档的链接，允许从当前阅读位置直接切换到超文本链接所指向的位置。

（3）超链接（Hyperlink）。超链接是指从一个网页指向一个目标的链接关系，这个目标可以是另一个网页，也可以是相同网页上的不同位置，还可以是一个图片、一个电子邮件地址、一个文件，甚至是一个应用程序。

（4）浏览器。浏览器是指可以显示网页服务器或者文件系统的 HTML 文件内容，并让用户与这些文件交互的一种软件。

（5）Web 页和 HTML。Web 页又称网页，是浏览器中所显示的信息，分为静态网页和动态网页。

文本标记语言，即 HTML（Hypertext Markup Language），是用于描述网页文档的一种标记语言。

（6）HTTP。超文本传送协议（HTTP）是一种通信协议，它允许将超文本标记语言（HTML）文档从 Web 服务器传送到 Web 浏览器。

（7）URL。统一资源定位符（Uniform Resource Locator，URL）也被称为网址，是因特网上标准的资源的地址。

2．浏览器

浏览网页需要使用浏览器（Browser），Windows 系列操作系统中已经预先安装好了 IE 浏览器（Internet Explorer），因此，在系统正常的情况下可以通过 IE 浏览器上网获取信息。除了 IE 浏览器之外，各大公司还开发了多种网页浏览器，如 360 浏览器、腾讯 TT 浏览器、傲游浏览器（Maxthon Browser）以及火狐浏览器（FireFox）等。下面以 IE 为例通过实例训练来介绍浏览器的使用方法。

（1）启动 Internet Explorer。启动 IE 的方法有多种，最常见的就是双击桌面上的 Internet Explorer 图标，打开 IE 浏览器的窗口，窗口如图 6.10 所示。

图 6.10　IE 窗口

（2）浏览网页信息。用户可以在 IE 浏览器地址栏中直接输入需要打开的网站地址，然后按回车键，打开该主页。例如，在 IE 地址栏中输入 http://www.163.com/ 并按回车键，即可打开网易网站的主页。

浏览网页时，当鼠标移动到某个链接时，鼠标指针变成手形，此时单击鼠标就会打开相应的网页，这就是网页中的超链接。

（3）保存网上资源。

① 保存 Web 页的信息。在 Internet 上浏览是一个动态交换信息的过程，浏览新 Web 页时，旧的 Web 页将被新的内容"挤"出去。对于一些有用的信息，可以将其保存下来，也可以只保存网页中的部分内容，具体方法如下：

在浏览器窗口中单击"文件"菜单，选择"另存为"命令，就会弹出"保存 Web 页"对话框，在"文件名"处输入要保存的文件名，然后单击"保存"按钮即可。

⚠ 注意

在 Internet Explorer 5.0 以上版本中，可以用这种方法保存 Web 页生成一个文件和一个文件夹。其中文件夹是用来存放图形文件。

② 保存 Web 页中图片。右击要保存的图片，在弹出的快捷菜单中选择"图片另存为"命令，出现"保存图片"对话框，在"文件名"处输入要保存的文件名并选择保存的文件类型，然后单击"保存"按钮即可。另外，还可以在该快捷菜单中选择"设置为背景"命令，将该图片设置为桌面墙纸。

（4）浏览器常用功能。

① 用户如果想查看最近访问过的页面，可以单击工具栏上"历史"按钮，可在主窗口的左栏中增加一个历史记录窗口，此窗口显示最近曾访问过的站点和页面，单击时间以及站点名，可显示出访问过的此站点的所有页面名称。

② 用户在浏览网页的过程中，往往会看到一些喜欢的网页内容，此时可以单击工具栏上的"收藏夹"按钮，将该网页收藏起来，以便脱机后仔细阅读。脱机后，单击"收藏夹"按钮，可显示用户曾经收藏过的网页。

3．Internet Explorer 的常用设置

（1）设置起始主页。启动 Internet Explorer 时，将自动打开主页（即起始主页）。如果要改变起始主页，在浏览器窗口菜单栏中单击"工具"，选择"Internet 选项"命令，弹出"Internet 选项"对话框，在"主页"栏的地址文本框中输入起始主页网址，如图 6.11 所示。例如输入 http://www.ahtcm.edu.cn，单击"确定"按钮。

（2）设置历史记录。在"Internet 选项"对话框的"浏览历史记录"区单击"设置"按钮，可以设置将网页保存在历史记录中的天数。单击"删除"按钮，则可清除所有的历史记录。

（3）设置 Internet 临时文件。Internet 临时文件中记录了以前访问过的网页内容，访问临时文件中存放的网页，速度会加快许多倍。可以在"Internet 选项"对话框的"浏览历史记录"区单击"设置"按钮，根据实际情况调整存放临时文件的磁盘空间大小。

在"Internet 选项"对话框的"浏览历史记录"区中，单击"设置"按钮，弹出"设置"对话框，在该对话框中，可以拖动滑动块调整临时文件"使用的磁盘空间"。

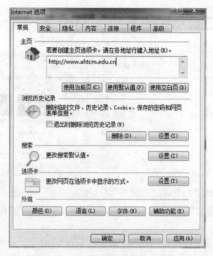

图 6.11　"Internet 选项"对话框

6.4.4　搜索引擎

对于大多数网民来说，Internet 是一个信息库，用户不用知道自己所要获取的信息资料的具体在何处，可以通过拥有强大查找功能搜索引擎来解决问题。搜索引擎是在 Internet 中主要从事信息查询的专门站点，而这些站点则会在 Internet 中主动搜索 Web 服务器中的信息，然后将搜到的信息建立起索引，并将索引的内容储存到可供查询的大型数据库当中。当用户通过搜索引擎查询信息时，搜索引擎会向用户返回包含用户输入的关键词信息的网站和网页地址，并且提供链接。

目前比较流行的搜索引擎及其链接有：

- 百度 www.baidu.com;
- 谷歌 www.google.com;
- 必应 cn.bing.com;
- 搜搜 www.soso.com;
- 搜狗 www.sogou.com。

用户在使用搜索引擎搜索信息资料时，需要在搜索引擎网站上输入所谓的"关键字"（keyword），即将要搜索信息的部分特征，搜索引擎会在它所提供的网站中使用模糊查找法去搜索含有关键字的信息，并将搜索到的信息资源进行汇总，然后反馈给用户一张包含关键字的信息资源清单，用户可以自主从清单中选择一项并进行浏览。

下面以在百度中查询关键字"计算机网络"为例说明其操作过程。

在 IE 浏览器的地址栏中输入百度的网页地址：http://www.baidu.com，出现百度窗口，如图 6.12 所示。

在"搜索"文本框中输入"计算机网络安全"，单击"百度一下"按钮或者按回车键，搜索结果便显示在浏览器窗口中，如图 6.13 所示。

图 6.12　百度窗口

图 6.13　搜索结果

在浏览器窗口中列出了包括关键字"计算机网络安全"的网址列表清单，单击用户想要寻找的链接地址，就可以找到用户所需的信息。

此外，若当前页中没有用户所需的信息，可单击"下一页"按钮，若本次搜索没有搜索到用户所需的信息，可以将检索站点设为"所有站点"；若还是没有找到，可以将检索关键字改变一下；若还是没有找到，则表明当前选择的搜索引擎没有用户所要查找的信息，可选择其他搜索引擎试试。

6.4.5　电子邮件

电子邮箱（E-mail Box）是通过网络电子邮局为网络客户提供的网络交流电子信息空间。电子邮箱具有存储和收发电子信息的功能，是因特网中最重要的信息交流工具。在网络中，电子邮箱可以自动接收网络任何电子邮箱所发的电子邮件，并能存储规定大小的等多种格式的电子文件。电子邮箱具有单独的网络域名，其电子邮局地址在@后标注，电子邮箱一般格式为：用户名@域名。比如 E-mail 地址为 xxx@163.com。

电子邮件系统通常使用 3 种主要协议：SMTP（简单邮件传输协议）、POP3（邮局协议）、IMAP（Internet 邮件访问协议）。这几种协议都是由 TCP/IP 协议族定义的。

SMTP（Simple Mail Transfer Protocol）：SMTP 主要负责底层的邮件系统如何将邮件从一台机器传至另外一台机器。

POP（Post Office Protocol）：目前的版本为 POP3，POP3 是把邮件从电子邮箱中传输到本地计算机的协议。

IMAP（Internet Message Access Protocol）：目前的版本为 IMAP4，是 POP3 的一种替代协议，提供了邮件检索和邮件处理的新功能，这样用户完全不必下载邮件正文就可以看到邮件的标题摘要，从邮件客户端软件就可以对服务器上的邮件和文件夹目录等进行操作。

收发电子邮件目前有两种方式：一是通过 IE 浏览器访问电子邮件系统，操作方式与浏览网页类似；另一种是通过专门的电子邮件软件来完成收发邮件，但用户必须在软件中正确配置自己的账户信息、密码和服务提供商的信息等，常用的电子邮件软件有 Microsoft Outlook 和 Foxmail。

1. 申请邮箱

使用电子邮箱，首先要注册一个账户。也就是说，使用 E-mail 的用户都必须有一个 E-mail

地址。下面以在 http://www.126.com 中注册邮箱为例来说明注册免费电子邮箱的步骤。

（1）在 IE 浏览器地址栏中输入 http://www.126.com，进入如图 6.14 所示的界面，根据网页内容的提示，单击"注册"按钮，进入"注册网易免费邮箱"网页。输入用户名称，并填写相关信息，然后单击"立即注册"按钮，即可完成邮箱注册，如图 6.15 所示。

图 6.14　网易电子邮箱

图 6.15　注册电子邮箱

（2）邮箱注册成功后，假如邮箱名称设置为"jsjnet"，那么你的 E-mail 地址就是 jsjnet@126.com。回到 126 网站首页，在"帐号"处中输入用户名，在"密码"处中输入密码，单击"登录"按钮，即可进入电子邮箱，进行电子邮件的收发。

2．使用 Web 方式收发和管理电子邮件

（1）登录。首先输入邮件系统的网址，访问该网站，然后输入用户名和密码，单击"登

录"按钮，就打开"电子邮箱"窗口，进入用户的邮箱，如图 6.16 所示。在该窗口左侧，列出了电子邮箱的所有功能，如读邮件、发邮件等。

图 6.16 "电子邮箱"窗口

（2）收邮件。在页面中可以看到收件箱、草稿箱、发件箱、垃圾箱中邮件的基本情况，在邮件栏中显示该文件夹中的邮件数目，字节栏中显示该文件夹中的邮件大小。

要查看邮件的具体内容，单击页面中的"收件箱"，即可看到新邮件以及邮件的主题、发件人、发件日期、信件大小、是否有附件等信息。

（3）发邮件。单击"写信"按钮，在弹出的窗口中输入收件人的邮箱地址和主题，如果在发送邮件时需要插入附件，则单击"添加附件"按钮，然后单击"浏览"按钮，选定一个文件后单击"粘贴"按钮，附件栏将显示出所附的文件，最后单击"发送"按钮。

（4）下载附件。将鼠标移动到附件上单击右键，在快捷菜单中选择"目标另存为"命令，或者单击"下载"。

（5）邮箱设置。邮箱设置主要包括个人资料、修改密码、定时发信等。个人资料，可以填写个人资料信息，如姓名、地址、生日、联系电话、通信方式等。修改密码，输入原密码和新密码，并再次输入新密码以示确认，最后单击"更改密码"按钮。建议用户在电子邮箱使用一段时间内更改一次密码，有利于邮件的安全性。定时发信，设置定时发信时间。该功能使得用户可以设置每天的同一时间给某人发送邮件，对方可以定时收到邮件。

6.5 计算机网络安全

互联网是对全世界都开放的网络，任何单位或个人都可以在网上方便地传输和获取各种信息，互联网的开放性、共享性、国际性的特点对计算机网络安全提出了挑战。2013 年 6 月，美国中情局（CIA）前职员爱德华·斯诺顿曝光美国国家安全局的"棱镜"计划，使得各国更加重视计算机网络和信息安全问题。

6.5.1　网络安全的概念和内容

网络安全从其本质上来讲就是网络上的信息安全，它涉及的领域相当广泛，这是因为在目前的公用通信网络中存在各种各样的安全漏洞和威胁。从广义来说，凡是涉及网络上信息的保密性、完整性、可用性、真实性和可控性的相关技术和理论，都是网络安全所要研究的领域。

1. 网络安全的定义

网络安全的含义是通过各种计算机、网络、密码技术和信息安全技术，保护在公用通信网络中传输、交换和存储的信息的机密性、完整性和真实性，并对信息的传播及内容具有控制能力。网络安全的结构层次包括物理安全、安全控制和安全服务。

网络安全在不同的环境和应用中会得到不同的解释。

（1）运行系统的安全，即保证信息处理和传输系统的安全。它包括计算机系统机房环境的保护，法律、政策的保护，计算机结构设计上的安全性考虑，硬件系统的可靠安全运行，计算机操作系统和应用软件的安全，数据库系统的安全，电磁信息泄露的防护等。它侧重于保证系统正常的运行，避免因为系统的崩溃和损坏而对系统存储、处理和传输的信息造成破坏和损失，避免由于电磁泄漏，产生信息泄露，干扰他人（或受他人干扰），本质上是保护系统的合法操作和正常运行。

（2）网络上系统信息的安，包括用户口令鉴别，用户存取权限控制，数据存取权限、方式控制，安全审计，安全问题跟踪，计算机病毒防治，数据加密。

（3）网络上信息传播的安全，即信息传播后果的安全，包括信息过滤，不良信息的过滤等。它侧重于防止和控制非法、有害的信息进行传播后的后果，避免公用通信网络上大量自由传输的信息失控，本质上是维护道德、法律或国家利益。

（4）网络上信息内容的安全，即讨论的狭义的"信息安全"，它侧重于保护信息的保密性、真实性和完整性，避免攻击者利用系统的安全漏洞进行窃听、冒充、诈骗等有损于合法用户的行为，本质上是保护用户的利益和隐私。

显而易见，网络安全的本质是在信息的安全期内保证其在网络上流动时或者静态存放时不被非授权用户非法访问，但授权用户却可以访问。显然，网络安全、信息安全和系统安全的研究领域是相互交叉和紧密相连的。

2. 网络安全的内容

网络安全的内容大致上包括网络实体安全、软件安全、网络中的数据安全和网络安全管理 4 个方面。

（1）网络实体安全。网络实体安全指诸如计算机机房的物理条件、物理环境及设施的安全，计算机硬件、附属设备及网络传输线路的安装及配置等。

（2）软件安全。软件安全是指诸如保护网络系统不被非法侵入，系统软件与应用软件不被非法复制、不受病毒的侵害等。

（3）网络中的数据安全。网络中的数据安全是指诸如保护网络信息数据的安全、数据库系统的安全，保护其不被非法存取，保证其完整、一致等。

（4）网络安全管理。网络安全管理诸如运行时突发事件的安全处理等，包括采取计算机安全技术、建立安全管理制度、开展安全审计、进行风险分析等内容。

3．网络安全的基本措施及安全意识

在通信网络安全领域中，保护计算机网络安全的基本措施主要有：

（1）改进、完善网络运行环境，系统要尽量与公网隔离，要有相应的安全链接措施。

（2）不同的工作范围的网络既要采用安全路由器、保密网关等相互隔离，又要在正常循序时保证互通。

（3）为了提供网络安全服务，各相应的环节应根据需要配置可单独评价的加密、数字签名、访问控制、数据完整性、业务流填充、路由控制、公证、鉴别审计等安全机制，并有相应的安全管理。

（4）远程客户访问中的应用服务要由鉴别服务器严格执行鉴别过程和访问控制。

（5）网络和网络安全部件要进行相应的安全测试。

（6）在相应的网络层次和级别上设立密钥管理中心、访问控制中心、安全鉴别服务器、授权服务器等，负责访问控制以及密钥、证书等安全材料的产生、更换、配置和销毁等相应的安全管理活动。

（7）信息传递系统要具有抗侦听、抗截获能力，能对抗传输信息的篡改、删除、插入、重放、选取明文密码破译等主动攻击和被动攻击，保护信息的紧密性，保证信息和系统的完整性。

（8）涉及保密的信息在传输过程中，在保密装置以外不以明文形式出现。

（9）对于堵塞网络系统和用户应用系统的技术设计漏洞，及时安装各种安全补丁程序，不给入侵者以可乘的机会。

（10）定期检查病毒并对引入的软盘或下载的软件和文档加以安全控制。应制定和实施一系列的安全管理制度，加强安全意识培训和安全性训练。

6.5.2 黑客及其防范措施

随着现代社会对计算机和网络信息系统的依赖程度越来越高，黑客活动也越来越猖獗，网络系统变得越来越容易受到黑客的攻击。因此，防范黑客已成为保护计算机信息系统安全的重要方面。

1．认识黑客

从信息安全这个角度来说，"黑客"的普遍含意是特指对计算机系统的非法侵入者。"黑客"（Hacker）来源于英语单词 Hack，最初是褒义词，指那些竭力挖掘计算机潜力的技术精英。直到后来，少数怀着不良企图的具有恶意行为特征的人，利用非法手段获得的系统访问权去闯入远程机器系统、破坏重要数据，或为了自己的私利而制造麻烦，慢慢玷污了"黑客"的名声，"黑客"开始变成入侵者、破坏者。

2000 年 2 月，雅虎、电子湾、亚马逊、微软网络等美国大型互联网站不断受到黑客的大规模袭击，使它们分别瘫痪长达数小时。这些袭击行动不仅引起美国政府和世界各大网络公司的高度警觉，也令世人对黑客攻击互联网的行为给予空前的关注。

现在，黑客已经成为一个特殊的社会群体，在欧美等国有不少完全合法的黑客组织，黑客们经常组织召开黑客技术交流会，1997 年 11 月，在纽约就召开了世界黑客大会，与会者达四五千人之多。黑客组织常常在因特网上利用自己的网站详细介绍黑客攻击手段、免费提供各种黑客工具软件、出版网上黑客杂志。这使得普通人也很容易下载并学会使用简单的黑客手段或工具对网络进行攻击，从而进一步恶化了网络安全环境。

2. 黑客常用的攻击手段

黑客攻击早在主机终端时代就已经出现，随着 Internet 的发展，现在黑客则从以系统为主的攻击转变到以网络为主的攻击。网络攻击和网络安全保护是一对矛与盾的关系，我们只有掌握了黑客攻击的常用手段，才能最终保护网络安全。黑客们常用的攻击手段主要有以下几种。

（1）获取口令。获取口令的方式有 3 种方法。

① 默认的登录界面攻击法。在被攻击主机上启动一个可执行程序，该程序显示一个伪造的登录界面。当用户在这个伪装的界面上输入登录信息（用户名、密码等）后，程序将用户输入的信息传送到攻击者主机，然后关闭界面给出提示信息"系统故障"，要求用户重新登录。此后，才会出现真正的登录界面。

② 通过网络监听非法得到用户口令。这类方法有一定的局限性，但危害性极大，监听者往往能够获得其所在网段的所有用户的账号和口令，对局域网安全威胁巨大。

③ 利用软件强行破解用户口令。在知道用户的账号后（如电子邮件@前面的部分），利用一些专门软件强行破解用户口令。对安全系数较高的口令破解往往需要很长时间，但对那些口令安全系数极低的用户（如某用户账号为 zhanmin，其口令就是 minzhan，或者 1234567 等）只要短短的一两分钟，甚至几十秒内就可以将其破解。

（2）拒绝服务的攻击。拒绝服务的攻击是指一个用户占据了大量的共享资源，使系统没有剩余的资源给其他用户可用的攻击。它主要用来攻击域名服务器、路由器以及其他网络服务，使被攻击者无法提供正常的服务，严重的可以使一个网络瘫痪。

（3）网络监听。网络监听工具是提供给管理员的一类管理工具。使用这种工具，可以监视网络的状态、数据流动情况以及网络传输的信息。当信息以明文的形式在网络上传输时，便可以使用网络监听的方式来进行攻击。将网络接口设置在监听模式，便可以源源不断地将网上传输的信息截获。网络监听可以在网上的任何一个位置实施，如局域网中的一台主机、网关上或远程网的调制解调器之间等。网络监听最有用的是获得用户口令，当口令被截获时，就可以非常容易地登录另一台主机。

（4）病毒攻击。现在流行的很多病毒大都带有黑客性质，如影响面极广的 Nimda、"求职信"和"红色代码 II"等。攻击者可以伪称自己为系统管理员（邮件地址和系统管理员完全相同），将这些病毒通过电子邮件的方式发送给用户，很多用户稍不注意就可能在不知不觉中感染病毒，从而遗失重要信息，造成不必要的损失。

（5）特洛伊木马攻击。特洛伊木马程序技术是黑客常用的攻击手段。它通过在用户的计算机系统隐藏一个会在 Windows 启动时运行的程序，采用服务器/客户机的运行方式，从而达到在上网时控制用户计算机的目的。黑客利用它窃取用户的口令、浏览用户的驱动器、修改用户的文件、登录注册表等，如流传极广的冰河木马。

（6）寻找系统漏洞。许多系统都存在着安全漏洞，其中某些是操作系统或应用软件本身具有的，如 Windows 98 中的共享目录密码验证漏洞和 IE5 漏洞等，这些漏洞在补丁未被开发出来之前一般很难防御黑客的破坏，除非用户不上网。还有就是有些程序员设计一些功能复杂的程序时，一般采用模块化的程序设计思想，将整个项目分割为多个功能模块，分别进行设计、调试，这时设计和调试的后门就是一个模块的秘密入口。在程序开发阶段，后门便于测试、更改和增强模块功能。正常情况下，完成设计之后需要去掉各个模块的后门，不过有时由于疏忽或者其他原因后门没有去掉，一些别有用心的人会利用专门的扫描工具发现并利用这些后门，然后进入系统并发动攻击。另外，还有一些是管理员配置错误引起的，如在网络文件系统中，将目录和文件以可写的方式调出。

（7）电子邮件攻击。电子邮件系统面临着巨大的安全风险，很容易成为某些专门面向邮件进行攻击的目标，这些攻击有：

① 窃取、篡改数据。通过监听数据包或者截取正在传输的信息，黑客能够读取甚至修改数据。

② 伪造邮件。黑客伪造邮件，使它们看起来似乎发自某人、某地。

③ 拒绝服务。黑客可以让系统或者网络充斥邮件信息而瘫痪，这些邮件信息塞满队列，占用宝贵的 CPU 资源和网络带宽。黑客使用电子邮件攻击时，一般是采用电子邮件炸弹（E-mail Bomb）的方式。电子邮件炸弹指的是用伪造的 IP 地址和电子邮件地址向同一信箱发送数以千计、万计，甚至无穷多次的内容相同的恶意邮件，也可称之为大容量的垃圾邮件。由于每个人的邮件信箱是有限的，当庞大的邮件垃圾到达信箱的时候，就会挤满信箱，把正常的邮件给冲掉。同时，因为它占用了大量的网络资源，常常导致网络塞车，使用户不能正常地工作，严重者可能会给电子邮件服务器操作系统带来危险，甚至造成系统瘫痪。"电子邮件炸弹"是最早的拒绝服务攻击方式之一，是一种破坏性很强的攻击。

④ 病毒。现在电子邮件使得传送附件文件更加容易。如果用户毫不提防地去执行附件文件，病毒就会感染其系统。

（8）Web 欺骗。Web 欺骗是一种在 Internet 上使用的针对 WWW 的攻击技术，这种攻击方法会泄露某人的隐私或破坏数据的完整性，危及到使用 Web 浏览器的用户。黑客攻击时，先编写一些看起来"合法"的程序，上传到一些 FTP 站点或是提供给某些个人主页，诱导用户下载。当一个用户下载软件时，黑客的软件一起下载到用户的机器上。该软件会跟踪用户的计算机操作，它静静地记录着用户输入的每个口令，然后把它们发送到黑客指定的 Internet 信箱。例如，有人发送给用户电子邮件，声称为"确定我们的用户需要"而进行调查。作为对填写表格的回报，允许用户免费使用多少小时。但是，该程序实际上却是搜集用户的口令，并把它们发送给某个远方的"黑客"。

（9）利用处理程序错误的攻击。这是利用 TCP/IP 协议的处理程序中的错误进行的攻击。攻击时，黑客故意错误地设定数据包头的一些重要字段，例如，IP 包头部的 Total Length、Fragment offset、IHL 和 Source address 等字段，使用 RawSocket 将这些错误的 IP 数据包发送出去。在接收数据端，接收程序通常都存在一些问题，因而在将接收到的数据包组装成一个完整的数据包的过程中，就使系统死机、挂起或系统崩溃。

3. 黑客的防范

随着网络技术的不断发展，黑客防范问题正越来越受到人们的关注。目前，防范黑客的主要措施有以下几个方面。

（1）使用高安全级别的操作系统。在建设网络，选择网络操作系统时，要注意其提供的安全等级，应尽量选用安全等级高的操作系统。在 1999 年，由公安部提出并组织制定的强制性国家标准《计算机信息系统安全保护等级划分准则》，它通过规范、科学和公正地评定和监督管理，为计算机信息系统安全等级保护管理法规的制定和执法部门的监督检查提供依据，为计算机信息系统安全产品的研制提供技术支持，还可为安全系统的建设和管理提供技术指导。各网络管理部门应按系统的安全等级，选用符合安全等级保护要求的操作系统，及时更新操作系统版本。

（2）限制系统功能。可通过采取一些措施来限制系统可提供的服务功能和用户对系统的操作权限，以减少黑客利用这些服务功能和权限攻击系统的可能性。例如，通过增加软、硬件，或者对系统进行配置，如增强日志、记账等审计功能来保护系统的安全；限制用户对一些资源的访问权限，同时也要限制控制台的登录。可以通过使用网络安全检测仪发现那些隐藏着安全漏洞的网络服务。

（3）发现系统漏洞并及时堵住系统漏洞。为了提高网络安全检测手段的自动化程度，一些厂商生产了一些网络安全检测工具，如著名的 ISS 公司。ISS 公司是美国著名的网络安全评估工具和技术提供商，它是由一名昔日的黑客创立的，该公司的特点是以攻击方式而不是绝对防卫的方式对网络进行测试性侵入，找出企业现行网络中的弱点，提醒该企业如何堵住这些漏洞。该公司于 1998 年 6 月推介其网络安全监控工具 SAFE suite 系列产品（简称 ISS），它目前已被作为一种标准的测试工具，为众多政府机构和专业安全分析人员所使用。ISS 可以重复、高速地逐个对网络系统及防火墙中数百个已知的和未知的安全脆弱性进行测试，可在数分钟之内对防火墙可靠性进行认真的检测和分析。

（4）身份认证。身份认证是网络安全系统中的第一道关卡，是网络安全技术的一个重要方面。身份认证机制限制非法用户访问网络资源，是其他安全机制的基础，是最基本的安全服务，其他的安全服务都要依赖于它。

身份认证一般可分为用户与主机间的认证和主机与主机之间的认证，其中用户与主机间的身份认证可以分为基于回调调制解调器的认证、基于口令的认证、基于智能卡的认证以及基于生物特征的认证等几种方式。

（5）防火墙技术。反黑客最常用的是防火墙技术。防火墙是一种用来加强网络之间访问控制的特殊网络互连设备，该设备通常是软件和硬件的组合体。它是基于被保护网络具有明确定义的边界和服务，并且网络安全的威胁仅来自外部网络。它通过监测、限制以及更改跨越"防火墙"的数据流，尽可能地对外部网络屏蔽有关被保护网络的信息、结构，实现对网络的安全保护。

（6）数据加密技术。数据加密技术是为了提高信息系统的数据安全性、保密性和防止数据被破解所采用的主要手段之一。这是一种主动安全防御策略，用很小的代价就能为信息提供相当大的安全保护。数据加密有链路加密、节点加密以及端对端加密三种方式。

6.5.3 防火墙

1. 防火墙的定义

所谓"防火墙"，是指一种将内部网和公众网络（如 Internet）分开的方法，它实际上是一种隔离技术，是在两个网络通信时执行的一种访问控制手段，它能允许用户"同意"的人和数据进入用户的网络，同时将用户"不同意"的人和数据拒之门外，最大限度地阻止网络中的黑客来访问用户的网络，防止他们更改、复制和毁坏用户的重要信息。

一般的防火墙的应该具有以下控制能力。

（1）服务控制：确定哪些服务可以被访问。

（2）方向控制：对于特定的服务，可以确定允许哪个方向能够通过防火墙。

（3）用户控制：根据用户来控制对服务的访问。

（4）行为控制：控制一个特定的服务的行为。

2. 防火墙的优点

防火墙用于加强网络间的访问控制，防止外部用户非法使用内部网的资源，保护内部网络的设备不被破坏，防止内部网络的敏感数据被窃取。防火墙系统决定了哪些内部服务可以被外界访问，外界的哪些人可以访问内部的哪些可以访问的服务，以及哪些外部服务可以被内部人访问。其优点如下。

（1）防火墙对企业内部网实现了集中的安全管理，可以强化网络安全策略，比分散的主机管理更经济易行。

（2）防火墙能防止非授权用户进入内部网络。

（3）防火墙可以方便地监视网络的安全性并报警。

（4）可以作为部署网络地址转换（Network Address Translation，NAT）的地点，利用 NAT 技术，可以缓解地址空间的短缺，隐藏内部网的结构。

（5）利用防火墙对内部网络的划分，可以实现重点网段的分离，从而限制安全问题的扩散。

（6）由于所有的访问都经过防火墙，防火墙是审计和记录网络的访问和使用的最佳方式。

3. 防火墙的局限性

虽然防火墙可以提高内部网的安全性，但是防火墙也有一些缺陷和不足。有些缺陷是目前根本无法解决的，下面是防火墙存在的缺陷。

（1）限制有用的网络服务。防火墙为了提高被保护网络的安全性，限制或关闭了很多有用但存在安全缺陷的网络服务。

（2）无法防护内部网络用户的攻击。目前防火墙只提供对外部网络用户攻击的防护，对来自内部网络用户的攻击，只能依靠内部网络主机系统的安全性。

（3）Internet 防火墙无法防范通过防火墙以外的其他途径的攻击。例如，在一个被保护的网络上有一个没有限制的拨出存在，内部网络上的用户就可以直接通过 SLIP 或 PPP 连接进入 Internet。

（4）Internet 防火墙也不能完全防止传送已感染病毒的软件或文件。

（5）防火墙无法防范数据驱动型的攻击。数据驱动型的攻击从表面上看是无害的数据被邮寄或复制到 Internet 主机上，但一旦执行就开始攻击。例如，一个数据型攻击可能导致主机修改与安全相关的文件，使得入侵者很容易获得对系统的访问权。

（6）不能防备新的网络安全问题。防火墙是一种被动式的防护手段，它只能对现在已知的网络威胁起作用。

4. 防火墙的类型

防火墙有数据包过滤路由器、应用层网关、电路层网关这三种基本的类型。

（1）数据包过滤路由器。数据包过滤技术，顾名思义是在网络中适当的位置对数据包实施有选择的通过，选择的依据为系统内设置的过滤规则（通常称为访问控制表——Access Control List），只有满足过滤规则的数据包才被转发至相应的网络接口，其余数据包则从数据流中被删除。

数据包过滤可以控制站点与站点、站点与网络、网络与网络之间的相互访问，但不能控制传输的数据内容，因为内容是应用层数据，不是包过滤系统所能辨认的。

（2）应用层网关。应用层网关（Application Gateway）也称为代理服务器。代理（Proxy）技术与包过滤技术完全不同，包过滤技术是在网络层拦截所有的信息流，代理技术是针对每一个特定应用都有一个程序。代理是企图在应用层实现防火墙的功能，代理的主要特点是有状态性。代理能提供部分与传输有关的状态，能完全提供与应用相关的状态和部分传输方面的信息，代理也能处理和管理信息。

（3）电路级网关技术。电路级网关是一个通用代理服务器，它工作于 OSI 互连模型的会话层或是 TCP/IP 协议的 TCP 层。它适用于多个协议，但它不能识别在同一个协议栈上运行的不同的应用。电路级网关只依赖于 TCP 连接，只能建立起一个回路，对数据包只起转发的作用，并不进行任何附加的包处理或过滤。

虽然目前的防火墙在网络安全领域已经起着重要的作用，但是，防火墙技术还存在着许多不足之处，今后的防火墙技术的研究主要集中在以下几方面：分布式防火墙的研究、应用层网关的进一步发展研究（包括认证机制和智能代理两方面的研究）、与其他技术的集成［比如 NAT、VPN（IPSec）、IDS 以及一些认证和访问控制技术］、防火墙自身的安全性和稳定性研究。

6.5.4　数据加密与数字认证

数据加密和数字认证是网络信息安全的核心技术。其中，数据加密是保护数据免遭攻击的一种主要方法；数字认证是解决网络通信过程中双方身份的认可，以防止各种敌手对信息进行篡改的一种重要技术。数据加密和数字认证的联合使用，是确保信息安全的有效措施。

1. 数据加密

（1）密码学与密码技术。计算机密码学是研究计算机信息加密、解密及其变换的新兴科学。密码技术是密码学的具体实现，包括 4 个方面：保密（机密）、验证、完整和不可否认。

保密（privacy）：在通信中消息发送方与接收方都希望保密，只有消息的发送者和接收者才能理解消息的内容。

验证（authentication）：安全通信仅仅靠消息的机密性是不够的，必须加以验证，即接收者需要确定消息发送者的身份。

完整（integrity）：保密与验证只是安全通信中的两个基本要素，还必须保持消息的完整，即消息在传送过程中不发生改变。

不可否认（nonrepudiation）：安全通信的一个基本要素就是不可否认性，防止发送者抵赖（否定）。

密码技术包括数据加密和解密两部分。加密是把需要加密的报文按照以密码钥匙（简称密钥）为参数的函数进行转换，产生密码文件；解密是按照密钥参数进行解密，还原成原文件。数据加密和解密过程是在信源发出与进入通信之间进行加密，经过信道传输，到信宿接收时进行解密，以实现数据通信保密。如果把密钥作为加密体系标准，则可将密码系统分为单钥密码（又称对称密码或私钥密码）体系和双钥密码（又称非对称密码或公钥密码）体系。

在单钥密码体系下，加密密钥和解密密钥是一样的。双钥密码体系是 1976 年 W.Diffie 和 M.E.Heilinan 提出的一种新型密码体系。1977 年 Rivest，Shamir 和 Adleman 提出 RSA 密码体系。在双钥密码体系下，加密密钥与解密密钥是不同的，它不需要安全信道来传送密钥，可以公开加密密钥，仅需保密解密密钥。

（2）加密方法。传统的加密方法主要有代换密码法（单字母加密和多字母加密）、转换密码法、变位加密法和一次性密码簿加密法等。现代多采用算法进行加密，主要有 DES 加密算法、IDEA 加密算法、RSA 公开密钥算法、Hash-MD5 加密算法和量子加密系统等。

① DES 加密算法：是一种通用的现代加密方法，该标准是在 56 位密钥控制下，将每 64 位为一个单元的明文变成 64 位的密码。采用多层次复杂数据函数替换算法，使密码被破译的可能性几乎没有。

② IDEA 加密算法：使用 128 位的密钥，每次加密一个 64 位的块。这个算法被加强以防止一种特殊类型的攻击，称为微分密码密钥。IDEA 的特点是用了混乱和扩散等操作，主要有三种运算：异或、模加、模乘，并且容易用软件和硬件来实现。IDEA 算法被认为是现今最好的、最安全的分组密码算法，该算法可用于加密和解密。

③ RSA 公开密钥算法：是迄今为止最著名、最完善、使用最广泛的一种公钥密码体制。RSA 算法的要点在于它可以产生一对密钥，一个人可以用密钥对中的一个加密消息，另一个人则可以用密钥对中的另一个解密消息。任何人都无法通过公钥确定私钥，只有密钥对中的另一把可以解密消息。

④ Hash-MD5 加密算法：Hash 函数又名信息摘要（Message Digest）函数，是基于因子分解或离散对数问题的函数，可将任意长度的信息浓缩为较短的固定长度的数据。这组数据能够反映源信息的特征，因此又可称为信息指纹（Message Fingerprint）。Hash 函数具有很好的密码学性质，且满足 Hash 函数的单向、无碰撞基本要求。

⑤ 量子加密系统：是加密技术的新突破。量子加密系统的先进之处在于这种方法依赖的是量子力学定律。传输的光量子只允许有一个接收者，如果有人窃听，窃听动作将会对通信系统造成干扰。通信系统一旦发现有人窃听，随即结束通信，生成新的密钥。

2. 数字认证

数字认证是一种安全防护技术，它既可用于对用户身份进行确认和鉴别，也可对信息的真实可靠性进行确认和鉴别，以防止冒充、抵赖、伪造、篡改等问题。数字认证技术包括数字签名、数字时间戳、数字证书和认证中心等。

（1）数字签名。数字签名是数字认证技术中最常用的认证技术。在日常工作和生活中，人们对书信或文件的验收是根据亲笔签名或盖章来证实接收者的真实身份。在书面文件上签名有两个作用：一是因为自己的签名难以否认，从而确定了文件已签署这一事实；二是因为签名不易伪冒，从而确定了文件是真实的这一事实。但是，在计算机网络中传送的报文又如何签名盖章呢，这就是数字签名所要解决的问题。

在网络传输中如果发送方和接收方的加密、解密处理两者的信息一致，则说明发送的信息原文在传送过程中没有被破坏或篡改，从而得到准确的原文。传送过程如图 6.17 所示。

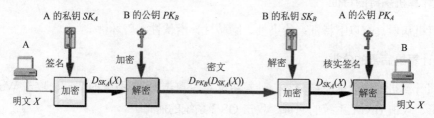

图 6.17　有保密性的数字签名

（2）数字时间戳（DTS）。在电子交易中，同样需要对交易文件的日期和时间信息采取安全措施，数字时间戳就是为电子文件发表的时间提供安全保护和证明的。DTS 是网上安全服务项目，由专门的机构提供。数字时间戳是一个加密后形成的凭证文档，它包括三个部分：

① 需要加时间戳的文件的摘要；

② DTS 机构收到文件的日期和时间；

③ DTA 机构的数字签名。

数字时间戳的产生过程：用户首先将需要加时间戳的文件用 Hash 编码加密形成摘要，然后将这个摘要发送到 DTS 机构，DTS 机构在加入了收到文件摘要的日期和时间信息后，再对这个文件加密（数字签名），然后发送给用户。

（3）数字证书。数字证书从某个功能上来说很像是密码，是用来证实用户的身份或对网络资源访问的权限等而出示的一个凭证。数字证书包括：

① 客户证书：以证明他（她）在网上的有效身份。该证书一般是由金融机构进行数字签名时发放的，不能被其他第三方更改。

② 商家证书：是由收单银行批准，由金融机构颁发，对商家是否具有信用卡支付交易资格的一个证明。

③ 网关证书：通常由收单银行或其他负责进行认证和收款的机构持有。客户对账号等信息加密的密码由网关证书提供。

④ CA 系统证书：是各级各类发放数字证书的机构所持有的数字证书，即用来证明他们有权发放数字证书的证书。

（4）认证中心（CA）。认证中心是承担网上安全电子交易认证服务、签发数字证书并能确认用户身份的服务机构。它的主要任务是受理数字凭证的申请，签发数字证书及对数字证书进行管理。

CA 认证体系由根 CA、品牌 CA、地方 CA 以及持卡人 CA、商家 CA、支付网关 CA 等不同层次构成，上一级 CA 负责下一级 CA 数字证书的申请签发及管理工作。

6.5.5　计算机病毒及防治

1．计算机病毒的概念

"病毒"一词来源于生物学，"计算机病毒"最早是由美国计算机病毒研究专家 Fred Cohen 博士正式提出的，因为计算机病毒与生物病毒在很多方面都有着相似之处。Fred Cohen 博士对计算机病毒的定义是："病毒是一种靠修改其他程序来插入或进行自身复制，从而感染其他程序的一段程序。"这一定义作为标准被普遍接受。

2．计算机病毒的特征

计算机病毒具有以下特征：传染性、隐蔽性、潜伏性、破坏性。

3．计算机病毒的分类

按照计算机病毒攻击系统分类，计算机病毒有攻击 DOS 系统的病毒、攻击 Windows 系统的病毒、攻击 UNIX 系统的病毒、攻击 OS/2 系统的病毒。

按照病毒攻击的计算机的机型分类，计算机病毒有攻击微型计算机的病毒、攻击服务器的病毒、攻击工作站的病毒、攻击大中型计算机的病毒。

由于计算机病毒本身必须有一个攻击对象以实现对计算机系统的攻击，计算机病毒所攻击的对象是计算机系统中可执行的部分，故按照计算机病毒的连接方式分类，计算机病毒有源码型病毒、嵌入型病毒、外壳型病毒、操作系统型病毒。

国际上对病毒命名的一般惯例为前缀+病毒名+后缀。前缀表示该病毒发作的操作平台或者病毒的类型，而 DOS 下的病毒一般是没有前缀的；病毒名为该病毒的名称及其家族；后缀一般可以不要，只是以此区别在该病毒家族中各病毒的不同，可以为字母、数字，以说明此病毒的大小。

4．计算机病毒的结构

计算机病毒主要由潜伏机制、传染机制和表现机制构成。若某程序被定义为计算机病毒，只有传染机制的存在是强制性的，而潜伏机制和表现机制是非强制性的。

（1）潜伏机制。潜伏机制的功能包括初始化、隐藏和捕捉。潜伏机制模块随着感染的宿主程序被执行进入内存，首先，初始化其运行环境，使病毒相对独立于宿主程序，为传染机制做好准备。然后利用各种可能的隐藏方式，躲避各种检测，欺骗系统，将自己隐藏起来。最后，不停地捕捉感染目标交给传染机制，不停地捕捉触发条件交给表现机制。

（2）传染机制。传染机制的功能包括判断和感染。传染机制先是判断候选感染目标是否已被感染，感染与否是通过感染标记来判断，感染标记是计算机系统可以识别的特定字符或字符串。一旦发现作为候选感染目标的宿主程序中没有感染标记就对其进行感染，也就是将病毒代码和感染标记放入宿主程序之中。早期的有些病毒是重复感染型的，它不做感染检查，也没有感染标记，因此这种病毒可以再次感染自身。

（3）表现机制。表现机制的功能包括判断和表现。表现机制首先对触发条件进行判断，然后根据不同的条件决定什么时候表现，如何表现。表现内容有多种多样，然而不管是炫耀、玩笑、恶作剧，还是故意破坏，或轻或重都具有破坏性。表现机制反映了病毒设计者的意图，是病毒间差异最大的部分。潜伏机制和传染机制是为表现机制服务的。

5. 计算机病毒的防治措施

计算机病毒带来的危害已经严重影响了人们的工作和生活，威胁着社会的秩序和安全。全球对防治病毒的关注和重视不断升温，病毒防治技术也随之迅速发展，与病毒制造技术展开了前所未有的竞赛。

计算机病毒的防治要从防毒、查毒、解毒三方面进行。信息系统对于计算机病毒的实际防治能力和效果也要从防毒能力、查毒能力和解毒能力三方面来评判。

"防毒"是指根据系统特性，采取相应的系统安全措施预防病毒侵入计算机。"查毒"是指对于确定的环境，能够准确地报出病毒名称，该环境包括内存、文件、引导区（含主导区）、网络等。"解毒"是指根据不同类型病毒对感染对象的修改，并按照病毒的感染特性所进行的恢复。该恢复过程不能破坏未被病毒修改的内容。感染对象包括内存、引导区（含主引导区）、可执行文件、文档文件、网络等。

附：基本网络命令

1. ping 命令

ping 命令只有在安装了 TCP/IP 协议后才可以使用，ping 命令的主要作用是通过发送数据包并接收应答信息来检测两台计算机之间的网络是否连通。当网络出现问题时，可以用这个命令来预测故障和确定故障源。如果执行 ping 不成功，则可以预测故障出现在以下几个方面：网线是否连通、网络适配器配置是否正确、IP 地址是否可用等。

ping 命令的格式：

ping [-t] [-n count] [-l size] IP

ping 命令的主要参数：

-t：使当前主机不断地向目的主机发送数据，直到按 Ctrl+C 键中断。

-n count：发送 count 指定的 ECHO 数据包数，默认值为 4。

-l size：发送数据包的大小。

通常用 ping 命令验证本地计算机和网络中计算机间的路由是否存在，即 ping 目标主机的 IP 地址看它是否响应：ping　IP_address。

下面是用命令测试网络连接是否正常的主要步骤：

ping 127.0.0.1：ping 环回地址验证是否在本地计算机上安装 TCP/IP 协议以及配置是否正确。这个命令被送到本地计算机的 TCP/IP 软件。如果没有回应，就表示 TCP/IP 的安装或运行存在某些基本问题。

ping localhost：localhost 是操作系统保留名，即 127.0.0.1 的别名。每台计算机都能将该名字转换成地址。

ping 本机 IP：本地计算机始终都会对该 ping 命令作出应答，没有则表示本地配置或安装存在问题。

ping 局域网内其他机器的 IP 地址，命令到达其他计算机再返回。收到回送应答表明本地网络中的网卡和媒介运行正常，但如果没有收到回送应答，那么表示子网掩码不正确或网卡配置错误或媒介有问题。

ping 默认网关的 IP 地址：验证默认网关是否运行以及能否与本地网络上的主机通信。

ping 远程 IP：ping 远程主机的 IP 地址验证能否通过路由器通信。

2．ipconfig 命令

ipconfig 命令可以用来显示本机当前的 TCP/IP 配置信息。

当使用 ipconfig 时不带任何参数选项，那么它为每个已经配置好的接口显示 IP 地址、子网掩码和默认网关值。

当使用 ipconfig 的 all 选项时，即 ipconfig/all 或 ipconfig -all，除了显示已配置的 TCP/IP 信息外，还显示内置于本地网卡中的物理地址（MAC 地址）以及主机名等信息。

3．netstat 命令

这个命令有助于了解网络的整体使用情况，它可以显示当前计算机中正在活动的网络连接的详细信息，如采用的协议类型、当前主机与远端相连主机的 IP 地址以及他们之间的连接状态等。用户或网络管理人员通过该命令可以得到非常详尽的网络统计结果。

netstat 的命令格式如下：

netstat [-a] [-e] [-n] [-r] [-s]

经常使用的参数为：

-a：显示所有主机连接和监听的端口号。

-e：显示以太网统计信息。

-n：以数字表格形式显示地址和端口。

-r：显示路由信息。

-s：显示每个协议的使用状态，这些协议主要有 TCP、UDP、ICMP 和 IP。

经常使用 netstat -an 命令来显示当前主机的网络连接状态，这里可以看到有哪些端口处于打开状态，有哪些远程主机连接到本机。

4．tracert 命令

这个命令可以判定数据包到达目的主机所经过的路径，显示数据包经过的中继节点清单和到达时间。

常用格式：tracert -d   target_name

-d 表示不解析主机名，这样可以节省跟踪路由的时间。

习　　题

一、单选题

1. 国际标准化组织（ISO）提出的不基于特定机型、操作系统或公司的网络体系结构 OSI 模型中，第二层和第四层分别为（　　）。

A. 物理层和网络层   B. 数据链路层和传输层

C. 网络层和表示层   D. 会话层和应用层

2. 在常用的传输介质中，（ ）的带宽最宽，信号传输衰减最小，抗干扰能力最强。

    A. 双绞线   B. 同轴电缆   C. 光纤   D. 微波

3. 调制解调技术主要用于（ ）的通信方式中。

A. 模拟信道传输数字数据   B. 模拟信道传输模拟数据

C. 数字信道传输数字数据   D. 数字信道传输模拟数据

4. 在下面的 IP 地址中属于 C 类地址的是（ ）。

    A. 141.0.0.0   B. 3.3.3.3   C. 197.234.111.123   D. 23.34.45.56

5. 在计算机网络中，能将异种网络互连起来，实现不同高层网络协议相互转换的网络互连设备是（ ）。

    A. 集线器   B. 路由器   C. 网关   D. 网桥

6. 在 Internet Explorer 浏览器中，下列关于"主页设置"的描述不正确的是（ ）。

A. 可以设置任何的网页作为主页   B. 只能将网站的首页设置为主页

C. 可以使用"空白页"作为主页   D. 单击"主页"按钮，就可打开所设置的主页

7. 在电子邮件中能包含的信息有（ ）。

A. 只能是文字   B. 只能是文字与图像信息

C. 只能是文字与声音信息   D. 可以包含文字、声音和图像等各种信息

8. 电子邮件地址的一般格式为（ ）。

    A. 用户名@域名   B. 域名@用户名   C. IP 地址@域名   D. 域名@IP 地址

9. 计算机病毒是指（ ）。

A. 一种可传染的细菌   B. 一种人为制造的破坏计算机系统的程序

C. 一种由操作者传染给计算机的病毒   D. 一种由计算机本身产生的破坏程序

10. 计算机病毒的特点可以归纳为（ ）。

A. 破坏性、隐蔽性、传染性和可读性   B. 破坏性、隐蔽性、传染性和潜伏性

C. 破坏性、隐蔽性、潜伏性和先进性   D. 破坏性、隐蔽性、潜伏性和继承性

二、多选题

1. 计算机有线网络目前通常采用的传输介质有（ ）。

    A. 同轴电缆   B. 光导纤维   C. 双绞线   D. 碳素纤维

2. URL 由以下（ ）部分组成。

    A. 协议   B. 网络名   C. 路径及文件名   D. 主机名

3. 计算机网络的主要功能有（ ）。

    A. 共享资源   B. 集中管理   C. 提高可靠性   D. 实现远程通信

4. 计算机局域网的主要特点是（ ）。

    A. 覆盖的范围较小   B. 可靠性较高   C. 传输率较高   D. 使用不方便

5. OSI/RM 将整个网络的功能分成 7 个层次（ ）。

A. 层与层之间的联系通过接口进行

B. 层与层之间的联系通过协议进行

C. 除物理层以外，各对等层之间通过协议进行通信

D. 除物理层以外，各对等层之间均存在直接的通信关系

6. OSI/RM 的 7 层结构中，第 5、6、7 层负责（ ）问题。

A. 解决传输服务   B. 处理对应用进程的访问

C. 解决网络中的通信　　　　　　　　D. 解决应用进程的通信

7. 下列有关计算机病毒的叙述中，正确的有（　　）。

　　A. 计算机病毒可以通过网络传染

　　B. 有些计算机病毒感染计算机后，不会立刻发作，潜伏一段时间后才发作

　　C. 防止病毒最有效的方法是使用正版软件

　　D. 光盘上一般不会有计算机病毒

8. 下列叙述正确的有（　　）。

　　A. 计算机病毒不会对计算机硬件造成危害

　　B. 计算机病毒是一种程序

　　C. 防止病毒其中一种有效的方法是使用正版软件

　　D. 传染病毒比较常见的途径是使用 U 盘来传送数据

三、操作题

1. 网页浏览操作：

（1）设置主页：设置 IE 浏览器启动时主页地址是安徽中医药大学的主页：

http://www.ahtcm.edu.cn/

（2）设置历史记录：将网页保存在历史记录的天数设置为 10 天。

（3）保存网页：保存整个网页（将该网页以 ahtcm.html 为名保存在"我的文档"中）；保存网页中的图片（将图片以文件名 pic.gif 另存到"我的文档"中）。

（4）历史记录：通过历史记录回到安徽中医药大学主页。

（5）信息检索：在百度搜索与"网络"有关的信息，并浏览。

（6）收藏夹的使用：打开网址 http://www.ahtcm.edu.cn，并将其网页添加至收藏夹中，命名为安徽中医药大学。将该网页关闭，并从收藏夹中直接将其打开。

（7）下载：从校园网 FTP 中下载与网络有关的资料，保存在本地计算机的 D 盘。

（8）清除历史记录：清除历史记录，观察到以前浏览过的网页在历史记录中消失。

2. 电子邮件操作：

（1）注册一个免费邮箱。

（2）发送一封邮件，并且添加一个 Word 文档作为附件。

（3）把好友邮箱地址添加到地址簿。

四、简答题

1. 什么是计算机病毒？计算机病毒有哪些特征？

2. 计算机病毒的结构是什么？

五、应用题

在 Internet 网中，某计算机的 IP 地址是 11001010.01100000.00101100.01011000，请回答下列问题：

1. 如何用十进制数表示上述 IP 地址？

2. 该 IP 地址是属于 A 类、B 类，还是 C 类地址？

3. 写出该 IP 地址在没有划分子网时的子网掩码。

4. 写出该 IP 地址在没有划分子网时计算机的主机号。

5. 将该 IP 地址划分为四个子网，写出子网掩码。

第7章 常用工具软件

- 了解计算机应用常用的工具；
- 学会基本工具的使用方法。

7.1 系统安全工具

7.1.1 360 安全工具

360 安全工具由奇虎 360 公司研发生产，包括 360 安全卫士、360 安全浏览器、360 保险箱、360 杀毒、360 软件管家、360 网页防火墙、360 手机卫士、360 极速浏览器、360 安全桌面等。

1. 360 安全卫士

360 安全卫士提供多款著名杀毒软件的免费版，拥有木马查杀、电脑（恶意软件）清理、漏洞修复、电脑体检等多种功能。如图 7.1 所示是 360 安全卫士 9.1 的界面。

图 7.1　360 安全卫士 9.1 界面

2. 360 安全浏览器

360 安全浏览器与 360 安全卫士、360 杀毒等软件一同成为 360 安全中心的系列产品，如图 7.2 所示。

360 安全浏览器是互联网上安全好用的新一代浏览器，拥有国内领先的恶意网址库，采用云查杀引擎，可自动拦截木马、欺诈、网银仿冒等恶意网址。独创的"隔离模式"，让用户在访问木马网站时其计算机也不会被感染。无痕浏览，能够更大限度保护用户的上网隐私。360 安全浏览器体积小巧、速度快、极少崩溃，并拥有翻译、截图、鼠标手势、广告过滤等几十种实用功能，已成为广大网民上网的优先选择。

图 7.2　360 安全浏览器界面

3．360 杀毒

360 杀毒是 360 安全中心出品的一款免费的云安全杀毒软件，如图 7.3 所示。它创新性地整合了五大领先防杀引擎，包括国际知名的 BitDefender 病毒查杀引擎、小红伞病毒查杀引擎、360 云查杀引擎、360 主动防御引擎、360 QVM 人工智能引擎。艾瑞咨询数据显示，截至目前，360 杀毒月度用户量已突破 3.7 亿，一直稳居安全软件市场份额头名。

图 7.3　360 杀毒界面

4．360 网盾

360 网盾是一款免费好用的全功能的上网保护软件，内嵌在 360 安全卫士中，全面防范用户上网过程中可能遇到的各种风险,有效拦截木马网站、欺诈网站,自动检测用户下载的文件,并及时清除病毒，还拥有浏览器锁定、主页锁定、一键修复浏览器等功能，使用户的浏览器时刻保持在最佳状态，做到防患于未然，保护用户计算机和个人财产不被恶意网站侵害。

5．360 手机卫士

360 手机卫士集防骚扰电话、防隐私泄露、对手机进行安全扫描、联网云查杀恶意软件、软件安装实时检测、联网行为实时监控、长途电话 IP 自动拨号、系统清理手机加速、祝福闪信/短信无痕便捷发送、电话归属地显示及查询等功能于一身。360 手机卫士为用户带来便捷实用的功能的同时，能全方位地保护手机安全及隐私。

7.1.2　其他安全工具

1．金山毒霸（Kingsoft Antivirus）

金山毒霸是金山网络旗下研发的云安全智扫反病毒软件，如图 7.4 所示。它融合了启发式搜索、代码分析、虚拟机查毒等经业界证明的成熟可靠的反病毒技术，使其在查杀病毒种类、查杀病毒速度、未知病毒防治等多方面达到世界先进水平，同时金山毒霸具有病毒防火墙实时监控、压缩文件查毒、查杀电子邮件病毒等多项先进的功能。紧随世界反病毒技术的发展，为个人用户和企事业单位提供完善的反病毒解决方案。从 2010 年 11 月 10 日起，金山毒霸（个人简体中文版）的杀毒功能和升级服务永久免费。

图 7.4　金山毒霸主界面

2．瑞星

瑞星安全产品诞生于 1991 年刚刚在经济改革中蹒跚起步的中关村，是中国最早的计算机反病毒标志，如图 7.5 所示。瑞星公司历史上几经重组，已形成一支中国最大的反病毒队伍。瑞星以研究、开发、生产及销售计算机反病毒产品、网络安全产品和反"黑客"防治产品为主，拥有全部自主知识产权和多项专利技术。

瑞星从面向个人的安全软件，到适用超大型企业网络的企业级软件、防毒墙，瑞星公司提供信息安全的整体解决方案。瑞星公司拥有业内唯一的"电信级"呼叫服务中心，以及"在线专家门诊"服务系统。

图 7.5　瑞星杀毒软件界面

　　除了提供商业级产品和服务之外，瑞星公司还向全社会免费提供公益性安全信息，如恶性病毒预警、恶意网站监测等。2011 年 3 月 18 日，瑞星公司宣布其个人安全软件产品全面、永久免费。瑞星全功能安全软件+瑞星安全助手=个人安全上网最佳搭配。

3．其他安全工具

　　（1）卡巴斯基。卡巴斯基，总部设在俄罗斯首都莫斯科，全名"卡巴斯基实验室"，是国际著名的信息安全领导厂商。公司为个人用户、企业网络提供反病毒、防黑客和反垃圾邮件产品。经过 14 年与计算机病毒的战斗，卡巴斯基获得了独特的知识和技术，使得卡巴斯基成为了病毒防卫的技术领导者。该公司的旗舰产品——著名的卡巴斯基反病毒软件（Kaspersky Anti-Virus，原名 AVP）被众多计算机专业媒体及反病毒专业评测机构誉为病毒防护的最佳产品。如图 7.6 所示是卡巴斯基 Logo。

图 7.6　卡巴斯基 Logo

　　（2）诺顿杀毒软件。诺顿杀毒软件是 Symantec（赛门铁克）公司的安全产品之一，包括 Norton AntiVirus（NAV）系列、Norton Internet Security（NIS）系列以及 Norton 360 系列，都是为个人用户设计的，属于个人消费产品，需要付费购买使用。其中 NAV 是单独的杀毒软件版本；NIS 是带有杀毒软件和防火墙的网络安全套装，并且不仅仅是单独的整合两个模块，整合后防御能力将获得质的提升，并且拥有个人身份防护功能；Norton360 是诺顿杀毒软件中功能最强大的产品，不仅仅包含了 NIS 系列的全部功能，还增加了系统优化、垃圾文件清理、在线重要数据备份（普通版本 2GB，豪华版本 10GB 容量）等整合的模块，当然售价也是最高的。除此之外，诺顿还提供了一款智能 HIPS 程序监控软件，叫做 Norton AntiBOT，能够智能分析危险进程并予以警告，属于附属软件，并且安装 Norton360 后不可安装 Norton AntiBOT，因为部分模块有冲突，NAV 与 NIS 系列可以安装 Norton AntiBOT。如图 7.7 所示是 Norton AntiVirus 软件封面。

图 7.7　Norton AntiVirus 软件封面

7.2 文件及网页设计工具

7.2.1 文件压缩工具 WinRAR

WinRAR 是一款功能强大的压缩包管理器，它是档案工具 RAR 在 Windows 环境下的图形界面。该软件可用于备份数据，缩减电子邮件附件的大小，解压缩从 Internet 上下载的 RAR、ZIP 2.0 及其他文件，并且可以新建 RAR 及 ZIP 格式的文件。如图7.8所示是 WinRAR 软件主界面。

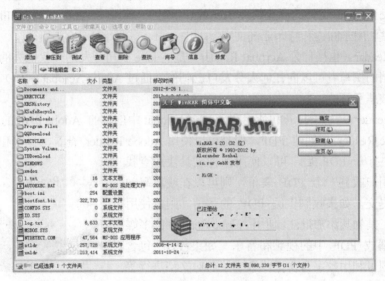

图 7.8　WinRAR 软件主界面

7.2.2 PDF 文档及阅读工具 Adobe Reader

PDF 是 Portable Document Format（便携文件格式）的缩写，是一种电子文件格式，与操作系统平台无关，由 Adobe 公司开发而成。PDF 文件是以 PostScript 语言图像模型为基础，无论在哪种打印机上都可保证精确的颜色和准确的打印效果，即 PDF 会忠实地再现原稿的每一个字符、颜色以及图像。

Adobe 公司设计 PDF 文件的目的是为了支持跨平台上的，多媒体集成的信息出版和发布，尤其是提供对网络信息发布的支持。为了达到此目的， PDF 具有许多其他电子文档格式无法相比的优点。PDF 文件格式可以将文字、字形、格式、颜色及独立于设备和分辨率的图形图像等封装在一个文件中。该格式文件还可以包含超文本链接、声音和动态影像等电子信息，支持特长文件，集成度和安全可靠性都较高。

对普通读者而言，用 PDF 制作的电子书具有纸版书的质感和阅读效果，可以逼真地展现原书的原貌，而显示大小可任意调节，给读者提供了个性化的阅读方式。由于 PDF 文件可以不依赖操作系统的语言和字体及显示设备，阅读起来很方便。这些优点使读者能很快适应电子阅读与网上阅读，无疑有利于计算机与网络在日常生活中的普及。

PDF 主要由三项技术组成：

- 衍生自 PostScript，可以说是 PostScript 的缩小版；
- 字形嵌入系统，可使字形随文件一起传输；
- 资料压缩及传输系统。

PDF 文件使用了工业标准的压缩算法，通常比 PostScript 文件小，易于传输与储存。它还是页独立的，一个 PDF 文件包含一个或多个"页"，可以单独处理各页，特别适合多处理器系统的工作。此外，一个 PDF 文件还包含文件中所使用的 PDF 格式版本，以及文件中一些重要结构的定位信息。正是由于 PDF 文件的种种优点，它逐渐成为出版业中的新宠。

Adobe 公司以 PDF 文件技术为核心，提供了一整套电子和网络出版解决方案，其中包括用于生成和阅读 PDF 文件的商业软件 Acrobat 和用于编辑制作 PDF 文件的 Illustrator 等。Adobe 还提供了用于阅读和打印亚洲文字，即中、日、韩文字所需的字形包。

Adobe Reader（也被称为 Acrobat Reader）是 Adobe 公司开发的一款优秀的 PDF 文件阅读软件。文档的撰写者可以向任何人分发自己制作（通过 Adobe Acrobat 制作）的 PDF 文档而不用担心被恶意篡改。

Adobe Reader 是用于打开和使用在 Adobe Acrobat 中创建的 Adobe PDF 的工具。 虽然无法在 Adobe Reader 中创建 PDF，但是可以使用 Adobe Reader 查看、打印和管理 PDF。在 Reader 中打开 PDF 后，可以使用多种工具快速查找信息。如果用户收到一个 PDF 表单，则可以在线填写并以电子方式提交。如果收到审阅 PDF 的邀请，则可使用注释和标记工具为其添加批注。使用 Adobe Reader 的多媒体工具可以播放 PDF 中的视频和音乐。如果 PDF 包含敏感信息，则可利用数字身份证或数字签名对文档进行签名或验证。如图 7.9 所示是 Adobe Reader 的软件界面。

图 7.9　Adobe Reader 的软件界面

7.2.3　文件传输工具

1. CuteFTP

CuteFTP 是小巧强大的 FTP（文件传输工具）之一，具有友好的用户界面，稳定的传输速度。LeapFTP 与 FlashFXP、CuteFTP 堪称 FTP 三剑客。FlashFXP 传输速度比较快，但有时对于一些教育网 FTP 站点却无法连接；LeapFTP 传输速度稳定，能够连接绝大多数 FTP 站点（包括一些教育网站点）；CuteFTP 虽然相对来说比较庞大，但其自带了许多免费的 FTP 站点，资源丰富。

CuteFTP 最新 Pro 版是最好的 FTP 客户程序之一，如果是 CuteFTP 老版本的用户，会发现很多有用的新特色，如目录比较、目录上传和下载、远端文件编辑，以及 IE 风格的工具条，可让用户编列顺序一次下载或上传同一站台中不同目录下的文件。

CuteFTP 软件界面如图 7.10 所示。

CuteFTP 主要功能包括：站点对站点的文件传输（FXP）、定制操作日程、远程文件修改、自动拨号功能、自动搜索文件、连接向导、连续传输，直到完成文件传输、shell 集成、及时给出出错信息、恢复传输队列、附加防火墙支持、删除回收箱中的文件等。

图 7.10　CuteFTP 的软件封面

2. FlashFXP

FlashFXP 是另外一款功能强大的 FXP/FTP 软件，集成了其他优秀的 FTP 软件的优点，如 CuteFTP 的目录比较、支持彩色文字显示；如 BpFTP 支持多目录选择文件、暂存目录；又如 LeapFTP 的界面设计。FlashFXP 具有如下功能：支持目录（和子目录）的文件传输、删除；支持上传、下载，以及第三方文件续传；可以跳过指定的文件类型，只传送需要的本件；可自定义不同文件类型的显示颜色；暂存远程目录列表，支持 FTP 代理及 Socks 3&4；有避免闲置断线功能，防止被 FTP 平台踢出；可显示或隐藏具有"隐藏"属性的文档和目录；支持每个平台使用被动模式等。FlashFXP 的软件界面如图 7.11 所示。

图 7.11　FlashFXP 的软件界面

7.2.4　网页设计工具 Dreamweaver CS3

Dreamweaver CS3 是 Adobe 公司推出的 Adobe Creative Suite 3 中重要的组成软件，是世界上最优秀的可视化网页设计制作工具和网站管理工具之一，与老版本相比，Dreamweaver CS3 包含完整的 CSS 支持、集成的编码环境、用于构建动态用户界面的 Ajax 组件，以及与其他 Adobe 软件的智能集成的新特性。它是一款专门用于 Web 网页设计的软件，具有界面友好（见图 7.12）、易学易用的优点，拥有广大的用户群体。借助 Dreamweaver CS3 软件，可以轻松、快速地完成设计、开发和维护网站以及 Web 应用程序的全过程。

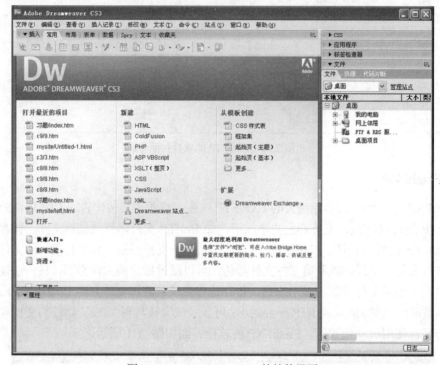

图 7.12　Dreamweaver CS3 的软件界面

利用 Dreamweaver CS3 中的可视化编辑功能，用户可以快速创建 Web 页面而无须编写任何代码，可以查看所有站点元素或资源，并将它们从易于使用的面板直接拖到文档中。Dreamweaver CS3 还可以使用服务器技术（如 CFML、ASP.NET、ASP、JSP 和 PHP）生成动态的、数据库驱动的 Web 应用程序。如果需要使用 XML 数据，Dreamweaver CS3 也提供了相关工具，可轻松创建 XSLT 页、附加 XML 文件并在 Web 页中显示 XML 数据，所有这些功能都可以在 Dreamweaver CS3 中完全自定义。可以创建自己的对象，修改快捷键，甚至编写 JavaScript 代码，用新的行为、属性检查器和站点报告来扩展 Dreamweaver CS3 的功能。

Adobe Dreamweaver CS3 是在 Dreamweaver 中加入 Adobe 大家庭后首次推出的新产品，它在老版本的基础上增加了许多新功能。

Dreamweaver CS3 的新功能中，比较明显的升级是基于 Ajax 的 Spry 应用，在 Dreamweaver CS3 的"插入"面板中新增加了 Spry 标签和 Spry 数据标签，其中包括"Spry 数据""Spry 窗口组件"和"Spry 框架"三组功能。除了这三种 Spry 应用，Dreamweaver CS3 的"行为"

面板还新增了一组 Spry 效果，包括：

- Spry 数据：Spry 数据包括"XML 数据集""Spry 区域""Spry 重复项""Spry 重复列表"和"Spry 表"五种类型。在设计动态网页的时候，可以使用 XML 从 RSS 或数据库将数据集成到 Web 网页中，集成的数据很容易排序和过滤。具体的操作可以理解为，先为页面定义 Spry 数据库，再在网页中添加 Spry 数据集。

- Spry 窗口组件：包括"Spry 验证文本域""Spry 验证选择""Spry 验证复选框"和"Spry 验证文本区域"四种。利用 Spry 框架的窗口组件，可以轻松地将常见界面组件添加到 Web 页中。

- Spry 框架：在 Dreamweaver CS3 中使用合适的 Spry 框架，以可视方式的设计、开发和部署动态的用户界面。这样就能够在减少页面刷新的同时，增加交互性、速度和可用性。

- Spry 效果：Spry 效果是 Dreamweaver CS3 提供的一组全新的互动式行为功能，这些功能放置在"行为"面板中，借助适合于 Ajax 的 Spry 效果，能够轻松地向页面元素添加视觉过渡，以使它们扩大选择、收缩、渐隐、高光等操作。

在 Web 2.0 的大背景下，Ajax Spry 框架是 Adobe 公司推出的核心布局框架技术。Ajax 允许页面的局部领域被刷新，提高了站点的易用性。Spry 应用了少量的 Javascript 和 XML，但是 Spry 框架是以 HTML 为中心的，因而只要具有 HTML、CSS、JavaScript 基础知识的用户就可以方便地使用。

Dreamweaver CS3 进一步强化了 CSS 的应用功能，既为初学者提供了预备 CSS 样式的新文件模板，也为喜欢程序开发的用户提供了技术交流网站，还增强了 CSS 的布局和管理操作，为网页开发人员提供了更高效、便捷的 CSS 设计环境。下面将介绍"CSS Advisor 网站""CSS 布局""CSS 管理"，具体如下。

- CSS Advisor 网站：Adobe 公司为 Web 开发人员推出了全新的 CSS Advisor 网站（http://www.adobe.com/go/cssadvisor），该网站不但有 CSS Advisor 信息和常见问题的解决方案，还提供开发人员交流 CSS 应用技术和见解。

- CSS 布局：Dreamweaver CS3 提供一组预先设计的 CSS 布局，这些布局可以帮助用户快速设计好网页并运行，并且在 CSS 布局的代码中提供了丰富的内联注释，帮助用户了解 CSS 页面布局。

- CSS 管理：Dreamweaver CS3 允许 CSS 规则代码自由移动，使用 CSS 管理能够轻松移动 CSS 代码，从行中到标题，从标题到外部表，从文档到文档，或在外部表之间。这样既方便调整 CSS 的位置，也可将不需要的 CSS 样式清除。

Adobe 公司将图像处理、Web 设计、动画制作等应用软件组合成强大的 Creative Suite 3.0 工作平台，其中 Web 设计工作由 Dreamweaver CS3 担当。作为一个完整而强大的设计平台，使用 Dreamweaver CS3 完成 Web 设计、开发和维护的同时，还可与其他类型的应用软件高度集成应用，例如 Adobe Flash CS3 Professional、Fireworks CS3、Photoshop CS3 及用于创建移动设备内容的 Adobe Device Central CS3 等。所有的设计都可迅速切换并共享设计资源，使整个设计工作更加融合、便捷、高效。

为了方便网页开发人员对文件代码的编辑与管理，Dreamweaver CS3 增强了代码环境的操作功能，借助代码折叠、彩色编码、行号及带有注释/取消注释和代码片段的编码工具条，可以高效完成网页代码的编写和管理。

Dreamweaver CS3 使用全新的浏览器兼容性检查功能，可直接在网页设计过程中，即时预览网页效果。这样在设计网页的过程中就不用担心浏览网页而浪费宝贵的时间，可以随时通过浏览网页发现错误并纠正，保证网页的质量。同时还可以检查网页在不同操作系统之间和跨浏览器的兼容性，帮助用户处理一些含缺陷、非标准格式的网页错误，使网页在不同浏览器中都能正常显示。

在对网页进行预览检查时，还可以有针对性地对网页被忽略、浏览器不同的兼容性等问题进行检查并生成问题报告。

7.3　图形图像工具

7.3.1　图像处理软件——Adobe Photoshop

Adobe Photoshop，简称 PS，是一个由 Adobe Systems 公司开发和发行的最为出名的图像处理软件之一。Photoshop 主要处理以像素所构成的数字图像。使用其众多的编修与绘图工具，可以更有效地进行图片编辑工作。2003 年，Adobe 将 Adobe Photoshop 8 更名为 Adobe Photoshop CS。因此，Adobe Photoshop CS6 是 Adobe Photoshop 中的第 13 个主要版本。

多数人对于 Photoshop 的了解仅限于"一个很好的图像编辑软件"，并不知道它的诸多应用，实际上，Photoshop 的应用领域很广泛，在图像、图形、文字、视频、出版等各方面都有涉及。

Adobe Photoshop CS 作为 Adobe 的核心产品，历来最受关注不仅仅因为它完美兼容 Vista/7，更重要的是它具有几十个激动人心的全新特性，诸如支持宽屏显示器的新式版面、集 20 多个窗口于一身的 dock、占用面积更小的工具栏、多张照片自动生成全景、灵活的黑白转换、更易调节的选择工具、智能的滤镜、改进的消失点特性、更好的 32 位 HDR 图像支持等。另外，Photoshop 从 CS5 首次开始分为两个版本，分别是常规的标准版和支持 3D 功能的 Extended（扩展）版。其软件界面如图 7.13 所示。

从功能上看，该软件可分为图像编辑、图像合成、校色调色及特效制作部分等。　图像编辑是图像处理的基础，可以对图像做各种变换，如放大、缩小、旋转、倾斜、镜像、透视等，也可进行复制、去除斑点、修补、修饰图像的残损等。这在婚纱摄影、人像处理制作中有非常大的作用，例如去除人像上不满意的部分，进行美化加工，得到让人非常满意的效果。

图像合成则是将几幅图像通过图层操作、工具应用合成完整的、传达明确意义的图像，这是美术设计的必经之路。Photoshop 软件提供的绘图工具让外来图像与创意很好地融合，使图像的合成天衣无缝成为可能。

校色调色是该软件中深具威力的功能之一，可方便快捷地对图像的颜色进行明暗、色偏的调整和校正，也可在不同颜色之间进行切换，以满足图像在不同领域如网页设计、印刷、多媒体等方面的应用。

特效制作在该软件中主要由滤镜、通道及工具综合应用完成，包括图像的特效创意和特效字的制作，如油画、浮雕、石膏画、素描等常用的传统美术技巧都可借由该软件特效完成。而各种特效字的制作更是很多美术设计师热衷于该软件的研究的原因。

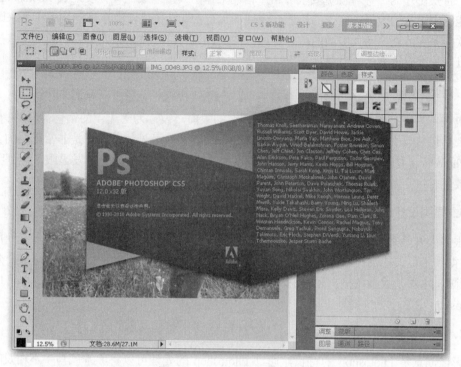

图 7.13　Photoshop 软件界面

Photoshop 的具体功能如下。

1．专业测评

Photoshop 的应用领域很广泛的，在图像处理、视频、出版各方面都有涉及。Photoshop 的专长在于图像处理，而不是图形创作。有必要区分一下这两个概念，图像处理是对已有的位图图像进行编辑加工处理以及运用一些特殊效果，其重点在于对图像的处理加工；图形创作软件是按照自己的构思创意，使用矢量图形来设计图形，这类软件主要有 Adobe 公司的另一个著名软件 Illustrator、Macromedia 公司的 Freehand 以及 Corel 公司的 CorelDRAW（CDR）。Photoshop Creative Suite 5.5 已经上市。

2．平面设计

平面设计是 Photoshop 应用最为广泛的领域，无论是正在阅读的图书封面，还是大街上看到的招贴、海报，这些具有丰富图像的平面印刷品，基本上都需要 Photoshop 软件对图像进行处理。

3．修复照片

Photoshop 具有强大的图像修饰功能，利用这些功能，可以快速修复一张破损的老照片，也可以修复人脸上的斑点等缺陷。随着数码电子产品的普及，图形图像处理技术逐渐被越来越多的人应用，如美化照片、制作个性化的影集、修复已经损毁的图片等。

4．广告摄影

广告摄影作为一种对视觉要求非常严格的工作，其最终成品往往要经过 Photoshop 的修改才能得到满意的效果。广告的构思与表现形式是密切相关的，有了好的构思接下来则需要通过软件来完成它，而大多数的广告是通过图像合成与特效技术来完成的。通过这些技术手段可以更加准确地表达出广告的主题。

5．包装设计

包装作为产品的第一形象最先展现在顾客的眼前，被称为"无声的销售员"，只有在顾客被产品包装吸引并进行查阅后，才会决定会不会购买，可见包装设计是非常重要的。

Photoshop 图像合成和特效的运用使得产品在琳琅满目的货架上越发显眼，达到吸引顾客的效果。

6．插画设计

很多人开始采用 Photoshop 图形设计工具创作插图。Photoshop 图形软件的功能使用户的创作得到了更大的发挥，无论风格是简洁，还是繁复绵密，无论是想体现传统媒介效果，如油画、水彩、版画风格，还是想体现数字图形无穷无尽的新变化、新趣味，都可以通过 Photoshop 更方便更快捷地完成。

7．影像创意

影像创意是 Photoshop 的特长，通过 Photoshop 的处理可以将原本风马牛不相及的对象组合在一起，也可以使用 Photoshop "狸猫换太子"的手段使图像发生面目全非的巨大变化。

8．艺术文字

当文字遇到 Photoshop，就已经注定其不再普通。利用 Photoshop 可以使文字发生各种各样的变化，并利用这些艺术化处理后的文字为图像增加效果。利用 Photoshop 对文字进行创意设计，可以使文字变得更加美观，个性更强，使得文字的感染力大大地加强了。

9．网页制作

网络的普及是促使更多人掌握 Photoshop 的一个重要原因。因为在制作网页时 Photoshop 是必不可少的网页图像处理软件。

10．后期修饰

在制作建筑效果图，包括许多三维场景时，人物、配景及其场景的颜色常常需要在 Photoshop 中增加并调整。

11．绘画

由于 Photoshop 具有良好的绘画与调色功能，许多插画设计制作者往往使用铅笔绘制草稿，然后用 Photoshop 填色的方法来绘制插画。

除此之外，近些年来非常流行的像素画也多为设计师使用 Photoshop 效果图创作的作品。动漫设计十分盛行，有越来越多的爱好者加入动漫设计的行列，Photoshop 软件的强大功能使得它在动漫设计行业有着不可取代的地位，从最初的形象设定到最后的渲染输出，都离不开它。

12. 处理三维贴图

在三维软件中，如果能够制作出精良的模型，而无法为模型应用逼真的贴图，也无法得到较好的渲染效果。实际上在制作材质时，除了要依靠软件本身具有材质功能外，利用Photoshop 制作出在三维软件中无法得到的合适的材质也是非常重要的。

13. 婚纱照片设计

当前越来越多的婚纱影楼开始使用数码相机拍照，这也使得利用 Photoshop 进行婚纱照片设计和处理成为一个新兴的行业。

14. 视觉创意与设计

视觉创意与设计是设计艺术的一个分支，此类设计通常没有非常明显的商业目的，但由于其为广大设计爱好者提供了广阔的设计空间，因此越来越多的设计爱好者开始学习Photoshop 进行具有个人特色与风格的视觉创意。 视觉创意与设计作品给观者以强大的视觉冲击力，引发观者的无限联想，给读者视觉上带来极高的享受。这类作品制作的主要工具当属 Photoshop。

15. 图标制作

虽然使用 Photoshop 制作图标在感觉上有些大材小用，但使用此软件制作的图标的确非常精美。

16. 界面设计

界面设计是一个新兴的领域，已经受到越来越多的软件企业及开发者的重视，虽然暂时还未成为一种全新的职业，但相信不久一定会出现专业的界面设计师职业。在当前还没有专门做界面设计的专业软件，因此绝大多数设计者使用的都是 Photoshop 软件。

实际上 Photoshop 的应用还远不止上述这些。例如，影视后期制作及二维动画制作，Photoshop 软件也有所涉及。

如果用户经常上网的话，会看到很多界面设计得很朴素，看起来给人一种很舒服的感觉；有的界面很有创意，给人带来视觉的冲击。界面的设计既要从外观上进行创意以到达吸引人的目的，还要结合图形和版面设计的相关原理，从而使得界面设计变成了独特的艺术。

为了使界面效果满足人们的要求，就需要设计师在界面设计中用到图形合成等效果，再配合上特效的使用使界面变得更加精美。

7.3.2 抓图工具

1. 红蜻蜓抓图精灵

红蜻蜓抓图精灵（RdfSnap）是由非常软件工作室开发的一款完全免费的专业级屏幕捕捉软件，如图 7.14 所示，该软件能够让用户比较方便地捕捉到需要的屏幕截图。其主要的特点如下。

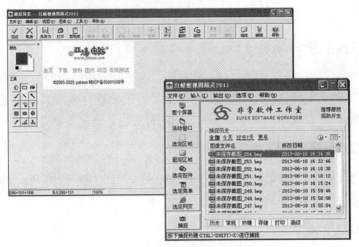

图 7.14　红蜻蜓抓图精灵软件界面

- 多种捕捉方式，包括整个屏幕、活动窗口、选定区域、固定区域、选定控件、选定菜单等。
- 多种输出方式，分别有文件、剪贴板、画图、打印机等输出方式。
- 捕捉光标功能，在捕捉图像时能捕捉鼠标光标指针。
- 捕捉图像时隐藏主窗口，即在捕捉图像时自动隐藏主窗口。
- 播放捕捉成功提示声音，即在捕捉完成时播放捕捉成功提示声音。
- 捕捉图像预览功能，即在捕捉完成后，显示预览窗口。
- 常用的图像编辑功能，在捕捉预览窗口中用户可以对图像进行编辑，如可以在图像上画线、添加文本、画矩形、画椭圆形或圆角矩形等。
- 屏幕放大镜，在区域捕捉模式下能够显示屏幕放大镜，便于精确地进行图像捕捉。
- 区域闪烁显示功能，在选定控件捕捉时可以使选区边框闪烁显示。
- 捕捉层叠菜单功能，在选定菜单捕捉时可以设置是否捕捉层叠（级联）菜单。 通过选择主窗口中的"常规"选项卡，再选择"选定菜单捕捉时，捕捉层叠菜单"选项来开启/关闭该功能。
- 长网页滚屏捕捉功能，可以对 IE（Internet Explorer）/360 安全浏览器（360SE）/世界之窗（TheWorld）/傲游（Maxthon）/腾讯 TT（Tencent Traveler）/上网快手（Quick Explorer）等 IE 内核浏览器中显示的网页进行捕捉，支持对长网页滚屏捕捉，可一次性将整个长网页捕捉成一张图片。
- 捕捉热键自定义功能，捕捉图像最常用的方式就是使用热键捕捉，该软件提供"捕捉热键"和"重复最后捕捉热键"两个热键。"捕捉热键"用于常规捕捉，"重复最后捕捉热键"可以继承上次捕捉的方式，捕捉屏幕的区域位置，捕捉控件对象等参数，实现高效捕捉。
- 图像文件自动命名功能，能够对捕捉到的图片进行自动命名保存，可以设置根据时间或文件名模板自动保存。
- 图像保存目录及格式设置功能，可以为捕捉的图像规定默认保存位置及图像格式，图像格式包括 BMP、GIF、JPG、PNG、TIF 等。

- 随着 Windows 启动而自启动的功能，对于经常要进行抓图工作的用户，可以使用此功能。

- 延迟捕捉功能，有时用户不想在按下捕捉热键（按钮）后立即开始捕捉，而是稍过几秒钟再捕捉，就可以使用此功能来实现，另外还可以在捕捉延迟期间显示倒数计秒浮动窗口。

- 输出文件名询问功能，不是所有的情况下，用户都希望输出文件时使用文件模板命名来保存文件，这时可以开启该功能，软件会询问保存图像的文件名称。

- 墙纸设置功能，用户在使用该软件时，经常会捕捉到自己喜欢的图像，这时可以使用此功能将图像设成墙纸。另外，使用本软件设置的墙纸也可以被轻松地去除。

- 使用画图编辑功能，当本软件提供的图像编辑功能不能满足用户需求时，用户可以选择使用画图编辑捕捉到的图像。

- 水印添加功能，此功能可以在捕捉图像上自动添加图像水印和时间戳。图像水印文件、水印位置和不透明度可以根据需要进行设置；时间戳与拍照时在照片上添加拍照日期时间类似，可以在捕捉图像上添加日期时间信息。

- 外接图片编辑器功能，此功能专为对屏幕捕捉图像有较高处理需求的用户设计。通过此功能，用户可以设定及使用第三方图像编辑工具对屏幕捕捉图像进行编辑处理。通过选择进行外接图片编辑器的设定，设置外接图片编辑器后，可以使用外接图片编辑器对图片进行编辑处理。

2．HyperSnap

HyperSnap 是一款非常优秀的屏幕截图工具，它不仅能抓取标准桌面程序，还能抓取 DirectX，3Dfx Glide 的游戏视频或 DVD 屏幕图。它能以 20 多种图形格式（包括 BMP，GIF，JPEG，TIFF，PCX 等）保存并阅读图片，可以用快捷键或自动定时器从屏幕上抓图。它的功能还包括：在所抓取的图像中显示鼠标轨迹，收集工具，有调色板功能并能设置分辨率，还能选择从 TWAIN 装置（扫描仪和数码相机）中抓图。其软件界面如图 7.15 所示。

图 7.15　HyperSnap 软件界面

这款软件在国外的软件下载网站的下载成绩相当不错，有五颗星的评价。常抓图的朋友一定经常遇到一些很烦人的情况，例如无法截取 DVD 的画面或 DOS 模式下的图，或者是一些游戏的过场动画、内容等。这些情况，利用 HyperSnap，都可以轻轻松松地解决。

HyperSnap 同样能提供专业级的影像效果，可让用户轻松地抓取屏幕画面，例如使用 DirectX 技术的游戏及 DVD 画面，并且采用新的去背景功能让用户将抓取后的图形去除不必要的背景，采用预览功能可以正确地显示用户的截图打印出来的效果。

在 HyperSnap 中，使用了更新的技术，不但可以截取游戏、Video 影像，甚至 DVD 等使用 DirectX 的画面，甚至连 Direct3D 或 3Dfx Glide 模式的图像都"照抓不误"。

此外，用户也不需要在抓图前先开启 HyperSnap 并设定抓取 DirectX 画面的选项。HyperSnap 支持超过 20 种影像模式，对于影像绘图软体的支持程度都相当高。

很多新人可能不会用 HyperSnap 视频截图，其实很简单，方法如下：添加一个新的捕捉视频覆盖方式，通过"捕捉"菜单的"启用视频或游戏捕捉..."命令启用它。一旦启用，HyperSnap 常规屏幕捕捉功能也可捕捉视频图像。

7.3.3 看图软件——ACDSee

ACDSee（奥视迪）是非常流行的看图工具之一。它提供了良好的操作界面、简单人性化的操作方式，以及优质的快速图形解码方式，支持丰富的图形格式，具有强大的图形文件管理功能等。与其他图像观赏器比较，ACDSee 打开图像档案的速度无疑是相对快的。

ACDSee 软件界面如图 7.16 所示。

图 7.16　ACDSee 软件界面

ACDSee 支持 WAV 格式的音频文件播放，英文版最新版为 ACDSee 15，中文版最新版本为 ACDSee 14。

ACDSee 可快速开启，能浏览大多数的影像格式，并且新增了 QuickTime 及 Adobe 格式档案的浏览，可以将图片放大、缩小，调整视窗大小与图片大小配合，进行全屏幕的影像浏览，并且支持 GIF 动态影像。ACDSee 不但可以将图片转成 BMP、JPG 和 PCX 文档，而且只需按一下命令便可将图片设成桌面背景，图片可以按播放幻灯片的方式浏览，利用 ACDSee 还可以看 GIF 的动画。而且 ACDSee 提供了方便的电子相册，有十多种排序方式，提供树状显示文件夹、快速的缩图浏览、拖曳等功能，能播放 WAV 音效文档，文档管理器可以批量修改文档名称，编辑程序的附带描述说明。

ACDSee 本身也提供了许多影像编辑的功能，包括多种影像格式的转换，可以由文档描述来搜索图片文档，简单的影像编辑，如复制影像至剪贴板、旋转或修剪影像、设定桌面，并且可以从数码相机输入影像。另外 ACDSee 有多种影像打印的选择，还可以在网络上分享图片，通过网络来快速且有弹性地传送拥有的数码影像。

7.4　音频和视频工具

7.4.1　音频工具——千千静听

千千静听是一款完全免费的音乐播放软件，集播放、音效、转换、歌词等众多功能于一身。其小巧精致、操作简捷、功能强大，深得用户喜爱，被网友评为中国十大优秀软件之一，并且成为目前国内最受欢迎的音乐播放软件。其软件界面如图 7.17 所示。

图 7.17　千千静听软件界面

千千静听拥有自主研发的全新音频引擎，支持 DirectSound、Kernel Streaming 和 ASIO 等高级音频流输出方式、64 比特混音、AddIn 插件扩展技术，具有资源占用低、运行效率高、扩展能力强等特点。

千千静听支持几乎所有常见的音频格式，包括 MP3/mp3PRO、AAC/AAC+、M4A/MP4、WMA、APE、MPC、OGG、WAVE、CD、FLAC、RM、TTA、AIFF、AU 等音频格式以及多种 MOD 和 MIDI 音乐，以及 AVI、VCD、DVD 等多种视频文件中的音频流，还支持 CUE 音轨索引文件。

通过简单便捷的操作，可以在多种音频格式之间进行轻松转换，包括上述所有格式（以及 CD 或 DVD 中的音频流）到 WAVE、MP3、APE、WMA 等格式的转换，通过基于 COM 接口的 AddIn 插件或第三方提供的命令行编码器还能支持更多格式的播放和转换。

千千静听支持高级采样频率转换（SSRC）和多种比特输出方式，并具有强大的回放增益功能，可在播放时自动将音量调节到最佳水平以实现不同文件相同音量的效果，具有基于频域的 10 波段均衡器、多级杜比环绕、交叉淡入淡出音效，兼容并可同时激活多个 Winamp2 的音效插件。

千千静听支持所有常见的标签格式，包括 ID3v1/v2、WMA、RM、APE 和 Vorbis 等，支持批量修改标签和以标签重命名文件，具有轻松管理播放列表、采用 freedb 接口实现自动在线获取 CD 的音轨信息的功能。

千千静听倍受用户喜爱和推崇的，还包括其强大而完善的同步歌词功能。在播放歌曲的同时，可以自动连接到千千静听庞大的歌词库服务器，下载相匹配的歌词，并且以卡拉 OK 式效果同步滚动显示，支持鼠标拖动定位播放，另有独具特色的歌词编辑功能，可以自己制作或修改同步歌词，还可以直接将自己精心制作的歌词上传到服务器实现与他人共享。

此外，千千静听还有更多深受用户喜爱的个性化设计功能，例如支持音乐媒体库、多播放列表和音频文件搜索，贴心的播放跟随光标功能，多种视觉效果享受，支持视觉效果、歌词全屏显示及多种组合全屏显示模式，可进行专辑封面编辑和自制皮肤的更换，具有磁性窗口、半透明/淡入淡出窗口、窗口阴影、任务栏图标、自定义快捷键、信息滚动、菜单功能提示等。

7.4.2　视频工具——暴风影音

暴风影音软件是由北京暴风网际科技有限公司出品，其软件界面如图 7.18 所示。北京暴风网际科技有限公司从 2006 年开始致力于为互联网用户提供优质的互联网影音娱乐体验，并开发出"酷热影音"播放软件，迅速成为中国三大播放软件之一。2007 年，酷热与原暴风影音团队合并，成立北京暴风网际科技有限公司，并迅速成为最大的中国互联网影音播放解决方案提供商。

图 7.18　暴风影音软件界面

暴风影音自动调整对硬件的支持，它提供和升级了系统对常见的绝大多数影音文件和流的支持，包括 RealMedia、QuickTime、MPEG2、MPEG4（ASP/AVC）、VP3/6/7、Indeo、FLV 等流行视频格式，AC3/DTS/LPCM/AAC/OGG/MPC/APE/FLAC/TTA/WV 等流行音频格式，以及 3GP/Matroska/MP4/OGM/PMP/XVD 等媒体封装及字幕支持等。配合 Windows Media Player 最新版本可完成当前大多数流行影音文件、流媒体、影碟等的播放而无需其他任何专用软件。

暴风影音采用 NSIS 封装，为标准的 Windows 安装程序，其特点是单文件多语种（简体中文 + 英文），具有稳定灵活的安装、卸载、维护和修复功能，并对集成的解码器组合进行了尽可能的优化和兼容性调整，适合普通的大多数以多媒体欣赏或简单制作为主要需求的用户（包括初级用户），而对于经验丰富或有较专业的多媒体制作需求的用户，建议自行分别安装适合自己需求的独立工具，而不是使用集成的通用解码包。

暴风影音 2011 整合了暴风转码，对媒体文件进行格式转换。

该公司在发布暴风影音 2012 在线高清版时就宣布，其 SHD 专利技术力保用户在 1Mb/s 带宽流畅观看 720P 高清电影，眼下国内用户使用 ADSL 宽带上网的数量占绝大多数，然而根据第三方统计，能享受到 2Mb/s、4Mb/s，甚至光纤高速上网的网友占全国网民数量远远不算多，相反昂贵的宽带费用让 512K～1Mb/s 带宽的互联网用户成为了中国网民的主要人群，因此在有限的宽带资源下能在线流畅播放高清片才是许多用户期望的。拥有深厚视频技术积累的暴风影音软件在 2012 新版中将高清视频播放所需的宽带要求降到新低点，以技术改善用户体验，也是给予广大国内网民的实惠。

暴风影音在线播放视频技术非常优秀，该公司凭借 SHD（基于高清编码的重组压缩算法）专利技术，实现了码率与速度的完美平衡，即码率相同画质更好，画质相同码率最低，在帮助 1Mb/s 带宽用户流畅观看 720P 高清视频的同时，如果用户使用的是 2Mb/s、4Mb/s 以及光纤等更宽的网速，在线播放将非常流畅。

7.5 网络工具

7.5.1 腾讯工具

1. 腾讯 QQ

腾讯 QQ（简称 QQ）是腾讯公司开发的一款基于 Internet 的即时通信（IM）软件，其软件及设置界面如图 7.19 所示。腾讯 QQ 支持在线聊天、视频电话、点对点断点续传文件、共享文件、网络硬盘、自定义面板、QQ 邮箱等多种功能，并可与移动通信终端等多种通信方式相连。1999 年 2 月，腾讯正式推出第一个即时通信软件——腾讯 QQ，QQ 在线用户由 1999 年的 2 人已经发展到现在的上亿用户，是中国目前使用最广泛的聊天软件之一。

图 7.19 QQ 软件及设置界面

考虑到 QQ 用户的广泛性，下面具体介绍其他业务。

（1）QQ 群。QQ 群是一个聚集一定数量 QQ 用户的长期稳定的公共聊天室，最早见于 QQ2000c Build0825 版本。QQ 群成员可以通过文字、语音进行聊天，在群空间内也可以通过群论坛、群相册、群共享文件等方式进行交流。创建的 QQ 群的人叫做群主，能委任群成员为管理员转让群和解散群，群主和管理员可以添加、删除群成员。相对于 QQ 群，群讨论组适合人少的文字、图片聊天。QQ 群与 QQ 校友里的班级绑定后，QQ 群随即变为班级群，群内的成员名字默认显示为其在 QQ 校友注册的姓名，同时共享空间也会被置换成 QQ 校友的共享空间。

（2）QQ 空间。QQ 空间（Qzone）是腾讯公司于 2005 年开发出来的一个个性空间，具有博客（blog）的功能，自问世以来受到众多人的喜爱。

（3）QQ 朋友网。朋友网原名 QQ 校友，是腾讯公司打造的真实社交平台，为用户提供行业、公司、学校、班级、熟人等真实的社交场景。2011 年 7 月 5 日，腾讯公司正式宣布旗下社区腾讯朋友更名为朋友网。

（4）QQ 邮箱。QQ 邮箱是腾讯公司 2002 年推出，向用户提供安全、稳定、快速、便捷电子邮件服务的邮箱产品。

（5）QQ 音乐。QQ 音乐是中国最大的网络音乐平台，是中国互联网领域领先的正版数字音乐服务提供商，始终走在音乐潮流最前端，向广大用户提供方便流畅的在线音乐和丰富多彩的音乐社区服务。

（6）QQ 旋风。QQ 旋风是腾讯公司 2008 年底推出的新一代互联网下载工具，其下载速度更快，占用内存更少，界面更清爽简单。

（7）QQ 电脑管家。QQ 电脑管家是专门针对 QQ 账号密码被盗问题所提供的一款盗号木马查杀工具，它将准确扫描并有效清除盗号木马，从而保障 QQ 账号不被盗号木马所盗取。

（8）QQ 影音。QQ 影音是腾讯公司推出的一款支持任何格式影片和音乐文件的本地播放器。

（9）QQ 软件管理。QQ 软件管理是一款可以方便地进行软件安装、升级、卸载的系统软件。

（10）手机 QQ。手机 QQ 是一款安装在手机上面的免费即时通信软件，类似于计算机上 QQ 的操作界面，通过手机 QQ 软件与好友进行聊天。手机 QQ 游戏大厅是腾讯公司开发的一款手机游戏平台软件，通过手机启动 QQ 游戏客户端可获取最新游戏，支持直接启动游戏。集单机、网游、休闲、社区游戏于一身，包括斗地主、欢乐斗、象棋、御剑等数十款精品手机游戏。

2. 腾讯微信

微信是腾讯公司于 2011 年 1 月 21 日推出的一个为智能终端提供即时通信服务的免费应用程序。微信支持跨通信运营商、跨操作系统平台，通过网络快速发送免费（需消耗少量网络流量）语音短信、视频、图片和文字，支持多人群聊的手机聊天软件。其 Logo 如图 7.20 所示。

图 7.20　微信 Logo

微信的功能主要有如下。

（1）基本功能。聊天：支持发送语音、视频、图片（包括表情）和文字短信，是一种聊天软件，支持多人群聊。

添加好友：微信支持查找微信号、查看 QQ 好友、查看手机通讯录和分享微信号、摇一摇、二维码查找和漂流瓶添加好友和接受好友等 7 种方式。

实时对讲机功能：用户可以通过语音聊天室和一群人语音对讲，但与在群里发语音不同的是，这个聊天室的消息几乎是实时的，并且不会留下任何记录，在手机屏幕关闭的情况下仍可进行实时聊天。

（2）微信支付。微信支付是集成在微信客户端的支付功能，用户可以通过手机完成快速支付。微信支付向用户提供安全、快捷、高效的支付服务，以绑定银行卡的快捷支付为基础。

支持支付场景：微信公众平台支付、APP（第三方应用商城）支付、二维码扫描支付（用户展示条码，商户扫描后，完成支付）、刷卡支付等。

用户只需在微信中关联一张银行卡，并完成身份认证，即可将装有微信 APP 的智能手机变成一个全能钱包，之后即可购买合作商户的商品及服务，用户在支付时只需在自己的智能手机上输入密码，无须任何刷卡步骤即可完成支付，整个过程简便流畅。

微信支付支持以下银行发卡的贷记卡：深圳发展银行、宁波银行。此外，微信支付还支持以下银行的借记卡及信用卡：招商银行、建设银行、光大银行、中信银行、农业银行、广发银行、平安银行、兴业银行、民生银行。

（3）其他功能。朋友圈：用户可以通过朋友圈发表文字和图片，同时可通过其他软件将文章或者音乐分享到朋友圈。用户可以对好友新发的照片进行"评论"或"赞"，用户只能看相同好友的评论或赞。

语音提醒：用户可以通过语音提醒打电话或查看邮件。

通讯录安全助手：开启后可上传手机通讯录至服务器，也可将之前上传的通讯录下载至手机。

QQ 邮箱提醒：开启后可接收来自 QQ 邮件的邮件，收到邮件后可直接回复或转发。

私信助手：开启后可接收来自 QQ 微博的私信，收到私信后可直接回复。

漂流瓶：通过扔瓶子和捞瓶子来匿名交友。

查看附近的人：微信将会根据用户的地理位置找到在用户附近同样开启本功能的人。

语音记事本：可以进行语音速记，还支持视频、图片、文字记事。

微信摇一摇：是微信推出的一个随机交友应用，通过摇手机或点击按钮模拟摇一摇，可以匹配到同一时段触发该功能的微信用户，从而增加用户间的互动和微信粘度。

群发助手：通过群发助手把消息发给多个人。

微博阅读：可以通过微信来浏览腾讯微博内容。

流量查询：微信自身带有流量统计的功能，可以在设置里随时查看微信的流量动态。

游戏中心：可以进入微信玩游戏（还可以和好友比高分），例如"飞机大战"。

微信公众平台：通过这一平台，个人和企业都可以打造一个微信的公众号，可以群发文字、图片、语音三个类别的内容。

账号保护：微信与手机号进行绑定。

3. 腾讯微博

由于微博的火热，腾讯公司于 2010 年 4 月 1 日推出了 QQ 用户们的微博服务——腾讯微博，腾讯微博也被集成在装机率极高的腾讯 QQ 客户端上，用户可以很方便地发微博。

7.5.2 阿里旺旺

阿里旺旺是将原先的淘宝旺旺与阿里巴巴贸易通整合在一起的新品牌，是免费网上商务沟通软件。其软件界面如图 7.21 所示。

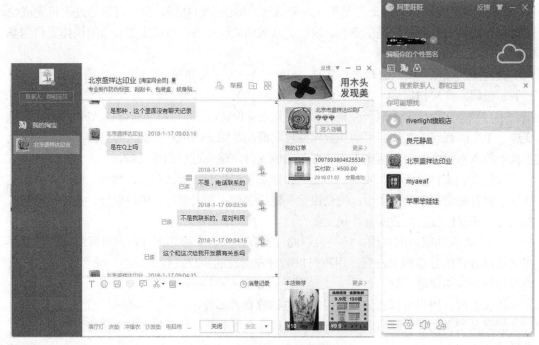

图 7.21 阿里旺旺软件界面

这个品牌分为阿里旺旺（淘宝版）与阿里旺旺（贸易通版）、阿里旺旺（口碑网版）三个版本，这三个版本之间支持用户互通交流。贸易通账号需要登录贸易通版阿里旺旺，淘宝账号需要登录淘宝版阿里旺旺，口碑网账号登录口碑网版的阿里旺旺。

阿里旺旺（贸易通版）新增了群，可以和阿里旺旺（口碑版）、阿里旺旺（淘宝版）用户互通聊天、发送动态表情、截屏发图等，贸易通用户可以用原来的用户名直接登录使用。

1．广交好友

淘宝网、阿里巴巴以及该公司其他行业网站，有 4800 万以上会员，用户可以通过阿里旺旺，从中寻找感兴趣的人，可以交朋友、谈买卖，既及时又方便。为了方便快速添加好友，有如下两种查找方式（以阿里旺旺 2009 正式版 SP2 为例讲述）。

（1）按登录名查找。如果想添加某人为好友，并已知道对方的登录名，可以直接输入登录名查找。

（2）按关键字查找。如果想要添加有相同爱好的人，或者找对宝贝感兴趣的人，可以输入相关关键词查找，如游泳、化妆品等。每个人都可修改自己的关键字，便于其他人找到自己。当然，如果不想太多陌生人骚扰，可以设置好友验证。只有通过验证，才能加为好友并开始交谈。

2．买卖沟通

网上沟通，可以看得见听得到！不仅可以即时进行文字交流，还可以进行语音、视频交流。如果想要谈网上买卖，没有阿里旺旺的网上交易，只能通过 E-mail 和页面留言联系对方。阿里旺旺是商家必备，阿里旺旺提供了如下四个买卖沟通方式，能增加彼此信任、促进交易！

（1）即时文字交流。直接发送即时消息，就能立刻得到对方回答，了解买卖交易细节。

（2）语音聊天。打字太慢，电话费太贵。阿里旺旺提供免费语音聊天功能。想和对方自由交谈，只需拥有一个麦克风即可。

（3）视频聊天影像。"耳听为虚，眼见为实"。想亲眼看看要买的宝贝，只需拥有一个摄像头。阿里旺旺提供免费视频影像功能，让用户安安心心买到心仪的宝贝。

（4）离线消息。即使用户不在线，也不会错过任何消息，只要一上线，就能收到离线消息，确保询问"有问有答"。

3．阿里旺旺群

阿里旺旺群，就像是朋友聚集的私人会所，是一个多人交流空间。该空间中大家有相同的趣味，可以交朋友、聊买卖！阿里旺旺群具有以下特点。

（1）可以扩大关系圈，和相同爱好的朋友群聊。

（2）可以建立自己的店铺群，通过群公告及时推广最新宝贝信息等。

（3）倘若加入了卖家群，可以迅速获得感兴趣的宝贝信息；向群里的其他朋友取经，了解到更多好的店铺，买到价廉物美的宝贝；可以和群里的朋友，一起发起团购；无论是买家还是卖家，还可以互相交流生活、工作的经验。

（4）可以进行超大文件传输。平时，如果有"图片和超大容量文件"想要传输，用户一定会担心：是否传不了，或是否要传很久。通过阿里旺旺，可以传输超大文件，速度超快而且很安全！它与大多数即时聊天工具相比，传输容量大，速度又快得多，文件传输快速、安全。

7.5.3　迅雷下载工具

迅雷是迅雷公司开发的互联网下载软件，其软件界面如图 7.22 所示。它本身不支持上传资源，只提供下载和自主上传资源。迅雷下载过的相关资源，都能有所记录。迅雷是一款基于多资源超线程技术的下载软件，作为"宽带时期的下载工具"，迅雷针对宽带用户做了优化，并同时推出了"智能下载"的服务。

迅雷利用多资源超线程技术，基于网格原理，能将网络上存在的服务器和计算机资源进行整合，构成迅雷网络，通过迅雷网络各种数据文件能够实现资源传递。

多资源超线程技术还具有互联网下载负载均衡功能，在不降低用户体验的前提下，迅雷网络可以对服务器资源进行均衡。

用户注册并用迅雷 ID 登录后可享受到更快的下载速度，拥有会员特权（例如高速通道流量的多少、宽带大小等）。迅雷还拥有 P2P 下载等特殊下载模式。

迅雷的缺点是：比较占内存，迅雷配置中的"磁盘缓存"设置得越大（自然也就更好地保护了磁盘），占的内存就会越大，而且该软件的广告太多，一度让一些用户停止了对迅雷的使用，建议大家使用广告较少的迅雷稳定版。

图 7.22　迅雷软件界面

习　　题

简答题

1. 举出你所熟悉的其他几个工具软件，简述其主要功能。
2. 使用 WinRAR 软件压缩一个或多个文件或文件夹，并解压缩至指定文件夹。
3. 安装 Adobe Photoshop 软件，利用该软件打开并编辑用抓图软件抓取的图片文件。
4. 利用 QQ 的远程桌面功能，帮助 QQ 好友解决计算机问题。

参考文献

[1]   丁亚涛. 大学计算机基础. 北京：中国水利水电出版社，2011.

[2]   冯博琴. 大学计算机基础. 北京：清华大学出版社，2011.